건축일반구조학

정상진 정재영 소양섭 강경인 김영수
최창길 임남기 이영도 김우재 공 저

기문당

머 리 말

최근의 건설산업은 생활수준의 향상과 산업의 급속한 발전으로 인하여 건축물의 대형화, 고층화, 다양화되어 가고 있는 추세에 있다. 따라서, 시공에 관련된 기술의 중요성이 점차적으로 증대되고 있으므로, 우리의 건설업도 과거와 같은 단순노동기술보다는 고도의 구법 관련기법과 기술을 확보하여 국제경쟁력을 발휘해야 할 실정에 있다.

건축구조학은 건축물을 형성하는 골조의 구성이나 형태와 관련된 각종 구법과 부위별 마감 등에 대해 탐구하는 과목으로써 건축재료학, 건축시공학, 철근콘크리트, 철골구조, 건축법규 등과도 깊은 관련이 있다. 따라서 각종 구조방식과 구법에 대한 정확하고 합리적인 이해의 기초 위에서 관련 과목들에 대한 체계 구축이 중요하다. 이에 본서에서는 기존의 건축구조공학 위주의 내용을 최소화하고 건축 구성·시공 등 구법 관련 내용을 위주로 가능한한 새로운 그림을 많이 작도·삽입하여 독자의 이해도를 높이고자 하였으며, 대학 및 전문대학의 교육용 교재로써 뿐만 아니라 건축실무에서도 참고서로 활용될 수 있도록 노력하여 다음과 같은 순서로 전개하였다.

제1장은 건축구법의 발전 과정, 용어의 정의, 일반구조의 개념에 대해 설명하였고, 아울러 구법설계의 흐름에 대해 언급하고 있다.

제2장은 건물의 시스템을 철근콘크리트 구조, 프리캐스트구조, 철골구조, 철골철근콘크리트구조, 조적조, 목조, 그리고 고층 구조물의 구조형식에 관한 구조방식의 분류에 대하여 기술하고 있다. 다만, 벽, 바닥, 천장은 각 구조방식의 시스템에 종속된 것으로 간주하여 제3장에서 언급하고 있다.

제3장은 건물의 요소라고 할 수 있는 기초, 지정, 바닥, 벽, 천장, 지붕 형식과 구법에 대하여 기술하고 있다.

건축구법은 각 시대의 건축기술이 모여서 표현되는 것이므로 시대의 흐름을 반영하고, 사회와 함께 변화된다. 따라서 현시대를 반영한 교재가 될 수 있도록 많은 노력을 할 것입니다.

끝으로 출판을 위해 성원과 지원을 아끼지 않으신 기문당의 강해작 사장님께 감사드리는 바이다.

저자 대표 정상진

차 례

제1장 총 론

1.1 건축물의 구성 11

1.1.1 건축구법의 역사 11
1.1.2 건축물의 구성 및 구법 12
1.1.3 공간의 형성과 마감 15
1.1.4 생산방식 17
1.1.5 총체적인 관점 18

1.2 설계흐름과 구법과의 관계 19

1.2.1 착상부터 실구조물까지 19
1.2.2 설계흐름 19
1.2.3 구법계획에 관한 조사항목 21

1.3 구조방식의 종류 22

1.3.1 구조방식의 기본개념 22
1.3.2 연직면과 수평면에 의한 구성 24
1.3.3 입체구성 26
1.3.4 시공법과 구조방식 29
1.3.5 복합방식 30

1.4 건축물의 주요 구성부분/건축부위 31

제2장 주요 구조체의 구법

2.1 건축물의 하중과 외력 35

2.1.1 하중의 종류 35
2.1.2 하중 관련 규준 36
2.1.3 허용응력도와 변형 40
2.1.4 내진벽 40
2.1.5 제진과 면진 40

2.2 철근콘크리트 구조 42

2.2.1 개 론 42
2.2.2 콘크리트 46
2.2.3 콘크리트의 성질 54
2.2.4 철 근 60
2.2.5 구조계획 67
2.2.6 흙막이벽 86

2.3 프리캐스트 및 프리스트레스트 콘크리트 구조 88

2.3.1 프리캐스트 콘크리트 구조 88
2.3.2 프리스트레스트 콘크리트조 94

2.4 철골구조 101

2.4.1 재료와 구조 101
2.4.2 시공과 접합방법 105
2.4.3 축조구법 109
2.4.4 산형라멘구법 117
2.4.5 경량철골에 의한 구법 118
2.4.6 트러스구법 120
2.4.7 강관에 의한 구법 123

2.5 철골철근콘크리트 구조 125

2.5.1 구법의 개요 125
2.5.2 재료와 시공 126
2.5.3 보 127
2.5.4 기 둥 129
2.5.5 주 각 129
2.5.6 이 음 130
2.5.7 기둥, 보 접합부 130

2.5.8 철골기둥, 보 접합부 131

2.6 조적조 132

2.6.1 구조의 원리 132
2.6.2 보강블록조 137
2.6.3 블록장막벽, 블록담 139
2.6.4 거푸집 블록조 141
2.6.5 단순조적조 142

2.7 목 조 146

2.7.1 재료의 성질 및 제품 146
2.7.2 뼈대 세우기 153
2.7.3 지붕틀 162
2.7.4 바닥구조 170
2.7.5 부재의 접합 171
2.7.6 재래구법의 시공 177
2.7.7 기타 목조구법 178

2.8 고층 구조물의 구조형식 182

제3장 각 부 구법

3.1 지정, 기초 187

3.1.1 지 정 187
3.1.2 기 초 194

3.2 벽 199

3.2.1 벽의 종류와 기능 199
3.2.2 벽의 구성방법 200
3.2.3 바름벽 202
3.2.4 판 벽 204
3.2.5 붙임벽 208

3.2.6 커튼월 210

3.3 개구부, 창호 213

3.3.1 개구부, 창호의 명칭 213
3.3.2 외부 개구부 214
3.3.3 창호의 구성방법 217
3.3.4 창호철물 225
3.3.5 유 리 230

3.4 바 닥 232

3.4.1 바닥의 기능과 성능 232
3.4.2 바닥의 구성방법 236
3.4.3 바닥과 걸레받이 238

3.5 계 단 239

3.5.1 계단의 기능과 형상 239
3.5.2 각종 계단 242
3.5.3 난 간 246
3.5.4 각부의 마무리 246

3.6. 천 장 247

3.6.1 천장의 기능과 형상 247
3.6.2 구성방법 249
3.6.3 각종 천장 마무리 공법 254
3.6.4 특수천장 공법 259
3.6.5 천장과 벽의 접합부 263
3.6.6 천장 환기구 및 천장 속 검사구 265

3.7. 지 붕 266

3.7.1 지붕의 기능과 형상 266
3.7.2 지붕잇기 269
3.7.3 경사지붕의 각부 마감 278
3.7.4 지붕방수 282

1. 총 론

1.1 건축물의 구성

1.2 설계흐름과 구법과의 관계

1.3 구조방식의 종류

1.4 건축물의 주요 구성부분 / 건축부위

1.1 건축물의 구성

1.1.1 건축구법의 역사

예로부터 건축재료는 그 지역에서 입수하기 쉬운 석재, 목재 등 천연재료가 사용되어 왔으며, 재료의 가공기술이 진보되고 도구가 도입됨에 따라 구법이 발전하게 되었다. 새로운 건축재료가 개발되거나 제조법이 개량됨에 따라 새로운 구성도 가능하게 되었다. 18세기경 유럽의 산업혁명에 의해 철, 시멘트, 유리가 대량생산되어 건축구법도 새로운 변화를 가져 오게 되었다. 철재는 런던의 만국박람회(1851년)의 수정궁에서 주철재의 쇳기둥에 유리를 끼워 밝게 하고 22m의 반원형의 대공간을 실현시켰다. 이것은 주요재료인 주철을 구조 재료로 하는 근대건축의 시작이 되었다. 같은 시기에 베쎄머에 의해 제강법이 개발되어 철재의 대량생산이 가능하게 되면서 건축물의 주재료로서 사용되기 시작하였다. 또한 파리 만국박람회(1889년)의 에펠탑은 높이 300m의 철골트러스 구조로서 높이에 대한 도전의 시조라 할 수 있다. 또한 같은 회의장의 기계관은 스팬 115m, 높이 45m, 전체길이 450m라고 하는 대가구공간으로 합리적인 철골구조의 시작이 되었다. 1931년경 미국에서는 높이 381m의 엠파이어 스테이트 빌딩이 완성되어 초고층빌딩의 서막이 되었다(그림 1.1).

시멘트는 로마시대에 천연시멘트 모르타르가 건축물에 사용되었지만, 현재의 포틀랜드 시멘트가 발명된 것은 19세기 전반이었다. 그리고 19세기 중반에는 철근콘크리트의 원리가 발견되었으나 건축물의 주체로서 거의 사용되지 않았다.

20세기 들어서 철근콘크리트조는 급속히 발전하고, 굳지 않은 콘크리트를 거푸집에 타설하는 시공법을 살려 자유자재의 조형추구, 관련 재료 및 시공법의 진보와 구조이론에 관한 발달을 토대로 고층건축물에 적용되기 시작하였다.

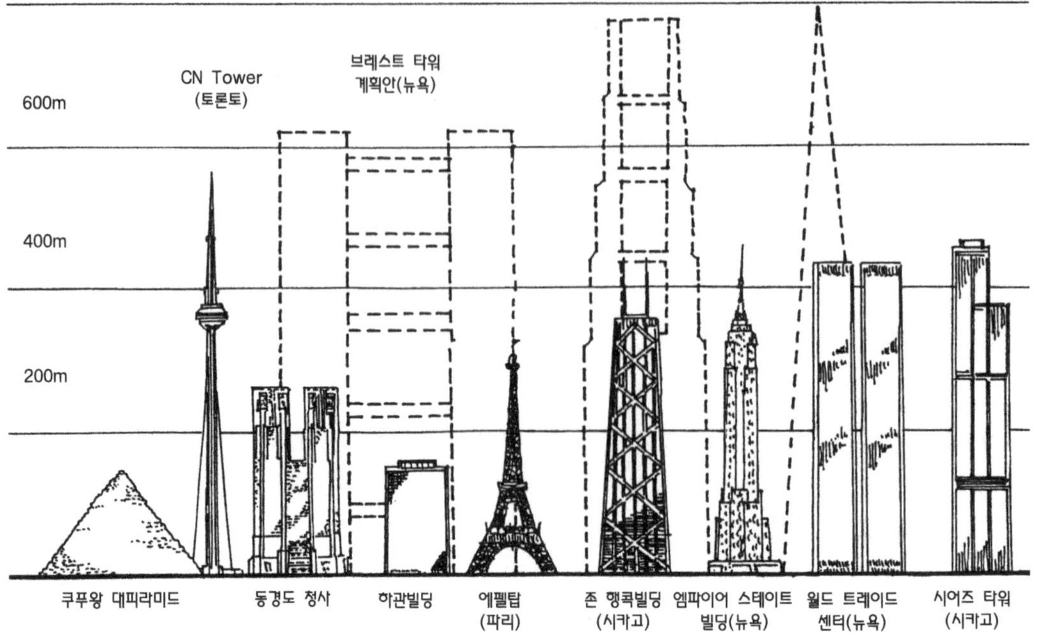

▲그림 1.1
기존의 고층 건축과 초고층 설계 계획안

그리고 1928년경에는 프리스트레스트 콘크리트 구조 및 쉘이 개발되었다. 1951년 영국에 있는 발명관 돔에는 알루미늄 합금이 사용되고, 1956년에는 플라스틱의 쉘구조 등 새로운 소재가 사용되었다. 1960년대에는 고장력 강의 출현으로 현수구조에 의한 건축조형이 가능하였다.

이러한 구법변화에 따라 생산체제가 변화되는 것은 간과할 수 없다. 계속적으로 개발되는 새로운 재료나 구법에 의해 전통적으로 존재해오던 직종이 재편성되기도 하고, 또한 소멸되기도 한다.

1.1.2 건축물의 구성 및 구법

건축물을 외부공간과 내부공간으로 나누는 것으로 계획한 공간을 만들게 된다. 인류가 최초로 만든 주거는 간신히 침식만 해결할 수 있는 정도였으나, 이후의 주거는 기후, 풍토의 차이에 따라 세계 각지에서 여러 형태의 주거가 성립되었다. 그리고 시대의 흐름에 따라 용도가 확대되고 기술이 진보되어 다양한 건축물이 만들어지게 되었다. 건축을 배우는 입장에서는 이런 다양한 건축물의 구성을 여러 관점에서 파악해야 한다. 건축일반구조에서는 구체적으로 건축물이 어떻게 구성되어 있고, 어떻게 만들어지고 있는가를 제시하고 있다.

건축물을 구성하고 있는 여러 종류의 재료, 부품이 어떻게 조합되고 상호결합하여 건축물이나 부위가 이루어지고 있는가가 중요하며 여기에 구법이 설계되어 실현될 때에 그 조건으로 되는 배경도 생각하지 않으면 안된다.

비, 바람, 광선 등 외부인자의 영향을 제어하는 것은 건축물의 기본 기능이라고 할 수 있다. 바람직한 인자는 채택하고 그렇지 못한 인자는 차단하여 만족할 만한 공간으로 실현하는 것이다. 지붕, 바닥, 벽 등은 전술한 인자를 차단하는 것이 주역할이나, 창, 개구부 등에서 개폐함에 따라 인자를 제어할 수 있다(그림 1.2).

전술한 인자 중에서도 건축물에 작용하는 여러 종류의 힘도 아주 중요하다. 건축물의 각 부위에서 어떻게 받아들여 지지하고 있는 구조체에 전해 안전한 건축물을 실현하는가 하는 과제가 있다.

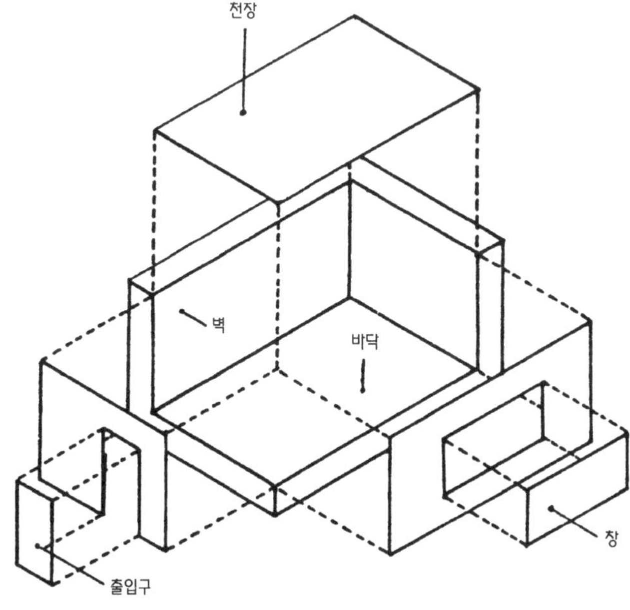

◀그림 1.2
내부공간의 구성

건축물에는 보다 편리하고 쾌적한 공간을 실현하기 위해 공기조화, 급배수, 조명, 전기 등의 설비를 사용하고 있다. 이러한 각종의 설비들은 독립한 것도 많지만, 바닥, 벽, 천장 등에 들어있는 것도 있는 추세에 있다. 따라서 이런 것도 구법으로 취급해야 할 필요성이 제기되고 있다.

이외에도 건축물에 대해 보는 관점에는 여러 종류가 있다. 구법은 이러한 상호관계를 토대로 종합적인 관점에서 건축공간을 실현시키고자 하는 생각을 해야 한다. 건축물은 그 자체의 중량이 있다. 또한 그 용도에 따라 힘을 받아 물체의 중량을 받치고 있다. 이러한 힘을 하중이라 하고, 게다가 지진이나 태풍 등에 의한 외력도 받는다. 다양한 하중, 외력에 대하여 안전하게 지탱하고 있는 것은 건축물의 각 부분이나 전체가 성립되기 위한 기본적인 조건이다. 건축물 중에서 하중, 외력에 대해 안전성을 확보하는 역할을 갖는 부분이 주 구조체이고, 재료, 형상, 힘을 전하는 구성 등의 차이에서 다양한 구법이 있다. 주 구조체가 공간의 전체 구성이라는 관점에서는 공간 크기나 형상을 지배하는 중요한 역할을 하고 있으나, 바닥, 벽, 천장 등 각 부위의 관계에서 보면 다음 2종류로 대별할 수 있다. 그림 1.3에서 (a)같이 구조체와 각 부위가 일체화되어 주 구조체의 역할을 하는 벽식구법과 (b)와 같이 구조체와 각 부위가 주 구조체에서 독립하고 있는 기둥, 보식의 구법이다.

▾그림 1.3
주 구조체와 각 부위

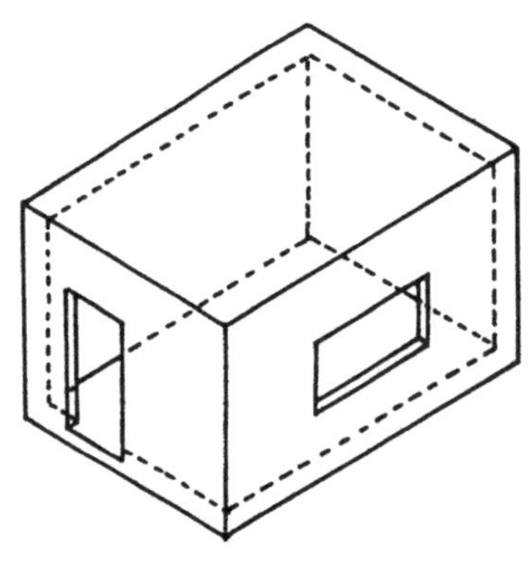

(a) 구조체와 각 부위가 일체화된 구법(벽식)

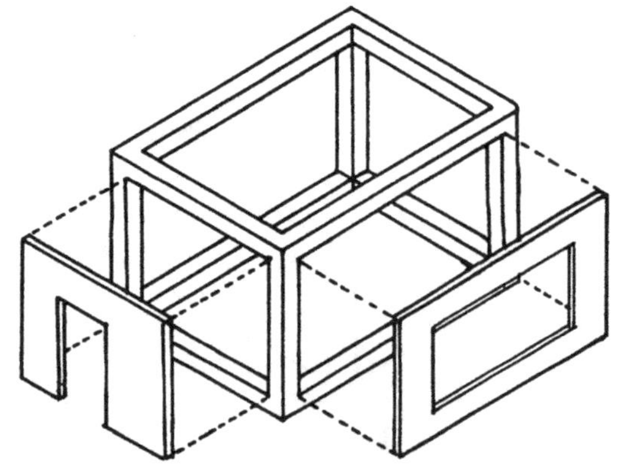

(b) 구조체가 각 부위로부터 독립된 구법(기둥, 보식)

1.1.3 공간의 형성과 마감

건축물의 한 개의 내부공간은 보통 바닥, 벽, 천장으로 둘러쌓여 있다. 그리고, 창이나 출입구 등 개구부가 설치되어 있다. 이런 것들이 상호 접하는 부위에는 반자돌림, 걸레받이 등이 설치되어 있다.

바닥, 벽, 천장이라고 하는 용어는 1개의 공간이란 관점에서 취한 부분의 명칭이다. 이러한 용어는 건축물을 구성하는 표면을 나타내어 사용하는 경우와 내부의 성립까지 결합해서 나타내는 경우가 있다. 이런 것을 구별하기 위해서는 별도의 용어가 있어야 되겠지만 현실적으로는 혼용하여 사용하는 경우가 많다(그림 1.4).

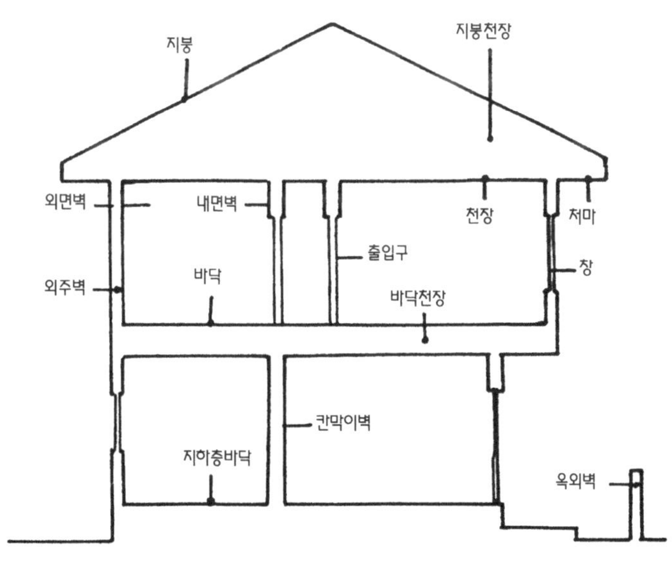

◂그림 1.4 공간의 형성

외주벽, 칸막이벽이란 용어는 공간을 구획하여 나누는 것을 나타내고, 외면벽, 내면벽이란 용어는 표면 혹은 표면에 가까운 부분을 나타내고 있다. 그러나 외벽이란 단어는 외주벽을 나타내는 경우도 있고, 외면벽을 나타내는 경우도 있다. 또한 건축물의 성능을 생각할 때에는 공간을 둘로 구획할 필요가 있는 경우가 있기 때문에 외주벽에 상당하는 것으로 지붕 천장이나 바닥 천장이란 명칭이 쓰이기도 한다.

건축물의 외벽에는 내부공간에 바람직하지 않은 인자나 선택적으로 받아들이고 싶은 인자가 있다. 비, 바람, 일광, 한서의 변화 등 자연현상에 의한 인자, 소음, 열 등 인공적인 현상에 의한 인자, 침입자나 시선 등의 인적인 인자 등이 있다(그림 1.5).

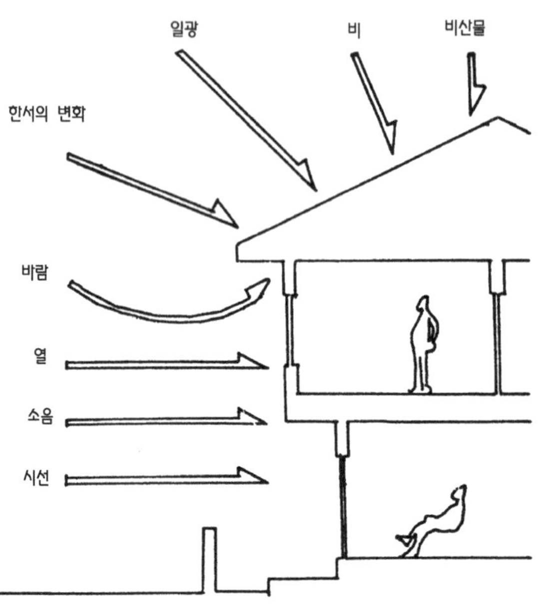

▸그림 1.5
외부의 인자

이런 것들에 대응시키기 위해 건축물의 외주부위에는 구법상의 대책이 필요하다. 특히 개구부는 사람이나 물건, 혹은 빛이나 공기 등의 인자를 선택적으로 제어할 수 있어야 한다. 이를 위해 개구부에는 창호 등이 설치되고 또한 커튼, 루버 등의 것도 개구부의 구성요소로 중요한 역할을 하고 있다.

이러한 외부와 내부의 관계는 내부 상호간에 해당하는 것도 적지 않다. 즉 상부층이나 옆방의 물체 소리, 화재시의 연소 등 내부부위에 대해서도 충분하게 대책을 강구할 필요가 있다.

내・외에 상관없이 건축물의 표면부분을 넓은 의미로 마감이라 한다. 마감은 주 구조체를 바탕으로 하거나, 별도로 바탕을 설치해서 시공하는 경우도 많이 있지만, 제물치장콘크리트나 조적한 석재나 벽돌이 그대로 마감이 되는 경우도 있다.

바탕에는 각목으로 구성한 샛기둥이나 가로바탕재, 바름바탕 등 여러 종류의 구법이 있고, 주 구조체와 마감과의 관계를 고려하여 적절한 것을 선정해야 한다(그림 1.6).

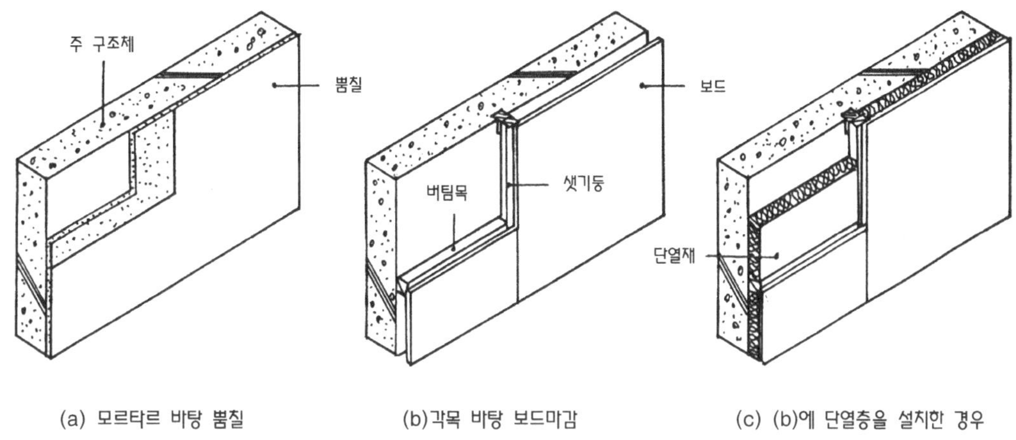

▲그림 1.6
바탕과 마감

바탕에 해당하는 부분에 특정의 성능을 높이기 위해 층을 설치하는 경우도 많다. 단열층, 방수층, 방습층 등이 그 예가 될 수 있다. 이런 것들은 주로 시공상의 이유에서 설치하는 각목 샛기둥이나 보드와 좋게 조합되어야 한다. 또한 마감, 바탕 그 자체에 특정의 성능이 뛰어난 것을 사용하는 경우도 적지 않다.

1.1.4 생산방식

많은 재료나 부품이 여러 분야의 기술자들에 의해 기계나 도구에 의해 일련의 순서에 따라 건축물에 조립되어 건립되고 있다. 종래에는 이러한 일련의 작업이 대부분 현장시공으로 행해져 왔다. 그런데 건설량이 증대하고 건물이 다양화하면서 고층화, 대규모화가 진행되어 종래의 생산방식으로는 충분하게 대응할 수 없게 됨으로써 많은 변화가 발생하였다.

재료는 양질의 천연재료가 부족하여 2차 제품이나 인공재료의 개발이 진행되고 있다. 그 중에는 천연재료의 대체품도 있지만, 천연재료에 없는 우수한 성질을 갖고 있는 것도 많다. 또한 기술을 보유한 기능공들의 부족은 현장작업의 합리화를 시도하게 되었다. 기능공의 고도기술에 의존하지 않아도 되는 공법개발이나 도구, 기계의 도입에 의한 생산성 향상은 건설량의 증대를 가능하게 하였다. 그러나 수작업에 의해 만들어진 제품이나 공법들의 장점들은 점차적으로 볼 수 없게 되었다.

현장작업의 합리화와 함께 프리패브리케이션(Prefabrication)은 생산성을 향상시키는 유력한 수단으로 되고 있다. 건축물 전체에 대해서는 주택, 오피스 빌딩 등에서 또는 부분적으로는 커튼월이나 주택용 설비유닛 등 여러 분야에 대해서 실시되고 있다. 그리고 공장생산에 의한 대규모의 프리패브리케이션이 진행되고 있다. 공장생산으로 현장작업에서는 이룰 수 없는 성능을 갖는 구법이 실현되고 있다.

이러한 여러 면에서 생산방식의 변화는 단순히 물건을 만드는 방법의 변화에 머물지 않고 새로운 것을 출현시켰다. 생산방식이라는 관점에서 구법을 생각하는 것은 아주 중요하다고 생각할 수 있다.

1.1.5 총체적인 관점

건축물에 요구되는 제조건은 안전성에 관계하는 역학적 조건 외에 거주성에 관계하는 환경조건, 의장에 관계하는 감각적 조건, 내구성(耐久性)이나 경제성에 관계하는 조건 등, 다양하다고 할 수 있다. 이러한 것을 개개적으로 충분히 만족시키는 것은 아주 당연하다고 할 수 있다. 그러나 실제적으로 상호 모순되는 조건도 있다. 이런 것에 입각하여 요구되는 여러 조건에 대해 많은 관점에서 검토하여 균형있게 처리하는 것이 중요하다.

또한 지금까지 사용해 왔던 구조라고 하는 단어는 역학을 중심으로 나타내는 이미지가 강하다. 따라서 본서에는 이러한 종합적인 관점에서 건축물의 구성이나 조립을 나타내는 구법이란 용어를 사용하기로 한다.

1.2 설계흐름과 구법과의 관계

1.2.1 착상부터 실구조물까지

건축설계의 흐름은 시작부터 건축물 완성까지 여러 측면에서 생각할 수 있다. 발주자 입장에서 보면 하나의 꿈을 실현하는 경우가 되기도 하고, 설계자 입장에서는 자기 주장의 표현일 수 있다.

건축설계에서는 건축주가 제시하는 조건, 대지에서 주어지는 조건, 법에서 규정되어 있는 사항, 이러한 것을 주어진 조건이라 한다. 이러한 조건은 건축주의 막연한 희망이기도 하고, 상호모순되는 요구일 수 있기 때문에, 이런 것을 정리해서 구체적으로 진행하기 위한 설계조건을 도출할 필요가 있다.

설계조건을 토대로 착상을 가다듬어 공간을 설정한다. 설정된 공간을 실체화하기 위해 구체적인 것으로 바꾸어가고, 만들기 위한 언어–도면으로 표현해 간다. 개략적으로 이러한 흐름이 설계과정이다.

1.2.2 설계흐름

설계흐름은 그림 1.7과 같이 기획설계, 기본설계, 실시설계의 순서이고, 물건을 만든다는 의미에서는 설계의도를 바르게 표현하기 위해 생산·시공단계에서의 설계감리가 있다.

① **기획설계** : 1.2.1에서 전술한 주어진 조건을 검토하여 설계조건을 도출하여 건축주와 합의를 얻는 단계까지로 간주하고 있다.고도제한지구에 높은 건물을 생각하거나, 용적률에서는 허용되지만 일사량 규제에서 그 절반도 건립될 수 없다든지,

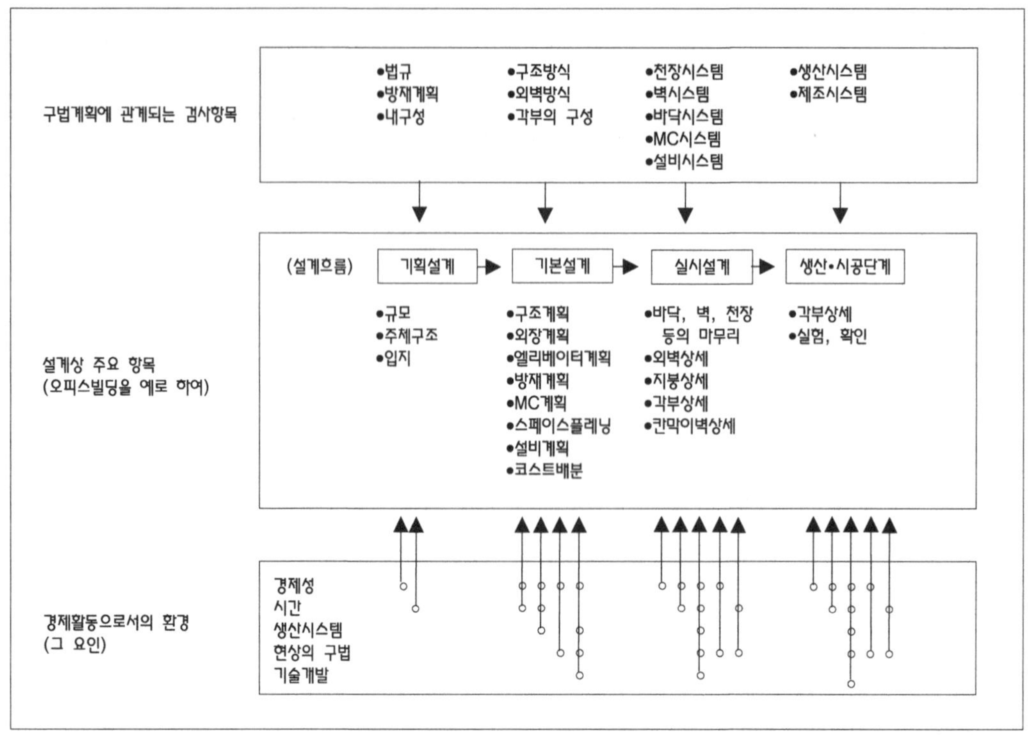

▲그림 1.7
설계의 흐름과 구법계획의 관련

건물용도로 적합하지 못한 지구인 경우를 들 수 있다. 이같은 건축주의 요구가 불명확한 점을 확인하여 설계조건을 도출하는 방법 등도 기획설계 단계에 포함한다.

② **기본설계** : 설계조건을 토대로 필요한 공간을 설정하고, 필요한 시스템을 규정하는 과정이라고 할 수 있다. 여기까지의 과정에서 건축주의 설계의도가 완전히 설계자에게 이해되어야 할 필요가 있다.

③ **실시설계** : 기본설계에서 규정된 목적공간을 구체적으로 표현하기 위해 물체로 바꾸어 가는 과정이다. 공간을 구체적으로 바닥, 벽, 천장, 개구부 등으로 구획하여 재료로 표현하며, 건물로 만들어가기 위한 언어로서 도면 등에 표현해 나간다. 공사단계에서 설계의도가 바르게 전해지고 있는가를 확인하고, 오해가 있으면 지적하고, 보충설명하고, 시공도, 제작도를 검사확인하며, 경우에 따라선 실험에 의한 성능을 확인하는 과정이 있다. 이러한 과정이 설계감리단계이다.

1.2.3 구법계획에 관한 조사항목

여기서는 전술한 설계흐름의 각 단계마다 구법계획과 관계가 있는 조사항목을 설명한다.

① **기획설계** : 이 단계에서는 전체의 규모, 입지 혹은 사업 가능성 등을 중심으로 하기 때문에 구법계획에 관계된 사항은 그다지 많지 않다.

② **기본설계** : 여기서는 구조방식, 외벽방식, 각 부위의 구성, 모듈 등을 주요 항목으로 들 수 있다. 구조방식 중에서는 철근콘크리트조인가, 철골철근콘크리트조인가 혹은 철골조인가 등을 들 수 있다. 예를 들어, 철골조이면 기둥 스팬, 보 설치법, 바닥 시공법 등이 경제성 면부터 구법계획상의 선택의 폭이 어느 정도 결정된다고 할 수 있다. 외벽방식에서는 RC조의 벽에 어떤 외장마감을 할 것인가, 커튼월 방식으로 할 것인가, 커튼월로 한다면 소재는 무엇인지, 필요한 성능은 어떤 것이 있는지 등을 파악해야 한다. 각 부위의 구성을 얘기하면, 이 단계에서 주요구조의 방식, 규모 등이 결정되기 때문에 바닥의 가구방식, 벽 시스템, 천장의 구성 등 각 부위의 구법에 대해 방침을 결정하게 된다.

③ **실시설계** : 이 단계는 기본설계에서 결정된 목표의 공간을 실현하기 위해 구체적인 것으로 바꾸어 만들기 위한 언어-도면으로 표현해 나가는 것이 된다. 따라서 이 단계는 거의 모든 항목이 구법계획과 깊은 관계가 있다고 할 수 있다. 바닥, 벽, 천장 등 각 부위 시스템의 결정, 설비 시스템, 부재 MC, 각 부의 상세 등이 있다.

④ **생산·시공단계** : 여기서는 구법계획 그 자체의 실천단계이며, 생산과정을 확인하고, 부족한 부분은 보충해 가면서 실현해 나가는 과정이다.

1.3 구조방식의 종류

1.3.1 구조방식의 기본개념

건축에서는 통상 건축물을 전체적으로 지지하는 부분을 구조 또는 구조체라고 부르고 있다. 여기서 구조방식이라고 하는 것은 이 구조체가 건축물에 작용하는 여러 종류의 하중과 외력을 받아서 전달하여 건축물의 안전성을 확보하는 방식을 말하며 구조체를 구성하는 주요 부재의 재료나 형상, 각 부재의 접합법, 구조체 전체의 형상 등에 의해서 분류할 수 있다.

구조체 구법의 분류법으로 가장 많이 이용하는 것은 재료에 의한 분류이다. 철근콘크리트조, 철골조, 철골철근콘크리트조, 벽돌조, 목구조가 주요한 예이다. 이외에 특수한 것으로 프리스트레스트 콘크리트조, 케이블이나 막을 이용한 방식 등이 있다.

주 구조체에 사용되는 재료는 구조체의 구성요소로서 각각 적절한 형상, 치수, 접합법을 갖고 그 결과 구조체 전체로서 각 재료의 특성이 반영될 수 있는 것으로 한다. 재료 자체만을 볼 때는 선형인가, 면형인가와 구조체 전체를 볼 때에는 수평면과 연직면에 의한 구성인가, 입체적 구성인가라는 기본적 특성으로 시작하여 상세한 형상이나 접합법에 이르기까지 재료의 특징이 구조방식의 기본개념에 미치는 영향은 지대하다.

전술한 내용을 정리하여 일반적인 구조방식을 나타내면 다음과 같다.

(1) 뼈대를 구성하는 재료에 따라

① 목구조(timer structure)
② 벽돌구조(brick construction)

③ 블록구조(block construction)
④ 돌구조(stone construction)
⑤ 철근 콘크리트구조(reinforced concrete construction)
⑥ 철골구조(steel construction reinforced concrete construction)
⑦ 철골 철근콘크리트구조(steel framed)

(2) 구성방식에 따라

① 조적식구조(masonry structure) : 벽돌구조, 돌구조, 블록구조
② 가구식구조(framed structure) : 목구조, 철골구조
③ 일체식구조(monolithic structure) : 철근 콘크리트구조, 철골 철근 콘크리트구조

(3) 재해방지에 따라

① 내진, 내풍구조 : 철근콘크리트구조, 철골철근 콘크리트구조 등이며, 목조나 철골조도 가새를 넣어 내진으로 할 수 있다.
② 내화, 내구구조 : 벽돌조, 석조, 철골콘크리트조, 철근콘크리조 등이다.

(4) 시공과정에 따라

① 습식구조(wet construction) : 물을 사용하는 공정을 가진 구조이다.
② 건식구조(dry construction) : 뼈대를 가구식으로 하여 규격화된구성재를 맞추어 구성하는 것이다.
③ 조립구조(prefabricated structure) : 구조부재를 공장에서 생산·가공·조립하여 현장에서 짜 맞추는 것(알루미늄 커튼월 구조, 조립식 철근콘크리트조 등)이다
④ 현장구조(field construction) : 현장에서 제작·가공·조립하여 설치하는 것이다..

1.3.2 연직면과 수평면에 의한 구성

(1) 연직면에 의한 구성

① 라멘(Rahmen)구조

평면상의 구조체로서 주위가 선상부재인 보나 기둥으로 둘러싸인 골조를 말하며, 라멘은 독일식 용어이고, 프레임(Frame)은 영국식 용어인데 국내에서는 골조로 통용된다. 이러한 선상골조는 부재 자체가 강하더라도 접합부가 약하면 쉽게 변형될 수 있다. 변형 방지를 위해서는 접합부를 강하게 하는 방법과 가새부재나 강한 면상부재를 배치시켜 면전체로 저항하게 하는 방법의 두 가지 있다(그림 1.8).

▾그림 1.8 변형과 그 방지

▸그림 1.9 라멘+내진벽 (연층배치)

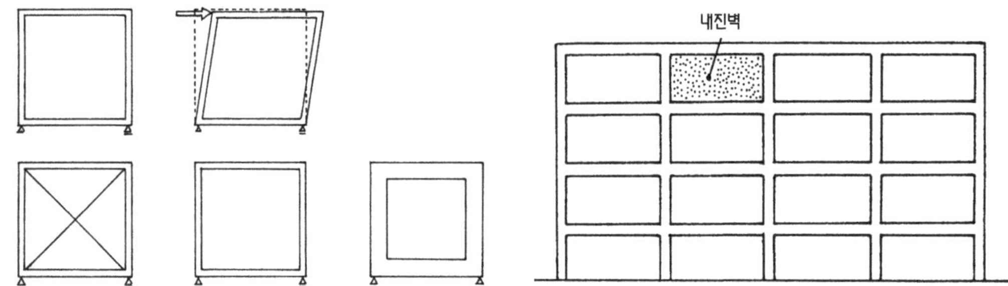

라멘은 연직 및 수평의 선상부재가 강하게 접합되어 전체를 구성하므로 각 부재 및 접합부의 강성이 필요하고 공간 이용상 자유도가 큰 반면 선상 부재의 자재량이 많이 드는 단점이 있다.

② 내진벽식 구조

내진요소를 적절히 도입하면 라멘의 자재량을 경감 가능하므로 채용되는데 내진벽에는 가새를 이용하는 방법과 강한 면상부재를 이용하는 방법이 있다. 면전체로서 강하게 하는 방법은 간이법으로서, 건축공간의 이용에 방해되는 경우도 있으므로 적절히 조정하여야 한다(그림 1.9). 내진벽의 배치방법에는 연층배치와 분산배치가 있다.

③ 벽식구조

주 구조체의 일부로서 연직 또는 수평방향의 힘을 저항하는 벽체를 내력벽이라 한다. 내력벽은 기둥, 보, 벽이 혼합되어 일체로 저항하는 것으로 볼 수 있으며, 이런 벽체와 보, 바닥이 일체가 되어 상판을 구성하는 구조방식을 벽식구조라 한다. 기둥이나 보와 같은 선상부재로 구성되는 골조방식과는 대비되는 면상구조방식으로서 현장타설 콘크리트처럼 전체가 일체인 일체식과 패널이나 블록구조 등으로 조립되는 조립식이 있다(그림 1.10).

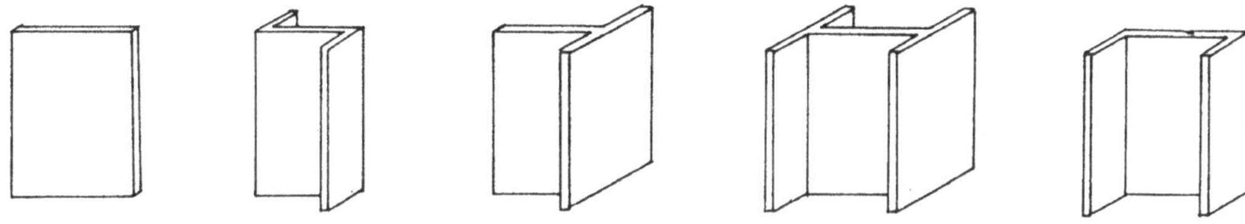

▲ 그림 1.10
벽식구조의 저항 형태

④ 아치(Arch)

통상의 보가 휨에 저항하며 하중을 처리하는데 반하여 축방향의 압축력으로 처리하도록 유도한 곡선형의 가구형식을 아치라 한다. 조적식 구조물에서 개구부를 형성하는 경우 많이 채용된다(그림 1.11).

▼그림 1.11 아치

▶그림 1.12
수평구조체와 수평가새

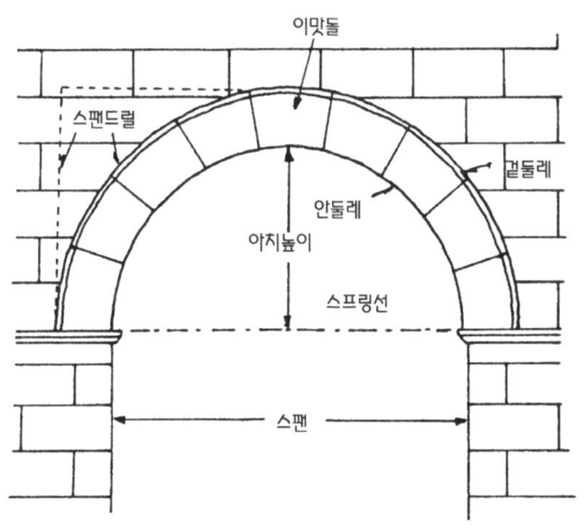

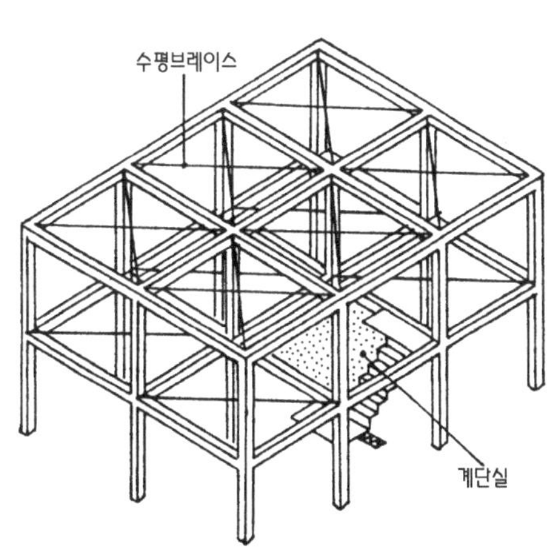

(2) 수평면의 구성

통상 수평면은 바닥을 지지하는 보와 바닥으로 구성된다(그림 1.12). 구배를 가지는 지붕도 넓은 의미로는 포함되며, 수평면을 구성하는 바닥의 중간 매개체가 된다. 모든 수평면은 상부의 공간 용도에 대응하여 각양 각색의 하중이 가해지며 이러한 하중을 기둥이나 벽체에 전달하는 역할을 하게 된다.

수평면의 경우도 연직면과 마찬가지로 수평력에 대응하여 평면형을 유지하기 위한 대책이 필요하므로 철골조에서는 수평가새를 설치하고, 콘크리트조에서는 바닥을 강한 면상 부재로 처리하는 방법을 주로 사용한다. 바닥구조 방식에는 작은 보와 바닥판을 매개로 하는 것과 벽식구조에서의 바닥판이나 보이드 슬래브(Void Slab) 등이 있다.

1.3.3 입체구성

(1) 절판구조

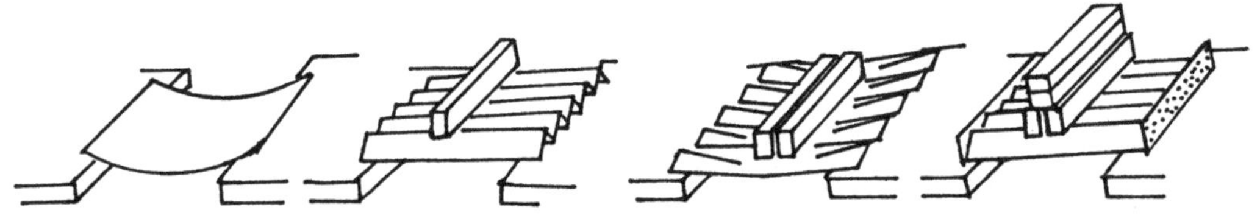

(a) 빳빳한 종이라도 하중을 싣기 전에 휘어내린다. (b) 주름을 잡아 놓으면 어느 정도의 하중을 실을 수가 있다. (c) 하중이 많으면 주름이 펴지면서 망가져 버린다. (d) 단부주름을 구속하면 보강효과에 따라 재하능력이 증대한다.

▲그림 1.13 절판구조

평판을 접어서 휜 형상의 절판으로 만든 형식으로 외력을 면내 응력으로 처리할 수 있도록 역학적 성능을 개선시켜 대공간 구성 등에 적용 가능한 구조형식이다(그림 1.13).

(2) 쉘(Shell)구조

조개껍질이라는 단어에서 유래된 구조형식으로 얇은 단면으로 구성되었지만 강성이 있는 곡면판의 구조이다. 절판과 같은 이유로 큰 스팬의 지붕에 많이 사용된다. 형태의 기하학적 특징에 따라 여러 명칭의 쉘이 만들어지고 있으며, 콘크리트에 의한 일체식의 것이 대부분이다(그림 1.14).

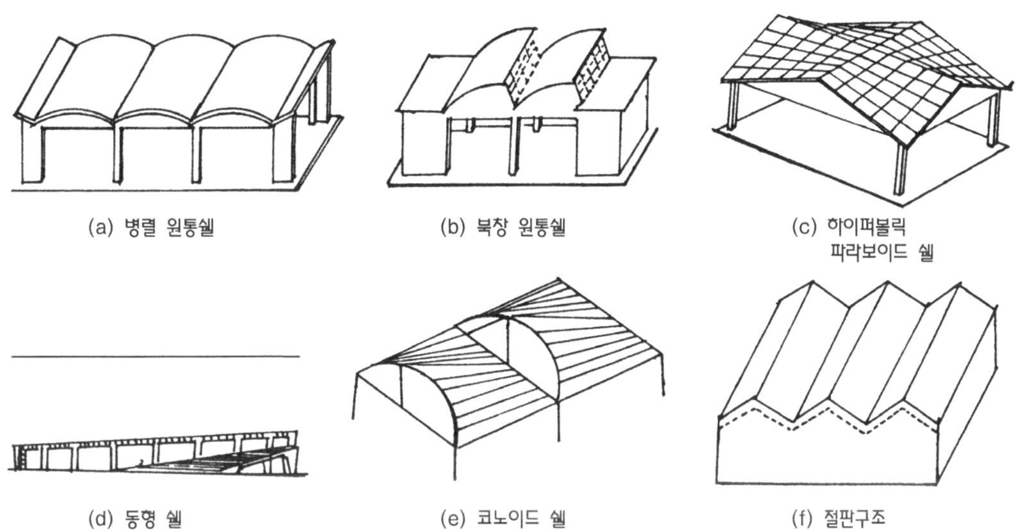

▲그림 1.14 각종 쉘의 형태

(3) 입체트러스(Space Truss)구조

거의 동일한 소단위 부재를 조립하여 구성함으로써 대 스팬이 가능한 골조로서 부재를 3차원에 구성하는 트러스이다.

스케일이 큰 입체트러스에는 스페이스 프레임(Space Frame)을 사용한다(그림 1.15).

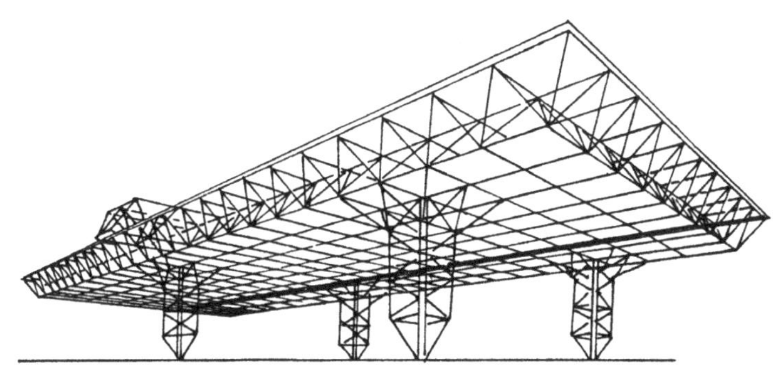

◀그림 1.15 입체트러스구조

(4) 달구조(Suspension Structure)

강봉이나 케이블 등을 사용하여 지지점에서 주요한 구조부재를 매달아 지지하는 구조방식이다. 다른 구조부재를 매달아 내리는 달바닥방식과 케이블 네트(Cable Net) 등에 의해 곡면을 구성하는 달지붕방식이 있다(그림 1.16).

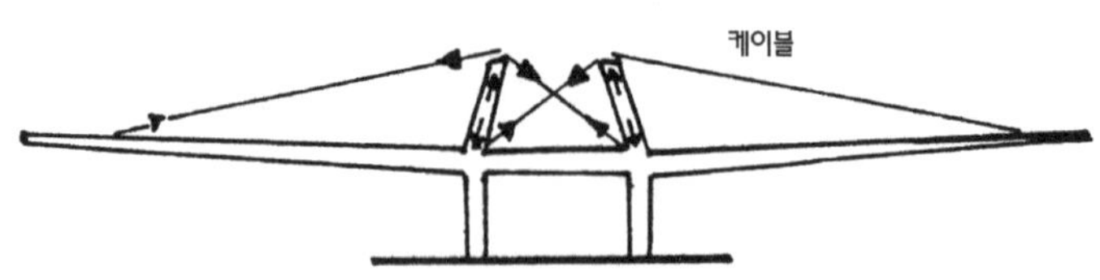

▸그림 1.16
달구조

(5) 텐트(Tent)구조

캔버스(Canvas)나 막 형태의 부재로 공간을 덮는 구조방식이다. 얇은 피막만으로 구성하는 방식과 케이블 네트(Cable Net)간의 피막을 긴장시키는 방식이 있으며, 후자는 달구조 지붕방식과 명확하게 구분되지는 않는다(그림 1.17).

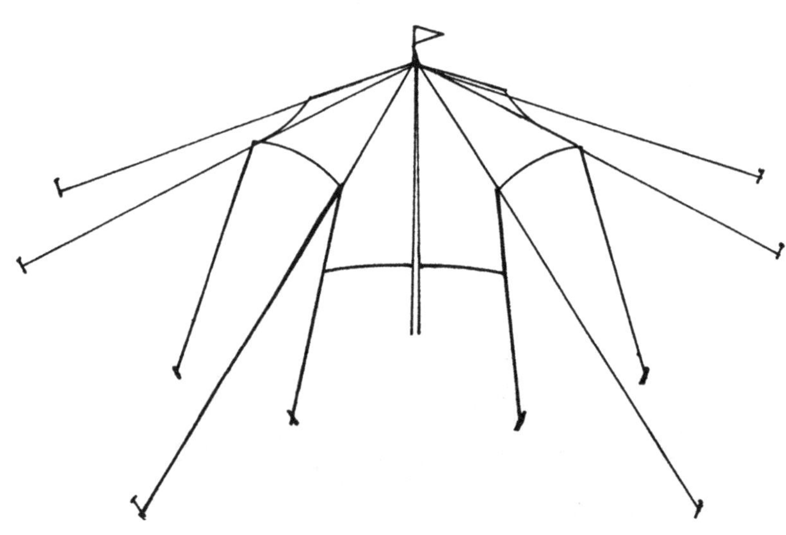

▸그림 1.17
텐트구조

(6) 공기막(Pneumatic)구조

기압차를 이용한 막형태 부재로 공간을 덮는 구조방식이다. 단막을 사용하여 내부공간의 기압을 높게 하는 방식과 중층막이나 판형태의 막의 내부기압을 조정하여 막에 생기는 인장력으로 형태를 유지시키는 방식이 있다(그림 1.18).

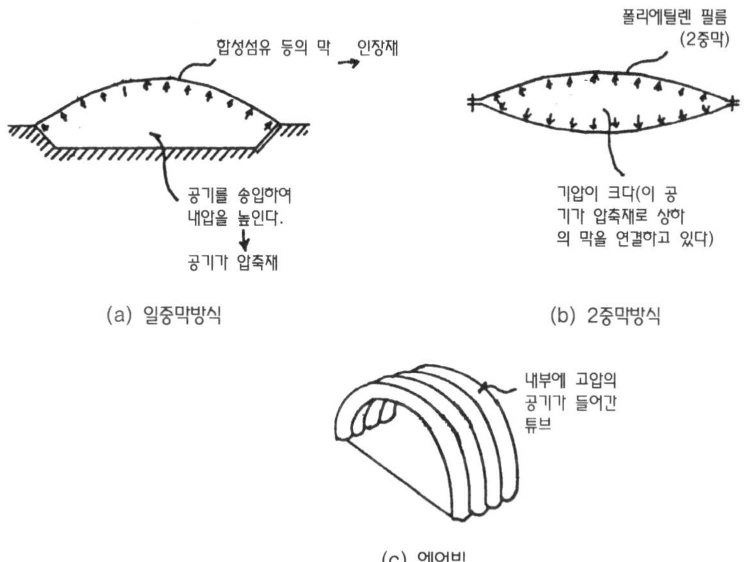

◂그림 1.18 공기막구조

1.3.4 시공법과 구조방식

목조나 철골조 등에는 통상 기둥과 보라는 비교적 큰 스케일의 부재로 주요 구조체를 조립하면서 구축하게 되는데 이처럼 조립하는 순서에 따라 구축되는 구조방식을 가구식이라 하고, 블록조나 벽돌조처럼 조립되는 부품의 크기가 비교적 작은 것을 조적식이라 칭한다. 이에 대해 콘크리트조처럼 현장에서 콘크리트를 타설하여 전체를 일체화하는 방식을 일체식이라 한다(그림 1.19).

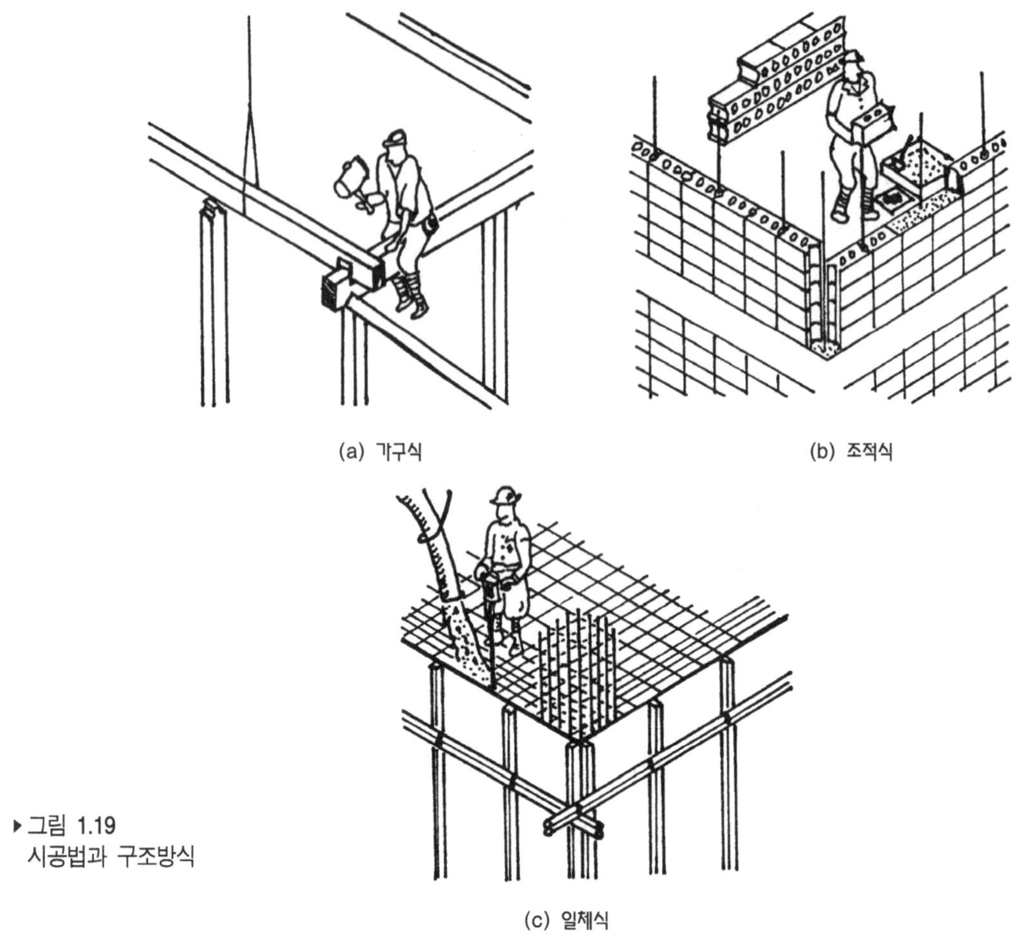

▸그림 1.19
시공법과 구조방식

1.3.5 복합방식

한 개의 건축물에서 구조방식을 보면 여러 가지의 방식이 혼재하는 경우가 많다. 예로서 공동주택 등에서 정면에서 볼 때는 라멘구조이고, 측면에서 볼 때는 벽식구조로 하는 예가 많다. 또, 초고층 건축에서 고층부는 철골조, 저층부는 철골철근콘크리트조, 지하부는 철근콘크리트조로 하는 경우가 많다.

1.4 건축물의 주요 구성부분/ 건축부위(Building Element)

1) 기초(foundation, footing)

건물의 지하부의 구조로서 건물의 무게를 지반에 전달하여 완전히 지탱하는 것을 말한다. 지정이라 함은 지반 또는 기초부분을 튼튼하게 보강하는 것을 말한다. 기초는 건물의 무게와 지반의 토질에 따라 여러 가지 형식으로 구조한다.

2) 기둥(column, post)

마룻바닥, 지붕 등을 받는 수직재로서 벽체기둥, 붙임기둥, 독립기둥 등이 있고 기둥은 벽체를 구성하기도 한다.

3) 벽(wall)

대개 수직으로 공간을 막은 것으로서 안팎의 구별이 있고, 외부에 있는 벽을 변두리벽, 바깥벽 또는 밖벽이라 하고, 건물 안에 있는 것을 칸막이벽이라고 한다. 또 철근콘트리트 라멘체 내에 쌓은 장막벽(curtain wall)과 상부에서 오는 하중(load)을 받는 내력벽(bearing wall)으로 구분된다.

4) 바닥(floor, slab)

공간을 막아놓는 밑바닥, 즉 건물의 수평체이고 그 위에 실리는 하중을 받아 이것을 기둥 또는 벽에 전달하는 것을 말한다.

이것은 또 수직 구조체 등을 튼튼히 연결하는 구조체로도 된다.

5) 지붕(roof)

건물의 최상부를 막아 비, 눈을 막는 구조체로서 경사진 것과 수평으로 된 평지붕이 있다.

6) 천장(celling)

천장이라고도 하며 지붕 밑 또는 위층의 바닥 밑을 막아 열 차단, 음향방지와 장식을 겸한 것이고, 그 구조체를 반자라고 한다.

반자는 보통 수평면으로 하지만 경사, 곡면으로도 한다.

7) 계단(stair, stairway)

층층대 또는 층계라고도 하며 고저차가 있는 상하를 연락시키는 통로가 되고 층단 없이 경사로로 된 것도 있다.

8)수장(fixture)

주로 장식을 목적으로 구조체에 붙여 대는 것의 총칭으로서 내부수장, 즉 벽면, 바닥, 천장에 붙여 대는 것을 말한다.

9) 창호(window & door, fitting)

출입, 채광, 통풍, 기타 목적으로 벽체 또는 지붕, 천장 등에 낸 것으로서, 창은 공기나 광선의 통로이고 문은 사람이나 물품의 통로라고 할 수 있을 것이다. 창과 문을 창문 또는 창호라 한다.

10) 마무리(finishing)

마감일 또는 끝막는 일로서 구조체를 덮어 씌워 내구적이고 장식적이면서 더러워지지 않게 하는 일이다.

2. 주요 구조체의 구법

2.1 건축물의 하중과 외력
2.2 철근콘크리트 구조
2.3 프리캐스트 및 프리스트레스트 콘크리트 구조
2.4 철골구조
2.5 철골철근콘크리트 구조
2.6 조적조
2.7 목조
2.8 [illegible]

2.1 건축물의 하중과 외력

2.1.1 하중의 종류

건축물에 작용하는 힘을 하중 또는 외력이라고 하며, 대표적인 것으로는 다음의 5가지가 있다(그림 2.1).

① **고정하중** : 건축물의 자중 및 마감중량
② **적재하중** : 인간 및 물품 등의 중량
③ **적설하중** : 쌓인 눈의 하중
④ **풍 하 중** : 바람압력에 의한 하중
⑤ **지진하중** : 지진시 건축물의 흔들림에 의해 생기는 하중

이외 지반으로부터의 토압, 지하수 등에 의한 수압, 열팽창이나 수축을 구속한 것에 의해 생기는 온도응력 등도 경우에 따라서는 건축물에 중대한 영향을 주는 하중이다.

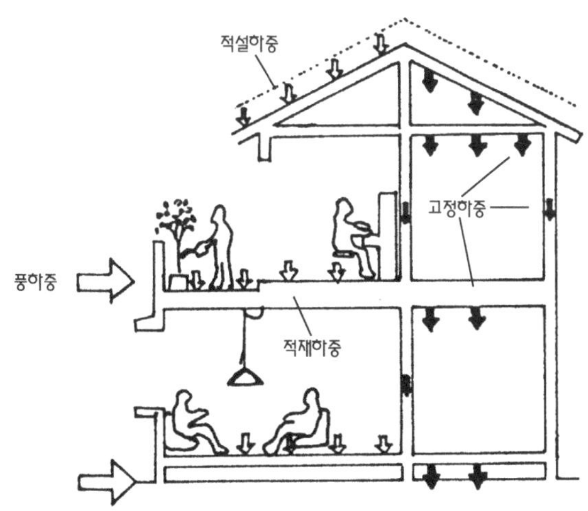

◂그림 2.1 하중의 종류

하중의 종류는 여러 가지 방법으로 분류되는데, 작용기간에 따라 구분하면 상기 5가지 중 고정하중과 적재하중은 상시(장기)하중이고, 적설하중, 풍하중, 지진하중은 임시(단기)하중이다. 작용방향에 따라 구분하면 연직하중(고정, 적재, 적설하중 등)과 수평하중(풍압, 지진력 등)으로 분류되며, 작용하중의 형태에 따라 구분하면 분포하중과 집중하중으로 분류된다.

2.1.2 하중 관련 규준

(1) 고정하중

고정하중은 설계도 등을 기초로 하고, 표 2.1에 나타낸 값을 사용하며 지붕, 바닥, 벽, 천장 등 건축물 각 부문의 자중과 마감무게를 계산하여 구한다.

▸표 2.1
고정하중의 예(kgf/m²)

부위	종별	하중	비고
지붕	기와(부토가 없는 경우)	65	지붕널 및 서까래 무게는 포함하고 중도리 무게는 제외함
	석면 슬레이트	35	
	골함석(중도리에 직접 잇는 경우)	5	
벽	섬유판 붙임	10	벽바탕 무게를 포함하고 골조 무게는 제외함
	졸대 회반죽벽	35	
	철망 모르타르벽	65	
	목조 건출물의 벽의 골조	15	기둥, 사잇기둥, 가새 무게를 포함
콘크리트 바닥	널바닥	20	장선무게 포함
	플로링 블록 바닥	15	마감 두께 1cm당
	모르타르, 인조석, 타일붙임 바닥	20	

[주] 각각 지붕, 벽, 바닥면적당의 하중임.

(2) 적재하중

건축물에는 가구 등의 물품과 사람이 적재된다. 통상의 사용하는 방법에 따라 그 용도별로 표 2.2에 따라 하중을 결정한다. 건물의 사용 중 용도 변경이 고려되는 경우는 변경시의 적재하중에 대해 고려하여야 한다.

◂표 2.2 적재하중의 예 (건축물 하중기준 kg/m²)

용도	건물부위	적재하중	건물부위	적재하중
주택	거실, 복도	200	공동주택 발코니	300
병원	병실과 복도	200	수술실 및 해당복도	300
숙박시설	객실과 해당복도	200	공용실과 해당복도	500
사무실	일반사무실과 해당복도 특수 사무실과 해당복도	250 500	로비 문서보관실	400 500
학교	교실과 해당복도 일반실험실	300 300	로비 중량실험실	400 500
판매장	상점, 백화점(1층/2층 이상)	500/400	창고형 매장	600
집회유흥장	로비, 복도, 식당, 무도장, 극장 및 집회장(고정식)	500 400	무대, 영업용 주방 연회장,집회장(이동식)	700 500
체육시설	바닥, 옥외경기장, 이동식 스탠드	500 500	고정식 스탠드	400
도서관	열람실과 해당복도	300	서고	750
주차장(승용차 전용/옥내차로와 경사로/옥외)	승용차 전용 총중량 18t이하 트럭, 중량차량	400/600/600 1200/1600/1600	경량트럭 및 빈버스	800/1000/1200
창고, 공장	경량품(공업)	600	중량품(공업)	1200
지붕, 옥상	접근 곤란한 지붕, 정원, 집회용	100 500	적재물 거의 없는 지붕 헬기정착장	200 500
기계실 및 옥외광장	공조실, 전기, 기계실	500	옥외광장	1200

★이 하중표 중 지하주차장 지붕부분과 실내공간 부분의 경우 잦은 사고 등에 딸 지속적으로 하중이 증가 되었으며, 차종에 따라서도 세부적으로 분류하게 되었다.

(3) 적설하중(S)

적설하중은 지상 적설하중의 기본값을 기준으로 하는 데 지역별 적설량을 고려한 하중의 기본값은 표 2.3과 같다.

▸표 2.3
지상 적설하중의 기본값 (건축물하중 기준 제6조 관련)

(단위: kg/m^2)

지역	지상 적설하중
서울, 수원, 춘천, 서산, 청주, 대전, 추풍령, 포항, 군산, 대구, 전주, 울산, 광주, 충무, 목포, 여수, 제주, 서귀포, 진주, 울진, 이천	50
인천	80
속초	200
강릉	300
울릉도, 대관령	700

지역별 하중치를 표와 같이 활용하고 있다.

(4) 풍압력(P)

$$P = cqA$$

c : 바람을 받는 부분의 풍력계수
q : 바람에 의한 속도압(kgf/m^2)
A : 그 부분의 면적(m^2)

건축물 전체의 풍압력을 고려하는 경우는 풍상측과 풍하측의 풍력계수를 더해서 고려하면 된다. 이외 처마 끝이나 차양 등에는 국부적으로 더욱 강한 힘이 작용하므로 풍력계수 채용시 주의가 필요하다. 또 초고층 건축 등에는 풍동실험이나 컴퓨터 시뮬레이션 등에 의해 각부 풍압력을 구할 수 있다. 그리고 지역별 기본풍속은 표 2.4와 같다

표 2.4 지역별 기본풍속 (단위:m/sec)

지역		기본풍속
서울, 경기도	서울, 인천, 김포, 부천, 부평, 구리, 오산, 송탄, 평택, 시흥, 과천, 안양, 수원, 안산, 군포, 의왕, 안성, 강화	30
	양평, 성남, 하남, 용인, 의정부, 동두천, 포천, 파주, 광주, 기흥, 미금, 여주, 이천, 신갈, 장호원	25
강원도	속초, 강릉, 양양, 주문진	40
	거진, 간성, 동해, 삼척, 원덕	35
	춘천, 화천, 양구, 철원, 김화, 인제, 영월, 정선, 태백, 원주, 평창, 홍천	25
충청도	장항	40
	태안, 서산, 청주, 대천, 서천, 안면도, 조치원, 천안, 홍성, 광천, 아산	35
	대전, 당진, 합덕, 성환, 진천, 증평, 온양	30
	음성, 청양, 금산, 영동, 공주, 논산, 제천, 충주, 부여, 보은 단양, 괴산, 옥천	25
경상도	포항, 울릉도, 구룡포, 오천, 흥해, 감포	45
	부산, 기장, 장안 연일, 외동, 가덕도	40
	울산, 통영, 거제, 고성, 진해, 김해, 마산, 창원, 양산 진영, 울진, 평해, 안강, 경주, 남해, 삼천포	35
	건천, 가야, 삼랑진, 영덕, 사천	30
	대구, 영주, 구미, 김천, 영천, 안동, 봉화, 풍기, 예천, 청송, 영양, 하양, 경산, 청도, 남지, 의령, 추풍령, 상주, 선산, 군위, 의성, 문경, 점촌, 함창, 진주, 거창, 함양, 산청, 고령, 창녕, 합천, 밀양	25
전라도	군산, 미성	40
	목포, 여수, 완도, 전도, 옥구, 노화, 익산, 금일, 해남, 관산, 대덕, 도양, 고흥	35
	광주, 나주, 화순, 영암, 일노, 강진, 장흥, 보성, 벌교, 순천, 강양, 무안, 함평, 영광	30
	전주, 함열, 진안, 무주, 삼례, 담양, 부안, 남원, 순창, 구례, 고창, 정주, 장수, 승주, 임실, 태인	25
제주도	전지역	40

2.1.3 허용응력도와 변형

건축물에 하중이나 외력이 가해질 때 구조부재의 내부에 생기는 저항력을 응력이라 하고 응력의 크기를 응력도라 한다. 이 응력도가 구조부재의 내력을 초과하지 않는 여유를 갖도록 건축물을 설계할 필요가 있다. 구조부재가 이러한 여유를 유지하면서 견딜 수 있는 강도를 허용응력도라 한다. 실제 파괴강도의 허용응력도에 대한 배율을 재료의 안전율이라 한다. 장기 또는 단기의 하중상태에 대하여 구조부재에는 장기응력 또는 단기응력이 생긴다. 또, 허용응력도도 장기와 단기로 나눠지며, 따라서 재료의 안전율도 각각 다르게 되며, 통상적으로 단기의 허용응력도가 장기 허용응력도보다 1.5~2배 정도 크게 정의된다. 구조물은 하중을 받으면 미소변형이 생기는데 사용 용도에 따라 불편이나 불안을 느끼지 않을 정도까지만 변형이 생기도록 해야한다. 강도상 여유가 있고 변형상으로도 지장이 없는 건축구조물의 설계가 필요하다.

2.1.4 내진벽

골조만으로 풍압력이나 지진력 등의 수평력에 저항하는 구조방식도 있으나 내진벽이라고 하는 벽을 설치하여 수평하중에 저항하는 방식이 일반적으로 경제적이다. 하중에 저항하는 것에는 파괴하중에 대하여 추가의 저항능력이 있어야 하는 것과 동시에 변형능력 한계까지 충분히 견딜 수 있어야 한다.

2.1.5 제진과 면진

지진이나 바람에 대해 건축물이 진동하는 현상을 제어하는 기술이 제진이고, 지진력에 대하여 절연시킨 것이 면진이다(그림 2.2).

면진구법을 도입하면 지진과 절연되는 부분은 내진설계가 쉽다. 또 지진이나 바람에 따른 진동이 전달되지 않으므로 건축공간의 거주성이 좋아진다. 제진과 면진은 건물전체에 적용하는 병원이나 컴퓨터센터 등의 건물에서 큰 효과를 발휘하며, 부분적으로 컴퓨터실 등에만 사용하기도 한다.

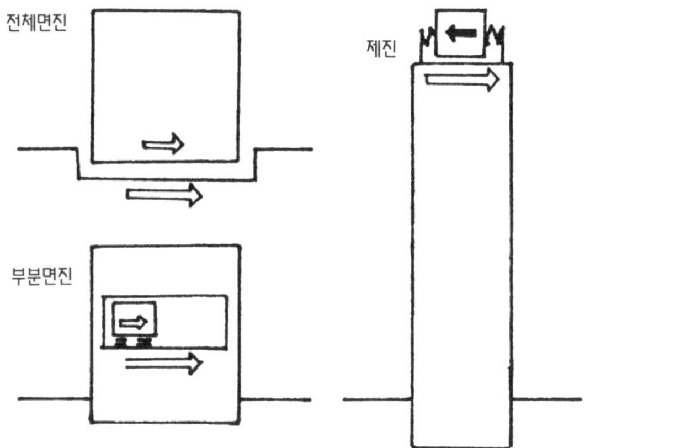

◂그림 2.2
제진과 면진

2.2 철근콘크리트 구조

2.2.1 개 론

(1) 철근콘크리트 구조 개요

철근콘크리트 구조는 100년 이상의 역사를 가지고 있으며 내구, 내풍, 내진, 내화, 경제성 면에서 아주 우수하여 많은 발전을 이루어 왔을 뿐만 아니라 가장 일반적으로 사용되고 있는 구조형식이다.

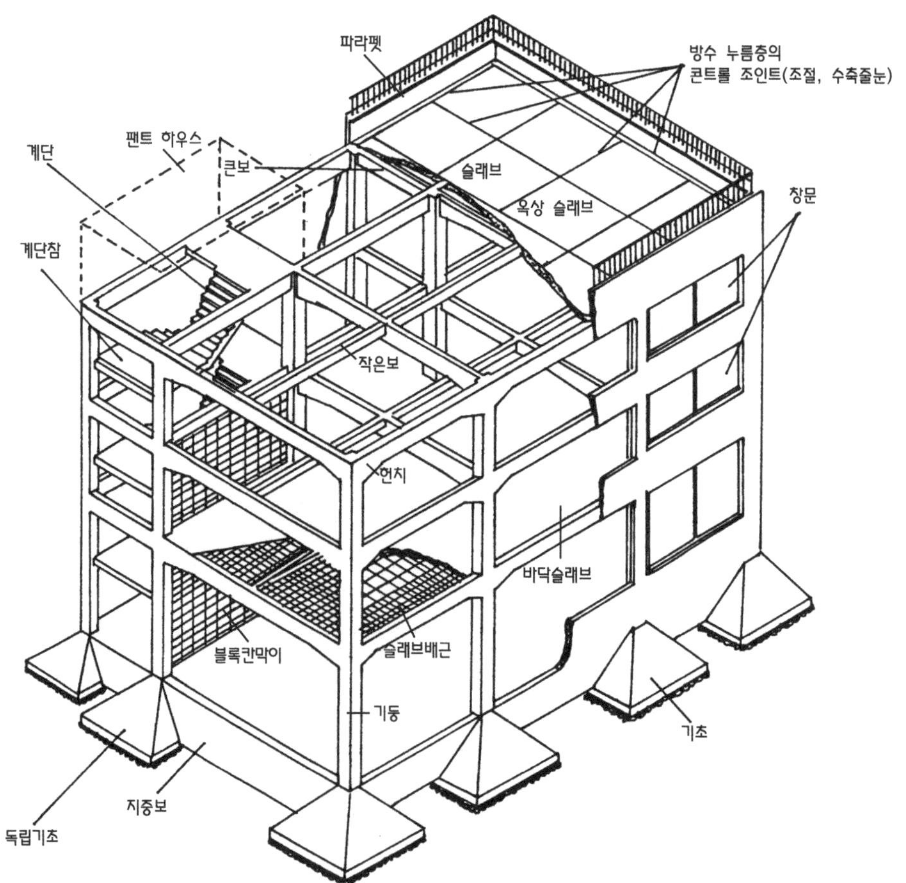

▾그림 2.3 철근콘크리트 구조

콘크리트는 압축력에 강하고 내구적이지만 인장력에 약하므로 철근으로 이를 보강한 복합체로 하여 건축물을 일체식으로 하고 보, 기둥 등 구조상 중요부분에 이를 이용한 건축물을 철근콘크리트 구조(Reinforced Concrete Construction, R.C 구조)라 한다.

철근콘크리트 구조는 1824년 영국의 Joseph Aspdin이 포틀랜드 시멘트를 발명하여 특허를 얻은 후 1867년에 프랑스 Goseph Monier가 화분을 철근콘크리트로 만들어 이것을 철근콘크리트 구조에 적용할 수 있는 특허를 획득함으로써 세상에 알려졌고, 건축물에는 1875년 뉴욕에서 처음으로 이용되었으며, 1886년 독일의 Weyss와 Koenen이 처음으로 철근콘크리트 구조의 단면산정에 관한 논문을 발표한 후 현재까지 눈부신 발전을 거듭하여 현대건축 문화발전에 가장 크게 공헌해 오고 있다.

(2) 철근콘크리트 구조의 원리

철근콘크리트 부재에 각종 하중이 작용될 때 콘크리트 단면상에 압축과 인장응력이 발생하게 된다. 콘크리트 단면상에서 인장응력이 발생되는 부분에 인장력이 강한 철근으로 콘크리트를 보강하게 함으로써 압축응력은 콘크리트가 인장응력은 철근이 부담하여 서로의 단점을 보완하게 함으로써 구조체를 형성하는 것이 철근콘크리트 구조의 원리이다.

철근은 압축력에는 좌굴을 일으키기 쉽고, 부식하기 쉬우며, 내화적이지 못한 결점을 가지고 있으나 콘크리트는 압축력이 강하고, 내화적이며, 내구적인 장점을 가지고 있다. 콘크리트는 표 2.7에서 보는 바와 같이 철근에 비하여 영계수가 1/10, 압축강도는 1/20, 인장강도는 1/200 정도이며, 철근을 화열(火熱)로부터 보호할 수 있고, 알칼리성이기 때문에 철근의 녹발생을 막을 수 있다. 이외에 철근과 콘크리트는 부착성이 좋고, 열팽창률도 거의 같기 때문에 구조체로서의 일체성이 매우 높다. 그림 2.4은 철근콘크리트 보의 변형을 나타낸 것으로 철근과 콘크리트가 부착성이 충분하지 못할 경우 보강의 효과를 얻을 수 없다. 원형철근보다는 콘크리트와 부착이 잘 되도록 표면에 돌기가 있는 이형철근이 2.5배 정도의 부착력이 있으며, 부착력은 콘크리트와 철근의 접촉면적에 영향을 받기 때문에 같은 철근량이라면 가는 철근을 사용하는 것이 부착강도를 크게 하는 방법이다.

▸표 2.5
철근콘크리트 구조 철근과 콘크리트의 특성 비교

구 분	철 근	콘크리트 (Fc=240kgf/cm²)
영계수 (kgf/cm²)	2.1×106	2.1×105
장기허용 압축응력도 (kgf/cm²)	1,600	80
장기허용 인장응력도 (kgf/cm²)	1,600	8
선팽창계수 a=1/ℓ0 · Δℓ/Δt	11.8×10-5	7~14×10-5

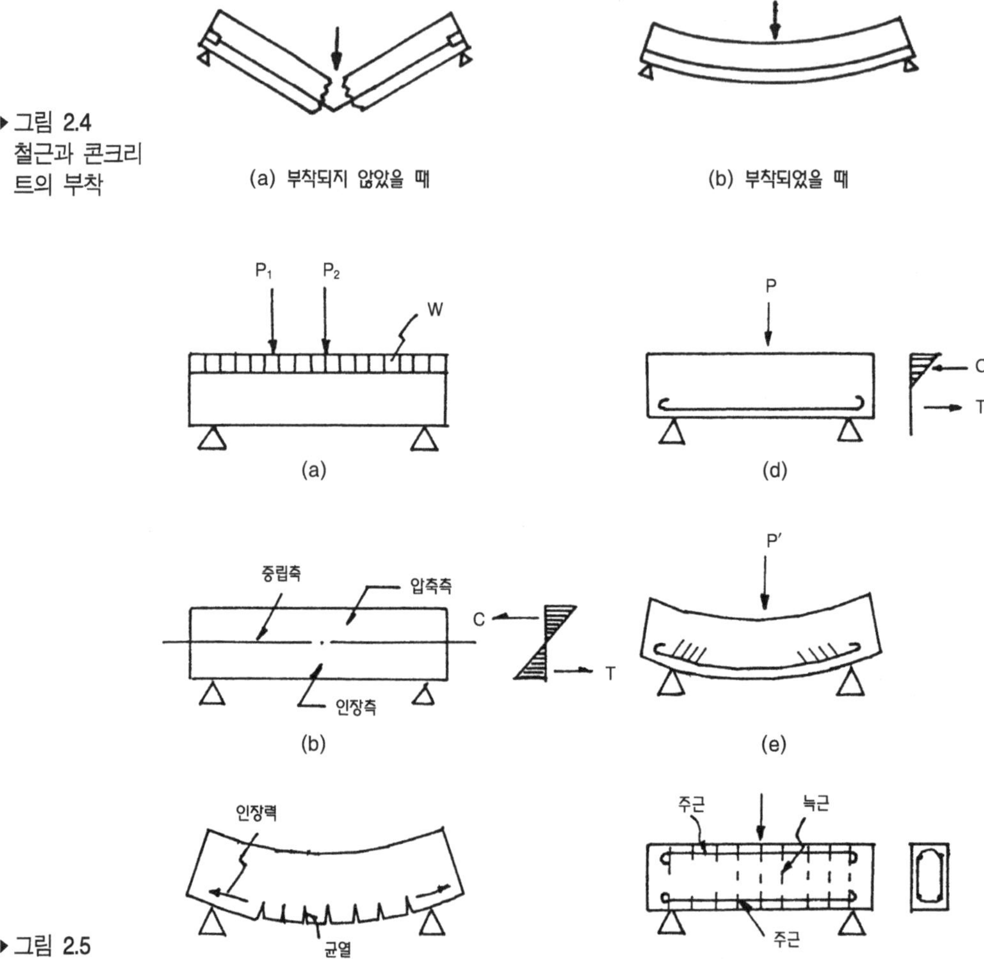

▸그림 2.4
철근과 콘크리트의 부착

▸그림 2.5
보의 응력과 철근의 역할

그림 2.5는 보의 응력과 철근의 역할을 나타내고 있으며, 각각의 그림에 대한 설명은 다음과 같다.

① 단순보에 하중작용
② 중립축의 위쪽에 압축응력, 아래쪽에 인장응력이 작용함
③ 중립축 아래쪽에 균열이 발생하고 쉽게 부서짐
④ 인장측에 철근을 보강하여 안전 유지
⑤ 하중 p가 증가하여 p'에 도달하면 사인장 균열 파괴가 생김
⑥ 전단 균열에 대해 늑근을 설치하여 보강함

(3) 철근콘크리트 구조의 특징

철근콘크리트 구조는 다른 구조와 비교하여 다음과 같은 특징을 가지고 있다.

1) 장 점

① 내화성, 내구성이 우수하다

철근은 고열에 닿으면 강도가 현저하게 낮아지지만 열전도율이 낮은 콘크리트가 감싸고 있기 때문에 내화적이 되고, 콘크리트는 강알칼리성이기 때문에 철근이 녹스는 것을 억제한다. 이와 같이 철근콘크리트 자체는 자연환경에 의한 영향을 비교적 덜 받기 때문에 구조물의 내구연한이 길어진다.

② 내풍·내진적이다

철근콘크리트 구조는 일체식 구조이기 때문에 접합점이 강접합(Rigid Joint)이므로 내진벽의 합리적인 배치로 내풍·내진적으로 할 수 있다.

③ 설계를 자유롭게 할 수 있고, 유지관리가 쉽다

각부의 응력상태에 따라 철근량을 자유롭게 할 수 있으며, 구조물을 일체식으로 크기와 형태를 자유롭게 구성할 수 있고, 다른 구조에 비하여 유지관리비가 저렴하다.

④ 기 타

고층화가 가능하며, 공사비가 비교적 저렴하고 방음, 방도 등 보안적이다.

2) 단 점

① 자중이 크다

철근콘크리트의 중량은 2.2~2.4t/m³이고, 구조체의 중량이 1.0~1.5t/m²으로 건물 전체 중량의 80~90% 정도가 자체 중량이다.

② 시공이 어렵고 강도계산이 복잡하다

철근의 가공·조립, 거푸집의 제작·조립·해체, 콘크리트의 타설, 양생 등 공정이 복잡하며, 시공의 정밀성을 유지하기가 어렵고 구조체의 구조계산이 복잡하다.

③ 공기가 길다

습식의 경우가 대부분이며, 양생기간이 충분히 필요하기 때문에 공사기간이 길어진다.

④ 기 타

건조수축에 의한 균열이 발생하기 쉽고, 이전이나 개축이 상당히 어렵다.

2.2.2 콘크리트

(1) 개 요

콘크리트(concrete)는 시멘트(cement), 모래, 자갈 및 혼화재료(admixture)를 물로 혼합하여 경화시킨 일종의 인공 복합재료이다. 시멘트는 물과 화학반응(이것을 수화반응이라 한다.)을 하여 부착력을 갖는 시멘트 페이스트(paste)가 되고, 이것이 골재 사이에서 응결(setting)되고, 시간의 경과와 함께 경화(hardening)되어 석재와 같이 된다.

콘크리트는 기중에서 수분이 공급되면 강도(strength)가 증진되기 때문에 특히 초기에 습윤상태로 유지하여야 하며, 이것을 양생(curing) 또는 보양(curing and protecting)이라 한다. 콘크리트는 최초 타설된 후 28일이 지나면 목표강도에 도달되고, 이것을 설계기준강도라 하며, 보통 210~240kgf/cm²로 한다.

콘크리트의 물리적 특성 및 내화학성 등을 높이기 위하여 보통 사용되는 시멘트 대신에 시멘트 혼화용 폴리머(polymer)나 불포화 폴리에스테르 등 레진(resin)을 시멘트 콘크리트에 혼화하거나 대체함으로써 폴리머와 콘크리트 복합체를 제작하여 사용되기도 한다.

1) 콘크리트 강도의 본질

콘크리트 강도라는 말이 갖는 내용은 매우 복잡하다. 즉 압축, 인장, 휨, 전단, 지압 등의 강도, 철근과의 부착강도, 조합응력에 대한 강도, 지속하중 및 반복하중하에서의 시간과 관련된 강도(예로 피로강도) 등이 모두 포함된 용어이기 때문이다. 그러나 단순히 콘크리트 강도라는 말은 일반적으로 압축강도를 지칭하는데, 그 이유는 다음과 같다.

① 압축강도가 다른 강도에 비하여 상당히 크고, 또한 콘크리트 부재의 설계에서도 이것이 유효하게 사용되기 때문이다.
② 압축강도로부터 다른 강도의 크기와 강도 이외의 굳은 콘크리트의 성질을 개략적으로 추정할 수 있기 때문이다.
③ 시험방법이 간단하기 때문이다.

콘크리트 내에 존재하는 공극은 콘크리트의 파괴기구(failure mechanism)와 깊은 관련이 있기 때문에 콘크리트 강도에 큰 영향을 미친다. 일반적으로 재료파괴시 변형률이 0.001~0.005 사이에 들면 취성거동을 한다고 알려져 있는데 콘크리트는 정적하중하의 비교적 낮은 변형률에서 파괴되기 때문에 다소의 소성작용을 갖는다 하더라도 취성재료로 간주된다.

2) 소요의 압축강도

콘크리트의 압축강도는 KS F 2405(콘크리트의 압축강도 시험방법)에 의한 재령 28일의 압축강도를 기준으로 하고, 건축물의 구조기준 등에 관한 규칙에는 150kgf/cm^2(경량골재를 사용하는 경우에는 110kgf/cm^2) 이상이어야 한다고 규정되어 있다. 압축강도에 영향을 주는 요인은 사용재료, 배합, 시공 및 양생방법, 시험방법 등이며, 압축강도 시험방법은 직경 10 혹은 15cm, 높이 20 혹은 30cm의 원주공시체를 가압하여 구한다.

(2) 콘크리트 재료

1) 시멘트(cement)

시멘트란 교착제라는 뜻이고, 그 종류(KSL 5201)는 용도별로 다양한데 건축공사에서는 보통포틀랜드 시멘트(portland cement)가 주로 사용된다. 포틀랜드 시멘트에는 보통보틀랜드 시멘트(normal portland cement), 조강포틀랜드 시멘트(high−early strength portland cement), 중용열 포틀랜드 시멘트(moderate heat portland cement)가 있고, 그 외에 고로슬래그 시멘트(blast furnace slag cement)나 플라이애시 시멘트(fly ash cement)의 사용도 늘어가고 있으며, 특수 시멘트로서 초속경성 시멘트, 실리카 시멘트(silica cement) 등이 있다.

구조물에 사용되는 콘크리트의 요구성능에 따라 시멘트의 종류가 달라지며, 시멘트의 품질관리가 콘크리트의 품질을 좌우할 수 있다.

시멘트의 강도시험은 사용하는 시멘트 약 500포당 1회 시험하며, 28일 압축강도는 보통포틀랜드 시멘트의 경우 260kgf/cm^2 이상이다.

2) 골재(aggregate)

콘크리트용 모래(sand)와 자갈(gravel)을 골재(aggregate)라 하며 모래를 잔골재(fine aggregate), 자갈을 굵은골재(coarse aggregate)라 한다. 입자의 크기가 눈금 5mm 체에 85% 이상 통과하는 것을 잔골재라 하며, 85% 이상 남는 골재를 굵은골재라 한다.또 천연골재와 인공골재, 그리고 보통골재(normal aggregate) 외에 경량골재(light weight aggregate)와 중량골재(heavy weight aggregate)로 구분된다(표 2.8).

보통골재는 자연작용으로 암석에서부터 생긴 모래, 자갈 또는 부순모래, 부순자갈 및 고로슬래그 모래, 자갈 등의 골재를 말하며, 화산자갈 등 천연골재 및 혈암, 고로슬래그, 점토, 규조토암, 플라이애시 등을 분쇄 혹은 미분쇄하고 조립한 것을 1000~1300℃로 소성 발포시킨 것을 인공경량골재라 하고, 방사선을 차폐할 목적으로 쓰는 중정석, 철광석 등 비중이 큰 골재를 중량골재라 한다.

건축공사에 주로 사용되는 골재로는 강모래, 강자갈이었으나 최근에는 이들의 고갈로 인하여 산모래, 산자갈, 바닷모래, 바닷자갈,

부순모래, 부순자갈 등이 많이 사용되고 있다. 산모래는 진흙분이 많고, 바다모래는 염분이 많아 맑은 물로 씻지 않고는 철근콘크리트용 골재로는 부적당하다.

골재는 깨끗하고, 강하며, 내구적이고, 적당한 입도(grading)를 가진 것으로 흙 및 유기불순물 등의 유해물질을 함유해서는 안되며, 소요의 내화성 및 내구성을 갖는 것이어야 한다. 건축공사에 주로 사용되는 골재의 입도는 모래가 5, 2.5, 1.2, 0.6mm 이하, 자갈은 40, 25, 20, 10mm 이하로 대별되며, 굵은 골재의 최대치수는 철근간격의 4/5 이하 또는 피복두께 이하로 한다.

▸표 2.6
골재의 분류

분류방법	골 재 의 종 류
생 산 방 식	천연골재, 인공골재, 부산골재, 재생골재
채 취 장 소	강자갈(모래), 육지자갈(모래), 산자갈(모래), 바닷자갈(모래), 화산암
치 수	굵은 골재, 잔골재(최대치수 ○○mm골재, 최소치수 ○○mm골재)
비 중	중량골재, 보통골재, 경량골재, 초경량골재
용 도	구조용 골재, 비구조용 골재, 사용목적별 골재(콘크리트용 골재, 도로용 골재)

3) 혼화재료(admixture)

콘크리트의 유동성이나 수밀성 및 내구성 등 품질을 개선하기 위하여 콘크리트에 혼합하는 재료로서 소량을 사용하여 품질에 영향을 주는 것을 혼화제라 하고, 비교적 다량을 사용하여 콘크리트가 증량이 되는 것을 혼화재라 한다.

혼화제로서 AE제, AE감수제 등은 콘크리트의 시공성(workability)과 내동해성을 개선시키며, 고성능 AE감수제는 큰 감수효과를 얻어 고강도 콘크리트를 얻을 수 있다. 감수제나 AE감수제는 워커빌리티를 향상시켜 소요의 단위수량이나 단위 시멘트량을 감소시키는 것이고, 응결, 경화시간을 조절하는 것으로는 촉진제, 지연제, 급결제, 초지연제 등이 있다. 또한 방수제와 기포제, 발포제, 방청제, 수중불분리성 혼화제, 보수제, 방동제, 건조수축 저감제, 수화열 억제제, 방오제, 분진방지제 등이 콘크리트의 요구되는 기능을 개선할 목적으로 사용된다.

AE제(air entraining agent)는 공기연행제라고도 하며, 계면활성제의 일종으로서 콘크리트 속에 무수히 많은 독립된 공기포를 연행시켜 이 공기포가 볼베어링(ball bearing)역할을 함으로써 콘크리트의 워커빌리티 개선과 동결융해에 대한 저항성을 향상시키기 위해 사용하는 혼화제이다.

감수제(water reducing agent)는 시멘트 입자에 대한 습윤, 분산작용에 의해 콘크리트의 워커빌리티를 향상시켜 소정의 컨시스턴시(consistency) 및 강도를 얻는데 필요한 단위수량 및 단위시멘트량을 감소시키는 혼화제이다. 한국산업규격에서는 레디믹스트 콘크리트(ready mixed concrete)의 경우 AE콘크리트를 표준으로 하고 있기 때문에 AE감수제가 일반적으로 사용되고 있다.

고성능감수제(high range water reducing admixture)는 시멘트 입자의 분산성능이 우수하여 물시멘트비의 저감과 고강도화가 가능하며, 동일한 물시멘트비의 콘크리트에 첨가하여 콘크리트의 품질은 변동없이 작업성을 크게 향상시키기 위해 사용할 경우에는 유동화제(superplasticizer)로 불리운다.

혼화재에는 주로 광물질 혼화재가 사용되며, 고로슬래그 미분말과 플라이애시, 실리카흄, 팽창재, 착색재 등이 있다.

고로슬래그 미분말은 용광로에서 선철과 동시에 생성되는 용융슬래그를 물로 급냉시켜 얻은 입상의 수쇄슬래그를 건조하여 미분쇄한 것으로 사용목적에 따라 석고를 첨가하여 포틀랜드 시멘트와 혼합하여 고로슬래그 시멘트를 만드는데 사용된다. 이 경우 고로시멘트의 수화반응은 시멘트 클링커의 수화와 슬래그 수화의 2종류 반응으로 나누어져 진행된다.

후자인 슬래그의 수화는 시멘트 클링커의 수화에 의하여 얻어지는 수산화칼슘과 슬래그가 반응을 일으키므로 이 반응은 속도가 늦으므로 재령 28일 전후일 때 비로소 그 효과가 강도로 나타난다. 따라서 보통시멘트에 비하여 초기강도는 약간 낮은 값을 나타낸다. 고로시멘트의 특징으로는 콘크리트의 수화발열속도의 저감 및 콘크리트의 온도상승 억제 효과와 장기강도의 증진, 해수나 각종 광천수 등의 지하수에 대한 저항성이 우수하고, 수밀성의 향상 등 콘크리트의 특성을 개선하는 효과가 있다.

플라이애시(fly ash)는 미분말 형태의 석탄을 연료로 사용하는 발전소에서 이것을 연소할 때 굴뚝을 통해 대기 중으로 날라가는 재의 미립자를 집진장치로 포집한 것이다. 플라이애시는 천연적으로 발생하는 포졸란이나 시멘트와 유사한 성질을 가지고 있으며, 시멘트 페이스트의 유동성을 개선시키고, 콘크리트의 단위수량을 감소시키며, 장기강도가 커지고, 수밀성이 향상되지만 초기강도 발현이 늦게 하는 특성이 있다.

실리카흄은 실리콘(Si), 페로실리콘(FeSi), 실리콘 합금 등을 제조할 때에 발생되는 폐가스 중에 포함되어 있는 SiO2를 집진기로 모아서 얻어지는 초미립자의 산업부산물이다. 실리카흄은 2000℃ 정도의 고온에서 얻어지는 구상의 입자이지만 분말도가 매우 미세하기 때문에 콘크리트용 혼화재로 사용할 경우 초고강도의 콘크리트를 얻을 수 있다. 또한 콘크리트의 수밀성이 커지기 때문에 투기, 투수성이 감소되어 콘크리트의 각종 물리적, 역학적 성질을 크게 개선한다.

팽창재는 시멘트의 수화반응 과정에서 에트링가이트(ettringite) 또는 수산화칼슘 등을 생성시켜 콘크리트의 경화 및 건조시에 수축을 방지하고, 온도응력에 의한 균열 발생을 억제하기 위해 사용된다.

(3) 콘크리트의 배합(mix proportion)

1) 개 요

콘크리트는 소정의 압축강도가 나와야 하고, 부재 전체가 밀실하고 균질하여 내구성이 커야 하며, 시공성이 유지되어야 한다.

콘크리트의 소요강도는 구조계산으로 정한다. 콘크리트의 강도는 시멘트의 강도와 물시멘트비(water cement ratio, w/c)에 의해서 결정되며 시멘트 강도가 클수록, 물시멘트비가 작을수록 콘크리트의 강도는 커진다.

좋은 콘크리트를 만들기 위해서는 시멘트, 골재, 물, 혼화재료 등의 적절한 배합비(mixing ratio)의 결정 즉 배합설계(mix design)가 무엇보다 중요하다. 콘크리트의 배합방법에는 중량배합과 용적배합방법이 있으며, 중량배합이 더 정확한 방법이다.

2) 배합설계

배합설계는 콘크리트에 사용되는 각 재료의 혼합비율이나 콘크리트 단위용적을 구성하는 각 재료의 양을 결정하는 것으로써 배합설계의 순서는 다음과 같다.

① 배합강도의 결정

소요강도(설계강도 : Fc)에 시공표준편차(σ)와 온도보정(T)을 더한 값으로 한다. 여기서 Fc = 3×장기허용응력도로 하고, 소요강도는 최소 150kgf/cm²(경량콘크리트 110kgf/cm²) 이상으로 하며, 보통 180~240kgf/cm² 정도가 많이 사용된다.

② 시멘트강도의 결정

시멘트강도는 약 500포당 1회의 강도를 시험한 값과 제조회사의 통계적 평균값 또는 권위 있는 연구소나 시험소의 시험 성적의 평균값으로 정한다.

③ 물시멘트비의 결정

ㄱ. 개 요 : 물시멘트비(water－cement ratio, W/C)는 콘크리트를 비빌 때 넣는 물의 양을 사용하는 시멘트 중량에 대한 비율로 나타낸 것이고, 물시멘트비가 작을수록 콘크리트의 강도는 커지고 내구성도 좋아지지만 적절한 시공연도(workability)를 유지하는 수준에서 물의 양은 결정된다. 다만 표면활성제 등 혼화제를 사용할 경우는 시공성이 개선되기 때문에 사용수량을 줄일 수 있다.물시멘트비는 배합강도(F)와 시멘트(보통포틀랜드 시멘트)강도(K)를 사용하여 다음 식으로부터 구한다.

$$x = 61/(F/K+0.34)$$

ㄴ. 시공연도(workability) : 시공연도란 시공의 용이성 즉 작업의 난이도를 말하며, 콘크리트의 재료분리가 되지 않으면서 운반·타설·다짐·마무리 작업의 용이성을 나타내는 굳지 않은 콘크리트의 성질이다. 시공연도에 영향을 주는 것은 시멘트, 골재, 혼화재료 등 사용재료의 종류와 성질 및 사용량, 배합, 비빔의 정도와 비빈 후의 경과시간, 콘크리트의 온도 등이다. 그리고 구조물의 종류, 단면형상, 배근의 상태, 시공방법 및 시공시기 등에 의해서도 시공연도는 달라진다. 적당한 시공연도는 슬럼프 시험으로 정한다.

ㄷ. 슬럼프 시험 : 슬럼프 시험(slump test)은 굳지 않은 콘크리트의 변형, 또는 유동에 대한 저항성, 즉 컨시스턴시(consistency)를 측정하여 시공연도를 판단하며, 이 값은 성형성(plasticity) 및 마감성(finishing)의 지표가 된다.

밑면의 안지름이 20cm, 윗면의 안지름이 10cm, 높이가 30cm인 절두 원추형으로 된 슬럼프 콘에 콘크리트를 체적의 1/3씩 나누어 넣고, 지름이 16mm, 길이가 60cm인 원형강봉으로 25회씩 골고루 다진다. 다짐은 전층의 상부 5cm 정도 관입이 되도록 하고, 최상층의 표면을 수평이 되게 마무리한 후 슬럼프 콘을 수직으로 끌어올려 콘크리트가 내려간 높이를 슬럼프 값이라 하고 cm로 표시한값을 슬럼프라 한다.(그림 2.6) 일반적으로 묽은 콘크리트일수록 슬럼프 값이 크게 되며, 유동화 콘크리트의 경우에는 슬럼프보다는 일정시간 동안 퍼진 직경을 측정하여 cm로 표시한 슬럼프 플로우를 채용한다.

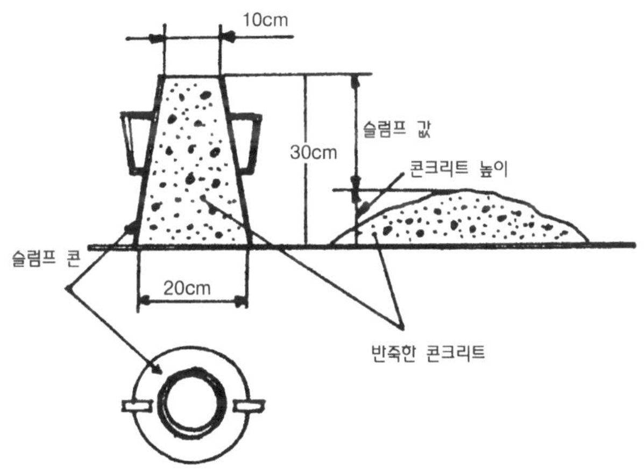

◀그림 2.6 슬럼프 시험

ㄹ. 물시멘트비를 정하는 방법 : 물시멘트비는 콘크리트의 압축강도, 내구성, 수밀성을 고려하여 정하게 되며, 배합강도를 얻기 위해서는 실제로 사용할 콘크리트와 거의 같은 재료를 사용하여 소정의 슬럼프와 공기량이 얻어질 수 있는 콘크리트에 대하여 물시멘트비와 콘크리트 강도와의 관계를 시험비빔에 의하여 구한다.

④ 단위수량의 결정

단위수량은 내구성, 수밀성, 슬럼프 등에 영향을 미치며 요구하는 콘크리트의 품질이 얻어질 수 있는 범위내에서 가능한 한

작게 정해야 한다. 배합비별 단위수량의 변화경향은 슬럼프가 동일한 경우에는 일반적으로 사용되는 물시멘트비 범위에서 물시멘트비가 변화하여도 단위수량은 거의 변화하지 않는다.

2.2.3 콘크리트의 성질

(1) 굳지 않은 콘크리트의 성질

1) 굳지 않은 콘크리트가 구비해야 할 조건

굳지 않은 콘크리트(fresh concrete)는 비빔직후부터 거푸집내에 부어넣어 소정의 강도를 발휘할 때까지의 콘크리트를 말하고 이것이 구비하여야 할 조건은 다음과 같다.

① 운반, 부어넣기, 다짐 및 표면마감의 각 단계에서 작업을 용이하게 할 수 있을 것.
② 시공시 그 전후에 재료분리가 적을 것.
③ 거푸집에 부어넣은 후 균열 등 유해한 현상이 발생하지 않을 것.

2) 굳지 않은 콘크리트의 용어

굳지 않은 콘크리트의 성질을 나타내는 용어로는 다음과 같은 것들이 있다(그림 2.7).

① 워커빌리티(workability)
반죽질기(consistency)에 의한 부어넣기의 난이도 및 재료분리에 저항하는 정도를 나타내는 굳지 않은 콘크리트의 성질을 말하는 것으로 정량적으로 표시하기가 어렵다.

② 컨시스턴시(consistency)
주로 수량에 의해서 변화하는 유동성의 정도이다. 유동성은 콘크리트의 워커빌리티에 크게 영향을 주고 있으나 유동성이 큰 것이 반드시 시공하기에 적당한 것이라고는 할 수 없다.

③ 플라스티시티(plasticity)

거푸집의 형상대로 잘 채워지고, 재료 분리가 잘 일어나지 않는 성질을 말한다.

④ 피니셔빌리티(finishability)

굵은 골재의 최대치수, 잔골재율, 잔골재 입도, 컨시스턴시 등에 의한 마감성의 난이도를 표시하는 방법이다.

⑤ 펌퍼빌리티(pumpability)

콘크리트 타설시 펌프공법을 채용할 경우 컨시스턴시가 좋지 않으면 콘크리트의 펌프가 막혀 압송이 불가능하게 되어 현장의 작업이 중지되거나 압송중의 슬럼프 저하가 발생되어 부어넣기, 다짐 등이 어렵게 된다. 이러한 압송성의 난이도를 표시하는 용어가 펌프빌리티이다.

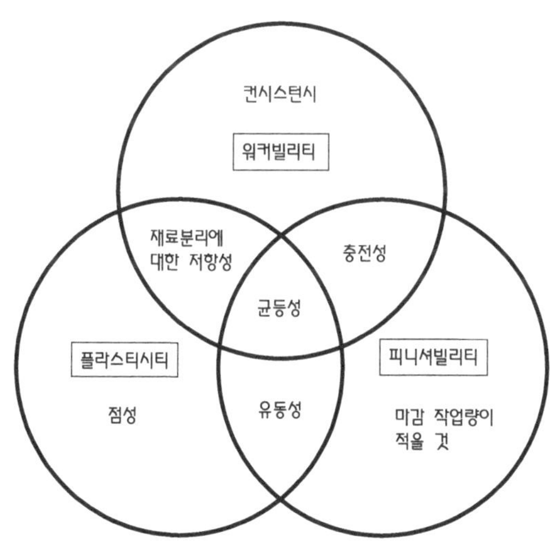

◂그림 2.7
굳지 않은 콘크리트의 제성질 관계

(2) 굳은 콘크리트의 성질

1) 압축강도

경화한 콘크리트의 성질에는 여러 가지가 있으나 가장 중요한 것은 압축강도이다. 콘크리트 구조물 설계시에 압축강도가 가장 중요한 요소이며, 콘크리트의 기타 성질도 압축강도에 의해 크게 영향을 받는다. 압축강도 이외에도 인장강도, 휨강도, 전단강도, 부착강도가 구조물 설계시에 채용된다.

콘크리트의 압축강도에 영향을 주는 요인은 대체로 다음과 같다.

① 사용재료 : 시멘트, 골재, 물, 혼화재료
② 배합 : 물시멘트비, 단위시멘트량, 공기량
③ 시공 및 양생방법 : 비빔, 운반, 다짐 방법, 온도, 습도
④ 시험방법 : 공시체의 형상 및 치수, 재하속도

일축압축을 받는 경우의 극한파괴는 시멘트 결정의 인장파괴, 재하방향과 직각인 방향의 부착파괴, 경사전단면에 생기는 활동붕괴(sliding collapse) 중의 하나 또는 조합에 의하여 일어날 것이다. 극한변형률(ultimate strain)은 파괴의 기준이 되며, 그 파괴변형률은 표 2.9와 같이 콘크리트의 강도에 따라 변화한다. 즉 강도가 높을수록 극한변형률은 낮아진다.

▸표 2.7 콘크리트 파괴시의 변형률

콘크리트 강도(kgf/cm²)	파괴시의 최대변형률 10^{-3}
70	4.5
140	4.0
350	3.0
700	2.0

만일 원주형 공시체를 제작하여 습윤양생한 후 재령 28일에서 공시체가 파괴될 때까지 정적 재하시험을 하게 되면, 콘크리트 공시체는 작용인장응력(결착력 파괴), 작용전단력(활동 파괴), 압축응력(파쇄) 또는 이들의 조합응력에 의해서 그림 2.8과 같이 파괴될 것이다.

그림 (a)는 전단파괴를 나타내고, 이 경우 콘크리트는 파괴 직전까지 결착력(cohesion)과 내부마찰력(internal friction)에 의해 파괴에 저항할 것이다. 그림 (b)는 소위 할렬파괴라 일컫는 것으로써 시편이 기둥모양으로 파괴되는데, 이런 경우는 콘크리트의 강도가 높거나 시험 중 지압판과 시편단부 사이가 매끄러워 단부구속효과가 거의 없을 때 발생하는 현상이다. 한편 그림 (c)는 전단과 할렬의 조합파괴 모형이다.

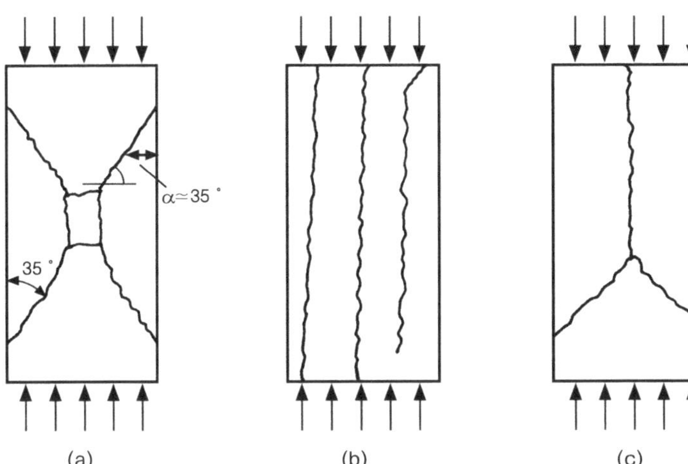

◀그림 2.8 원주형 표준공시체의 파괴모형

삼축압축을 받는 부재는 파쇄(crushing)에 의해 파괴가 지배되어 일축의 경우와는 상이한 거동을 하게 된다. 횡방향 압축력의 증가로 콘크리트의 파괴강도는 상당히 증가한다. 종합해 보면, 콘크리트의 극한파괴는 재하형태의 영향을 많이 받음을 알 수 있다.

2) 건조수축

콘크리트가 경화과정중에 건조하여 수축하는 현상을 건조수축이라 한다. 콘크리트 구조물에 건조수축이 일어나면 인장응력이 발생되고, 이것이 콘크리트의 인장강도 이상이 되면 균열이 발생한다. 이것을 수축균열이라 하며, 이러한 건조수축은 단위시멘트량 및 단위수량이 클수록 크며, 특히 단위수량에 대한 영향이 크다.

3) 내구성

콘크리트는 대기중의 탄산가스에 의해 강알칼리성이 중성화되면 철근이 부식하기 쉽게 된다. 콘크리트의 물시멘트비가 낮을수록 중성화 속도는 늦어지게 된다. 그외에 콘크리트의 내구성에 관계되는 요소로는 동결융해작용 및 기타 기상작용, 해염입자에 의한 염해, 화학약품 등에 의한 피해가 있다. 이러한 작용에 의한 콘크리트의 내구성은 일반적으로 물시멘트비를 낮게 함으로써 향상시킬 수 있다.

(3) 특수콘크리트

1) 한중 콘크리트(cold weather concrete)

콘크리트를 부어넣은 후 28일까지의 월평균 기온이 2~10℃인 달을 포함하는 기간을 한냉기라 하고, 2℃ 이하의 달을 포함하는 기간을 극한기라 한다. 특히 극한기는 한중콘크리트 시공방법, 즉 시멘트는 보온시설된 창고에 저장하고 절대로 가열해서는 안 되며, 물시멘트비는 60% 이하로 하고, 표면활성제를 사용하여야 하며, 5℃ 이상이 되도록 보온시설을 해야 한다.

2) 서중 콘크리트(hot weather concrere)

여름철 고온시에 콘크리트 시공을 하면 응결이 빠르므로 짧은 시간내 콘크리트를 붓고, 되도록 콘크리트의 온도를 낮춘다. 또 덮개를 씌우고 급격한 건조를 막아 충분히 양생이 되어 강도를 내게 하고 균열도 막아야 한다.

3) AE 콘크리트(air entrained concrete)

콘크리트 비빔시 AE제, AE감수제 혹은 고성능 AE감수제를 혼화하여 20~200μm의 미세한 공기포를 콘크리트 용적의 3~6% 정도까지 도입한 것이다. 이 공기포는 굳지 않은 콘크리트의 워커빌리티를 개선하고, 굳은 콘크리트의 동결시 발생하는 내부압력을 완화시키기 때문에 동결융해작용에 대한 저항성을 증가시킨다.

4) 고강도 콘크리트(high strength concrete)

설계기준강도가 400kgf/cm^2 이상의 콘크리트를 말하며 고성능 감수제 등을 이용하여 단위사용수량을 대폭 감소시키고, 실리카흄이나 분말도가 높은 고로슬래그 분말 등의 혼화재를 사용하고 양생방법을 개선함으로써 고강도 콘크리트를 제조할 수 있다.

5) 중량 콘크리트(heavy weight concrete)

주로 방사선 차폐용으로 이용되는 콘크리트로서 단위용적중량이 큰 철광석, 중정석 등을 골재로 한 것으로써 비중이 3.2~4.0 정도이다.

6) 경량 콘크리트(light weight concrete)

기건비중 2.0 이하의 콘크리트를 말하고, 천연경량골재, 화산자갈, 석탄재, 인공경량골재, 질석 등이 이용된다. 이 콘크리트는 보통 가벼울수록 강도·영계수가 작고, 단열효과가 크다. 건축물의 중량 경감의 목적 이외에 철골부재의 내화피복, 칸막이벽, 지붕 방수층 누름 등에 쓰인다.

7) 레디믹스트 콘크리트(ready mixed concrete)

레미콘이라 불리며, 배처 플랜트(batcher plant)시설이 있는 고정된 믹서로 비빈 것을 트럭믹서(truck mixer, transit mixer truck)나 교반트럭(agitator truck)으로 운반하는 센트럴 믹스트 콘크리트(central mixed concrete)와 플랜트에서 재료만을 공급받아 운반도중에 비비는 트렌싯 믹스트 콘크리트(transit mixed concrete)가 있다. 레미콘의 품질관리 규정에서는 강도, 슬럼프, 공기량, 염화물 함유량 등을 제한하고 있다.

8) 무근 콘크리트

철근 등으로 보강하지 않은 콘크리트로서 하층바닥 콘크리트 또는 소규모 건물의 기초에 이용된다. 철근을 쓰지 않으므로 굵은 골재에 대한 제약을 받지 않아 큰 골재를 쓸 수 있고, 또 철근의 녹스는 것에 대한 제약이 없으므로 염분이 함유된 골재를 쓸 수도 있다.

9) 수중 콘크리트(under water concrete)

점성을 증가시켜 수중에서도 분리되지 않도록 한 콘크리트로서 수심이 얕은 곳에서는 트레미 파이프(tremi pipe), 콘크리트 펌프 등을 이용하여 연속적으로 부어넣는 공법을 쓰고, 깊은 곳에서는 밑창이 열리는 상자에 콘크리트를 담아서 연속적으로 부어넣는 공법을 쓴다.

10) 무세골재 콘크리트

배합에서 잔골재를 넣지 않고, 10~20mm의 굵은 골재와 시멘트, 물만으로 만들어진 콘크리트이다. 바닥 포장재로 많이 이용되며, 물의 투수성이 우수하여 지하수 고갈 등을 방지할 수 있고, 도로와 자동차 바퀴의 마찰음을 저감할 수 있다.

2.2.4 철 근

(1) 재 료

제련된 강괴(ingot)를 압연기로 가늘고 길게 만든 연강제품을 봉강(steel bar)이라 한다. 콘크리트 보강재로 사용되는 봉강을 철근이라 한다.

철근(reinforcing bar)은 원형봉강(round steel bar, SR24, SR30)과 이형봉강(deformed bar, SD30A, SD30B, SD35, SD40, SD50)이 있고, (KS D 3504), 이형철근은 콘크리트와 철근의 부착강도를 높이기 위하여 철근의 표면에 돌기를 만든 것이고, 축선방향의 돌기를 리브(rib), 가로방향인 것을 마디(node)라 한다(그림 2.9).

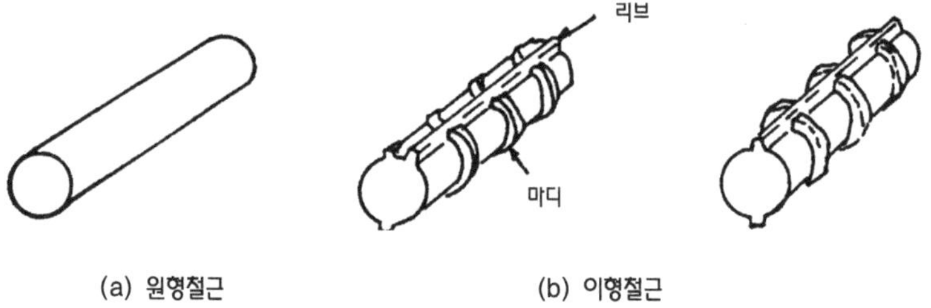

▸그림 2.9 철근의 형상

철근지름의 표시는 원형철근은 ø로 하고, 이형철근은 D로 하여 mm 단위의 치수를 기입한다. 이형철근의 지름은 공칭지름(nominal diameter)이라 하며, 단위길이당 무게가 같은 원형철근의 지름으로 표기한다(보기 : 원형철근의 지름이 22mm이면 ø22, 이형철근의 공칭지름이 19mm이면 D19로 표기).

철근지름은 6~32mm 범위 내에 9~11 종류가 있으며, 이중 현장가공을 할 수 있는 25mm까지가 주로 쓰였지만, 근래 건축물의 대형화·고층화에 따라 공업화 및 합리화 공법에 의해 25mm 이상의 굵은 철근의 사용량도 증가되고 있다(표 2.10~11).

▾표 2.8 원형철근의 단면적과 중량

mm	푼	in	n개의 단면적(cm²)										주장 (cm)	중량 (kg/m)
			1	2	3	4	5	6	7	8	9	10		
4			0.126	0.251	0.377	0.502	0.628	0.754	0.878	1.006	1.13	1.26	1.26	0.099
6	2		0.282	0.564	0.846	1.128	1.410	1.690	1.975	2.25	2.54	2.82	1.88	0.222
8			0.502	1.004	1.506	2.008	2.51	3.01	3.51	4.01	4.52	5.02	2.51	0.394
9	3		0.64	1.27	1.91	2.54	3.18	3.82	4.45	5.09	5.73	6.36	2.83	0.499
12	4		1.13	2.26	3.39	4.52	5.65	6.79	7.91	9.05	10.18	11.31	3.77	0.888
13	4		1.33	2.65	3.98	5.31	6.64	7.96	9.92	10.62	11.95	13.27	4.08	1.042
16	5	5/8	2.01	4.02	6.03	8.04	10.05	12.06	14.07	16.08	18.09	20.11	5.03	1.578
19	6	3/4	2.84	5.67	8.51	11.34	14.18	17.02	19.85	22.68	25.52	28.36	5.97	2.226
22	7	7/8	3.80	7.60	11.40	15.20	19.00	22.80	26.60	30.40	34.20	38.01	6.91	2.984
25	8	1	4.19	9.82	14.73	19.64	24.55	29.46	34.37	39.28	44.19	49.09	7.85	3.853
28			6.16	12.32	18.48	24.64	30.80	36.46	43.12	49.28	55.44	61.58	8.80	4.834
32			8.04	16.08	24.12	32.16	40.20	48.28	56.28	64.32	72.36	80.42	10.05	6.313

▾표 2.9 이형철근의 지름, 단면적, 중량

철근지름			단면적(cm²)										주장 (cm)	중량 (kg/m)
호칭	공칭지름 (mm)	속칭 (푼)	1D	2D	3D	4D	5D	6D	7D	8D	9D	10D		
D6	6.35	2	0.32	0.63	0.95	1.27	1.58	1.90	2.22	2.53	2.85	3.17	2	0.249
D10	9.53	3	0.71	1.43	2.14	2.85	3.57	4.28	4.99	5.71	6.42	7.13	3	0.560
D13	12.7	4	1.27	2.53	3.80	5.07	6.34	7.60	8.87	10.14	11.40	12.67	4	0.995
D16	15.9	5	1.99	3.97	5.96	7.94	9.93	11.92	13.90	15.89	17.87	19.86	5	1.56
D19	19.1	6	2.87	5.73	8.60	11.46	14.33	17.19	20.06	22.92	25.79	28.65	6	2.25
D22	22.2	7	3.87	7.74	11.61	15.48	19.36	23.23	27.10	30.97	34.84	38.71	7	3.04
D25	25.4	8	5.07	10.13	15.20	20.27	25.34	30.40	35.47	40.54	45.60	50.67	8	3.98
D29	28.6	9	6.42	12.85	19.27	25.70	32.12	38.54	44.97	51.39	57.82	64.24	9	5.04
D32	31.8	10	7.94	15.88	23.83	31.77	39.71	47.65	55.59	63.54	71.54	79.42	10	6.23

고장력철근(high tensile bar)은 고력철근 또는 하이바라고도 하며, 인장력이 크므로 고강도콘크리트에 사용하지만 부착력을 높이기 위해 이형철근을 쓴다.

피아노선(piano wire)은 인장력이 큰 중경강선(middle hard steel wire)으로 프리스트레스트 콘크리트(prestressed concrete)에 주로 쓴다.

용접철망은 지름 3.5mm 또는 4.3mm 철선을 가로, 세로 직각으로 15~20cm 간격으로 배치하고, 교점을 전기저항용접을 한 것으로 크기는 1.5m×3.0m 정도로 하거나 1.2~2.4m의 두루마리(fabric mat)로 한다. 지름 6mm 이하의 원형 또는 이형 용접철망은 슬래브 또는 지면 위에 바닥 콘크리트를 타설할 때 쓰인다.

▾표 2.10 철근 단부의 구부림 형상 및 치수

구부림 각도	그림	철근의 종류	철근직경	D′ 최소값
180°	D, D′, 여장	SR 24 SR 30 SD 30A SD 30B SD 35 SD 40 SD 50	D10 이상 D25 이하	6D 이상
135°	D, D′, 여장		D29 이상 D35 이하	8D 이상
90°	D, D′, 여장		D38 이상 D51 이하	10D 이상

[주] (1) 원형철근의 끝에는 훅(hook)을 만들어야 하나, 이형철근에는 반드시 훅을 만들지 않아도 되며, 훅의 유무를 설계자의 판단에 따른다.
(2) D는 공칭직경, D′는 구부림 안치수
(3) 구부림 90°는 슬래브, 벽철근의 단부 또는 슬래브와 동시에 콘크리트를 타설하는 T형 및 반T형보에 사용하는 스터럽의 폭고정근에만 적용된다.
(4) 캔틸레버 슬래브 및 벽 자유단 철근의 여장은 4D 이상으로 해도 좋다.

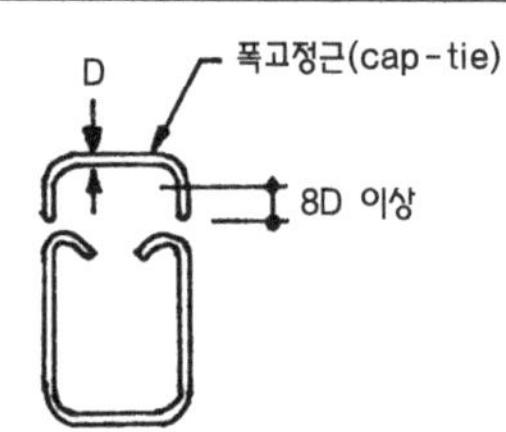

▾표 2.11 철근 중간부의 구부림 형상 및 치수

구부림 각 도	그 림	철근의 종 류	철근의 사용개소에 따른 호칭	철근 직경	D′ 최소값
90° 이하	D, D′	SR 24 SR 30 SD 30A SD 30B SD 35 SD 40	i. 스터럽, 띠근, 나선철근	D16 이하	3D 이상
				D19 이상	4D 이상
			ii 슬래브 철근, 벽철근	D16 이하	5D 이상
				D19 이상	iii에 의함
			iii i, ii 이외의 철근	D16 이하	4D 이상
				D19 이상 D25 이하	6D 이상
				D29 이상 D41 이하	8D 이상
				D51	10D 이상

[주] D는 공칭직경, D′는 구부림 안치수

(2) 철근의 가공

철근의 말단부 또는 정착이음의 끝은 갈고리(hook)를 두어 콘크리트에 정착이 잘 되게 하고, 말단부는 180°, 135°, 90°로 구부리고 중간구부림(bent bar)은 보통 45°로 하지만, 이형철근은 벽, 바닥판의 철근이음은 갈고리를 두지 않고 겹친이음으로 하고 중요한 정착부분이나 기둥, 보 등의 주근은 갈고리를 두는 것이 보통이다(표 2.10~11).

(3) 철근의 이음

철근의 이음은 겹친이음과 용접이음 및 연결재를 사용하는 기계적 이음 등의 종류가 있다.

1) 겹친이음(lapped splice)

철근을 나란히 옆대고 결속선(20#)으로 2개소 이상 묶지만 뗀 겹침이음으로 하는 경우도 있다. 겹친이음 길이는 철근의 종류, 콘크리트의 강도에 따라 다음 표 2.14 이상으로 하되 갈고리는 이음길이에 포함되지 않는다. 또 철근지름이 서로 다를 때에는 작은 지름을 기준으로 한다.

원형철근 ø28, 이형철근 D29 이상은 겹친이음을 할 수 없으므로 다른 이음법을 써야 한다.

2) 용접이음(welded splice)

① 용접 겹친이음(welded lap splice)

접합할 철근을 서로 겹쳐대고, 양쪽의 오목한 부분에 플레어(flar)용접을 하는데, 편심을 막기 위해 겹친 부분을 구부려 용접하는 경우도 있다. 이음길이는 철근지름의 3.5~4.0배로 하며 주로 아크용접을 한다. 용접결과가 불확실한 관계로 중요한 철근에는 쓰지 않는다.

② 용접 맞댄이음(welded butt splice)

접합할 철근 끝에 앞벌림(groove) 가공을 하여 맞댄 상태에서 용접을 한다. 용접을 확실하게 하기 위해 시스(sheath)에 앞벌림 따기를 하여 철근을 끼워넣고 용접을 하는 경우도 있다.

이들 용접이음에서 강판 또는 L형강을 덧대고 겹친이음, 맞댄이음을 하는 수도 있는데, 이때 맞댄이음은 앞벌림 가공은 하지 않는다.

3) 압접(pressure welding)

철근 끝을 맞대고, 아세틸렌(acetylene)과 산소를 이용한 가스 버너(gas burner)로 접합부를 가열하여 압착하는 방법을 압접 또는 가스 압접법이라 한다. 인장강도는 크지만 접합부가 다소 부풀어 혹 모양이 되므로 곡선부의 접합에는 부적합하다.

4) 물림철물에 의한 이음

물림통(sleeve)을 철근의 이음부분에 끼우고, 양마구리의 틈서리는 석면 등으로 막은 후 물림쇠의 내부에 녹인 금속재를 부어넣어 잇는 방법이다(그림 2.10a).

물림쇠의 내부는 울룩불룩하게 되어 있고 쇠물을 부어넣는 구멍이 있다. 또 그림 2.10b와 과 같이 철근에 잘 맞는 끼움통을 끼워 물리고 집게쪽으로 조이는 것도 있다.

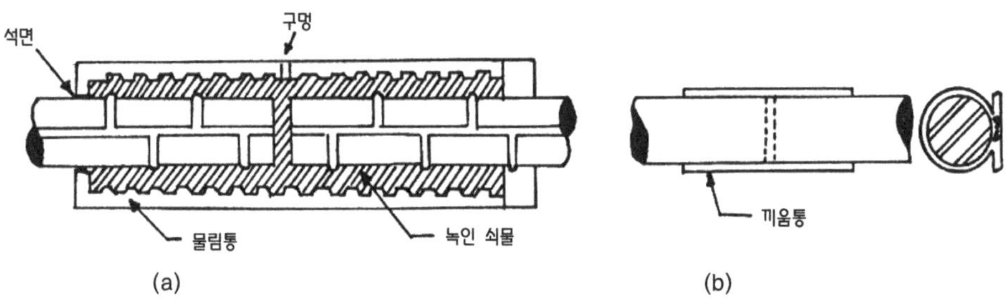

▲그림 2.10 물림철물

이음위치는 원칙적으로 콘크리트에 항상 압축응력이 발생하는 부분 또는 인장응력이 작은 부분에 설치한다. 특히, 이음은 한 곳에 집중하지 않고 서로 엇갈리게 배치하는 것을 원칙으로 한다.

(4) 철근의 정착

보의 철근은 기둥에 묻고, 슬래브 철근을 보에 묻는 등 콘크리트 속에 철근을 깊이 묻어 뽑히지 않도록 하는 것을 정착(anchor)이라 하며, 묻는 깊이를 정착길이(anchorage length)라 한다(표 2.12).

▼표 2.12 철근의 이음 및 정착길이

철근의 종 류	콘크리트 설계기준 강도 (kg/cm²)	훅 (hook)	겹침 이음 길이(L_1)	정착길이		
				일반 (L_2)	하단철근(L_3)	
					작은보	바닥, 지붕, 슬래브
SR 24	180 이하	유	45D	45D	25D	10D 또는 150mm 이상
	210 이상 240 이하	유	35D	35D	25D	
SD 30A SD 30B SD 35	180 이하	무	45D	40D	25D	
		유	35D	30D	15D	
	210 이상 240 이하	무	40D	35D	25D	
		유	30D	25D	15D	
	270 이상 360 이하	무	35D	30D	25D	
		유	25D	20D	15D	
SD 40	210 이상 240 이하	무	45D	40D	25D	
		유	35D	30D	15D	
	270 이상 360 이하	무	40D	35D	25D	
		유	30D	25D	15D	

[주] (1) 직경이 서로 다른 철근의 겹침이음 길이는 직경이 작은 철근의 직경에 의한다.
(2) D29 (원형철근은 28mm) 이상인 굵은 철근에서의 부착을 이용한 겹침이음은 피복 콘크리트의 파괴 등으로 불리하므로 가스압접 또는 아크용접 등에 의하여 접합하는 것을 원칙으로 한다.
(3) 철근 단부의 훅은 정착길이에 포함되지 않는다.
(4) 큰보 및 작은보 철근의 정착을 위해 철근 중간부를 구부릴 때는 표의 정착길이에 관계없이 기둥 및 보의 중심을 지나 구부린다.
(5) 기초슬래브 하단근의 정착길이는 일반 정착길이 (L_2)로 한다.

▼표 2.13 철근의 간격 및 순간격의 최소치수

구 분		간 격	순간격
이형철근	간격 / D / D / 순간격	• 공칭직경의 1.5배+최대바깥직경 • 굵은 골재 최대치수의 1.25배+최대 바깥직경 • 25mm+최대 바깥직경 중 큰 값	• 공칭직경의 1.5배 • 굵은 골재 최대치수의 1.25배 • 25mm 중 큰 값
원형철근	간격 / 순간격	• 철근직경의 2.5배 • 굵은 골재 최대치수의 1.25배+철근직경 • 25mm+철근지름 중 큰 값	• 철근직경의 1.5배 • 굵은 골재 최대치수의 1.25배 • 25mm 중 큰 값

[주] D : 철근의 최대바깥직경

정착철근의 끝은 원형철근에서는 180° 갈고리를 만들지만 이형 철근에서는 만들지 않을 때가 많다. 갈고리는 직선부의 부착력 부족으로 뽑히는 것을 방지하지만, 철근에 작용한 힘을 콘크리트에 전달하는데 있어 철근 표면의 부착력보다 그 역할이 확실하다. 정착길이의 중간을 휘어내릴 때에는 되도록 수평 직선부를 길게 하여 기둥이나 보의 중심선을 넘게 한다.

(5) 철근의 간격

굵은 골재가 철근과 철근 사이 및 거푸집과 철근 사이를 자유롭게 통과하여 균질한 콘크리트를 확보하기 위하여 철근의 최소 간격을 규정하고 있다(표 2.13).

철근의 간격은 2.5cm 이상, 철근지름의 1.5배 이상이고 굵은 골재의 공칭 최대지름의 1.25배 이상 중 가장 큰 값으로 한다.

(6) 철근의 피복(protective concrete cover for reinforcement)

철근콘크리트 구조물을 내구·내화적으로 유지하기 위해서는 철근이 콘크리트에 충분하게 덮여 있어야 하는데, 콘크리트 표면에서 가장 바깥에 위치한 철근의 표면까지의 두께를 피복두께라 한다(표 2.14).

▾표 2.14 철근의 최소 피복두께

<table>
<tr><th colspan="4">구조부분의 종별</th><th>두께(mm)</th></tr>
<tr><td rowspan="8">흙에 접하지 않는 부분</td><td rowspan="2">바닥슬래브, 지붕슬래브, 내력벽 이외의 벽</td><td colspan="2">마무리가 있을 때</td><td>20</td></tr>
<tr><td colspan="2">마무리가 없을 때</td><td>30</td></tr>
<tr><td rowspan="4">기둥, 보, 내력벽</td><td rowspan="2">실내</td><td>마무리가 있을 때</td><td>30</td></tr>
<tr><td>마무리가 없을 때</td><td>30</td></tr>
<tr><td rowspan="2">실외</td><td>마무리가 있을 때</td><td>30</td></tr>
<tr><td>마무리가 없을 때</td><td>40</td></tr>
<tr><td rowspan="2">옹 벽</td><td colspan="2">직경 16mm 이하 철근일 때</td><td>40</td></tr>
<tr><td colspan="2">직경 19mm 이상 철근일 때</td><td>50</td></tr>
<tr><td rowspan="3">직접 흙에 접하는 부분</td><td colspan="3">기둥, 보, 바닥슬래브, 내력벽</td><td>40</td></tr>
<tr><td colspan="3">기 초</td><td>60</td></tr>
<tr><td colspan="3">옹 벽</td><td>70</td></tr>
<tr><td colspan="4">굴 뚝</td><td>50</td></tr>
</table>

철근콘크리트 구조에서는 철근이 강알칼리성(pH 13)인 콘크리트 속에 매립되어 있어 녹이 발생하지 않지만, 콘크리트가 공기중의 탄산가스를 흡수하여 알칼리성을 상실하고 중성화되면, 철근에 녹이 발생하게 된다.

$$Ca(OH)_2 + CO_2 \rightarrow CaCO_3 + H_2O$$

콘크리트의 중성화는 일반적으로 보통 정도의 콘크리트에서 t년에 x cm가 중성화된다면 $t = 7.3 \cdot x^2$ 정도로 표현된다. 따라서 철근콘크리트 구조물의 피복두께가 3cm인 경우, 내구연수는 65년 이상이 되며 미장이나 도장 등으로 피복되기 때문에 거의 반영구적인 구조가 될 수 있다.

600℃ 정도에서 철근의 강도는 상온일 경우에 비하여 반 정도로 저하되며, 콘크리트는 100℃ 정도에서 포함된 수분이 증발하고, 250℃ 정도에서는 결합수가 빠져나가며, 500℃ 정도에서 수산화석회가 열분해하는 등 갑자기 강도가 저하되게 된다. 콘크리트의 피복이 충분할 때 외부의 온도가 내부 철근에까지 쉽게 도달되지 않으며, 철근과 콘크리트의 열에 의한 선팽창계수도 −10~90℃까지는 거의 동일하므로 화재시 온도상승을 이 범위 내로 유지할 수 있다면 두 재료의 분리는 일어나지 않는다.

2.2.5 구조계획

(1) 개 요

건축물을 자중이나 적재하중 및 각종 외력에 안전하고 변형이 발생되지 않도록 계획하여 그 기능을 발휘하도록 하는 것을 구조계획(structural planning)이라 하며, 구조의 형식 및 각 부재의 크기를 결정하는 것을 구조설계(strucural design)라 하고, 외력에 따라 각 부재에 대해 역학적으로 계산하는 것을 구조계산(structural analysis)이라 한다.

기둥, 보, 바닥판이 강접합(rigid frame)으로 구성되는 구조를 라멘(rahmen)구조라 한다. 라멘형식의 구조체는 바닥판, 보, 기둥, 벽 등으로 이루어진다. 경제적인 구조이기 때문에 벽체를 내진벽으로 하는 경우가 많고, 보는 일반적으로 직사각형 단면으로 바닥판과 일체가 되어 T형보가 된다. 기둥의 단면은 사각형이나 원형으로 하는 경우가 많고, 평면의 형태는 일반적으로 사각형이 된다.

(2) 구조형식의 결정

1) 골조의 평면

건축물의 평면형은 정사각형, 직사각형, ㄴ자형, ㄷ자형, H형, T형, Y형, O형 등 여러 종류가 있다. 이중에서 건물의 기능, 의장, 입지조건, 안정감 등에 따라 복잡한 형태도 채택되지만, 되도록 사각형의 평면형태로 하는 것이 내부공간 사용면이나 시공면, 그리고 내진상 유리하다. 특히 사각형의 평면으로 할 때 철근 조립 및 거푸집 조립이 용이하다. 평면을 사각형으로 하면 입면도 사각형으로 되는 경우가 많으나 현대건축에서는 입면의 다양성을 추구하여 평면과 입면을 곡면으로 처리하는 경우도 많다(그림 2.11).

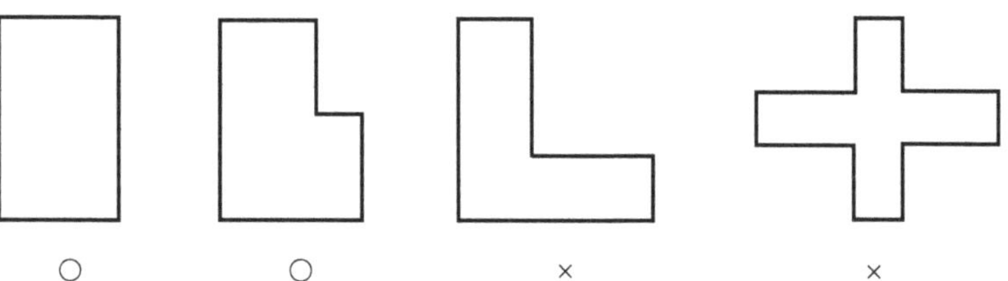

▸그림 2.11 평면형태(○표는 내진상 유리, ×표는 불리)

평면이 ㄴ자형인 건물에서는 화살방향의 수평력에 대해 A부와 B부는 높이/너비에서 많은 차이가 있으므로 지진이 발생하면 건축물의 거동이 크게 달라진다. 즉 돌출부가 길수록 내진상 불리하다. 이 건물은 A와 B의 접합부 구석에 무리한 힘이 작용하여 파괴될 가능성이 있다(그림 2.12).

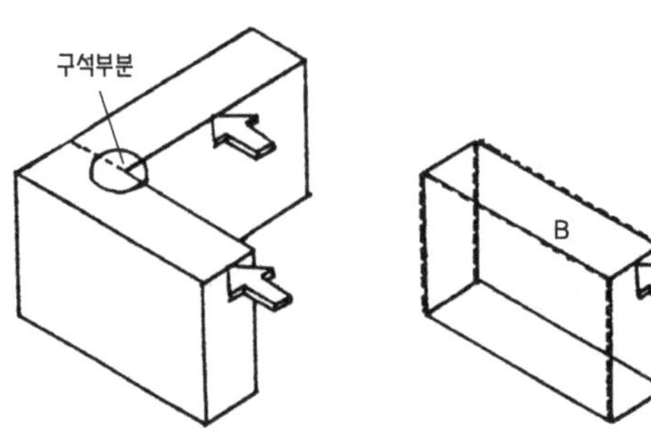

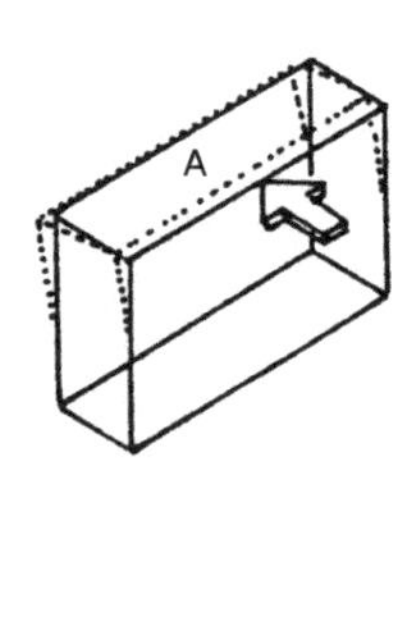

▸그림 2.12 건축물의 외력에 대한 거동

2) 구조부재의 배치계획

부지의 형태가 불규칙한 경우에는 평면의 형태도 부정형으로 되는 경우가 많기 때문에 건축물의 평면계획과 구조계획은 상호 협력하여 이루어져야 한다. 기둥은 평면의 형태에 따라 배치되는 경우가 많고, 평면의 형태는 건축의 기능에 알맞고, 구조적으로 문제가 없을 뿐만 아니라 경제성 있는 구조계획이 되어야 한다.

기둥의 배치가 결정되면 큰 보의 배치는 이와 동시에 이루어지며 바닥판의 크기에 따라 작은보의 배치가 결정된다.

건축물의 용도와 기능에 따라 각층의 높이가 결정되며 이에 따라 기둥의 크기가 정해진다. 기둥과 보 및 슬래브가 접합하는 접합점을 절점이라 하며, 접합조건에 따라 강성(rigidity)이 결정된다. 규모가 큰 구조에서는 중앙 코어(core)부분에 강성이 큰 철근콘크리트 연속 벽체를 배치하여 지진력이나 풍하중 등의 횡하중 벽체가 받도록 계획한다. 간사이(span)가 클 경우에는 휨모멘트가 커지므로 보와 슬래브를 산형라멘(gabled roof rahmen)이나 원형라멘으로 하여 보에 축방향력이 생기게 하여 휨모멘트를 감소시키면 구조적으로 매우 유리하게 된다.

(3) 각부의 구조 및 부재의 단면결정

철근콘크리트 구조는 기초와 지중보, 기둥 · 보, 바닥판, 벽체 및 계단 등으로 구성되고, 이들 부재가 일체가 되도록 구성된다. 기초는 상부로부터의 하중을 지반에 안전하게 전달하여 건축물을 지반에 안정시키는 역할을 담당하도록 해야 하며, 기초가 지반에 놓이게 되기 때문에 엄밀한 의미에서는 고정으로 볼 수 없으나 지중보의 강성을 크게 한 경우 고정으로 가정한다. 기초의 형식은 지반과 상부하중에 따라 달라지게 되며, 일반적으로 독립기초, 연속기초, 온통기초 등으로 하게 된다.

실의 용도와 기능에 따라 기둥의 배치가 결정되고, 기둥의 배치에 따라 보의 크기가 정해진다. 기둥의 배치는 경제적인 간사이를 고려하여 정하는 것이 유리하며, 철근콘크리트 구조에서의 경제적인 간사이는 6~9m 정도이다. 철근콘크리트 구조에서 휨모멘트는 길이의 제곱에 비례하므로 간사이가 커질수록 보의 단면이 커지기 때문에 비경제적이 될 수 있다. 그러나 기둥을 너무 많이 배치하게 되면 실의 유효이용 등에서 문제점이 발생할 수 있으므로 이러한 점을 고려하여 간사이가 결정되어야 한다.

구조물에는 계단, 승강기, 덕트(duct), 피트(pit) 등 각종 시설을 설치하기 위한 공간이 필요하므로 구조계획을 할 때 이 점도 고려되어야 한다.

단기적으로 건축물에 가해지기도 하는 지진력과 풍력 등 횡력에 대한 고려도 필요하다. 철근콘크리트 구조는 사각형 구조로 되는 수가 많으며, 이러한 사각형의 구조는 구조적으로 불안정한 구조이기 때문에 횡력에 대하여 변형하려고 하는 특성이 있다. 따라서 이것을 방지하기 위해서 기둥과 보가 만나는 부위에 가새(diagonal brace) 또는 벽체를 설치하거나 헌치를 두어 절점의 강성을 크게 해야 한다. 계단실이나 승강기실의 벽체는 횡력에 유효하여 구조체용으로 많이 이용되고 있다.

1) 간사이 및 층높이

철근콘크리트 건축물의 뼈대는 서로 교차되어 입체적으로 구성되고, 그 간격은 6~9m 정도로 한다. 1개의 바닥판이 하중을 분담하는 면적(A= ℓx× ℓy)은 보통 $30m^2$를 표준으로 한다. 그리고 ℓx : ℓy = 1 : 1~1 : 2 정도로 하고, 평면계획상 한 변을 길게 할 경우에는 다른 변을 짧게 잡아 바닥판의 면적을 무리하게 크게 해서는 안된다. 다만 고강도의 철근이나 콘크리트를 사용하거나 바닥판의 두께를 크게 할 경우에는 2이상으로도 할 수 있다.

기둥 1개가 부담하는 적정 면적은 약 $50m^2$ 정도로서 바닥판 크기에 따라 큰 보와 작은 보를 계획한다.

층높이는 일반적으로 1층은 기타 일반층에 비해 높게 잡아 3.6~4.5m 정도로 하고, 2층부터는 3~3.6m 정도가 일반적이지만 냉난방, 급배수설비 등을 고려하여 층고를 결정하게 되며, 주택이나

아파트 등에서는 층높이를 2.6m 정도로 하지만 이중천장을 하거나 간접조명을 하게 될 경우에는 2.8m 정도는 유지되어야 한다. 지하실에 기계설비를 두게 될 경우에는 보일러나 각종 설비의 높이와 크기를 고려한 실의 규모가 유지되어야 한다.

2) 보의 구조 및 단면치수

보에는 단순보(simple beam), 연속보(continuous beam), 내민보(cantilever beam) 등이 있다.

단순보는 벽돌조, 블록조, 석조 등 조적조 상부에 단순히 얹혀 있는 상태의 보이다. 보의 하부에는 인장력이 발생하여 균열이 발생하므로 철근을 축방향으로 하부에 넣어 보강하고, 전단력에 대한 보강을 위하여 이형철근 D10의 늑근(stirrup bar)을 배치한다(그림 2.13). 전단력은 보의 단부에서 최대이고, 중앙부로 갈수록 작아지므로 늑근은 중앙에서는 넓게, 단부에서는 좁게 배근한다.

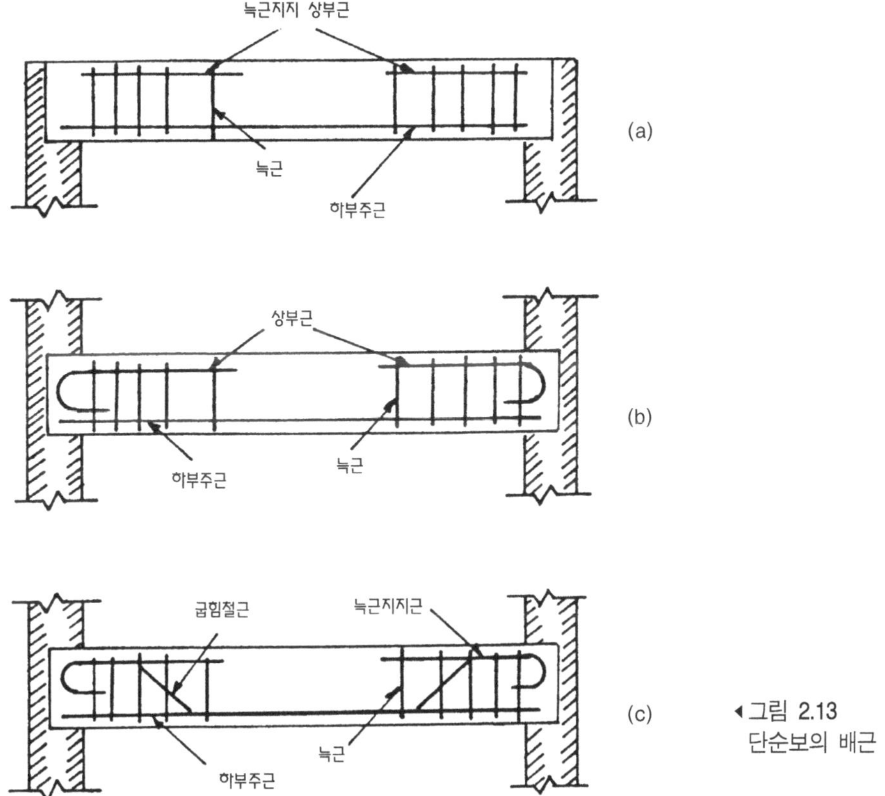

◂그림 2.13
단순보의 배근

연속보는 2 이상의 간사이가 있는 보로서, 하중이 작용하면 단부의 상부가 인장측이 되고, 중앙의 하부가 인장측이 된다. 인장측에 철근을 보강하게 되므로 보의 축방향 철근을 일부 굽혀(bend up) 배근하게 된다. 이 철근을 굽힌철근(bend bar, truss bar)이라 하고, 보통 보의 모서리 철근은 연속시켜 배근하고, 중앙에 배근되는 철근을 굽힌 철근으로 한다(그림 2.15).

인장력에 저항하는 재축방향의 철근을 주근(main bar)이라 하며,

인장측에만 배근한 보를 홑근보 또는 단근보(single reinforcement beam)라 하며, 중요한 보에는 압축측에도 철근을 배치하게 되며 이것을 복근보(double reinforcement beam)라 한다.

내민보(cantilever beam)는 연속보의 한 끝이나 지점에 고정된 보의 한 끝이 지지점에서 내밀어 달려있는 보이다. 이 보는 상부측이 인장을 받게 되므로 상부에 인장 주근을 배치하고 안쪽은 지점에 충분히 정착하거나 연속보에 연결한다(그림 2.14).

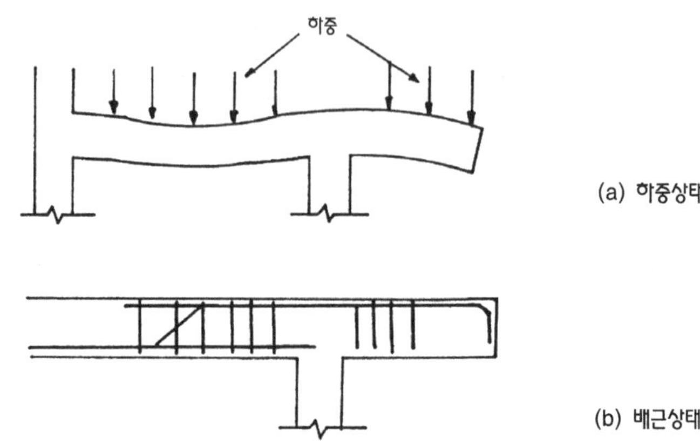

▸그림 2.14
내민보의 배근

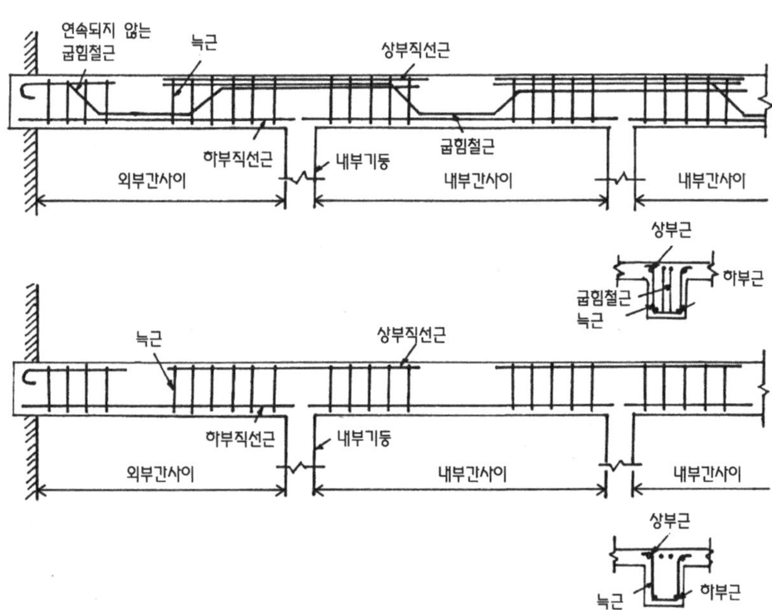

▸그림 2.15
연속보의 배근

그림 2.16에서 볼 수 있는 바와 같이 보의 인장응력이 중앙에서는 하측에 생기지만 단부에서는 수평하중의 방향에 따라 상측에 생기는 수가 있다.

◀그림 2.16
라멘구조의 휨모멘트 분포

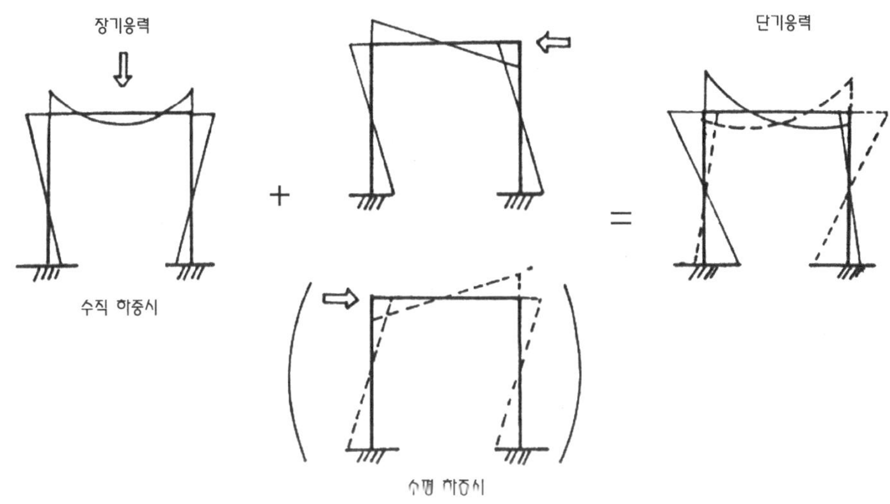

보의 단면치수는 간사이(span)의 길이에 따라 보의 춤(depth)을 결정하고, 너비(width)는 춤의 1/2~2/3 정도로 한다. 보의 춤은 기둥과 기둥 사이의 거리, 즉 간사이의 1/8~1/15 범위로 하고, 보통 1/10~1/12 정도로 한다. 간사이가 클 경우에는 보의 휨모멘트나 전단력이 기둥과 만나는 단부에서 크게 되므로 전체보의 단면을 크게 하는 것보다 헌치(haunch)를 두어 절점의 강성을 높이는 것이 유리하다.

보의 주근은 D13 이상으로 하며, 보통 D16, D19, D22, D25가 사용된다. 그 배치는 되도록 2단 이하로 하며, 철근과 철근 사이는 2.5cm 이상, 철근 지름의 1.5배 이상으로 한다. 이때 부착응력도가 부족할 경우에는 같은 단면적을 유지하면서 가는 철근으로 바꾸어 철근의 개수를 늘리는 것이 유리하다. 늑근의 최대간격은 전단균열 발생을 방지하기 위해 보춤의 2/3~3/4 정도로 한다.

3) 기둥의 구조 및 단면치수

기둥(column)은 건물의 상부하중을 기초에 전달하는 수직압축부재이다. 기둥에 생기는 휨모멘트는 그림 2.16에서 보는 바와 같

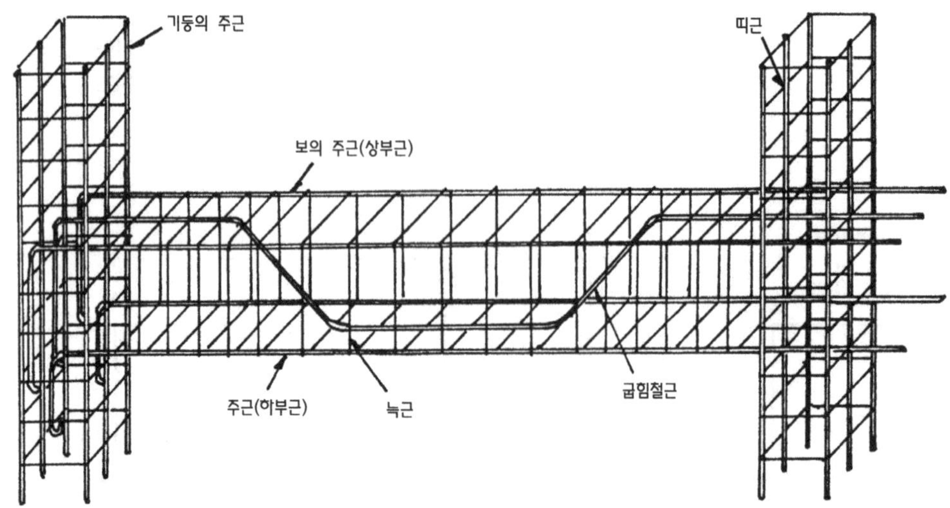

▲그림 2.17
철근콘크리트 기둥과 보의 배근

이 수평하중의 방향에 따라 변화된다. 기둥의 단면형상은 대부분 정사각형, 장방형, 원형 등이므로 주근의 배치는 중심축에 대칭으로 하게 된다.

주근과 직각으로 둘러감는 전단 보강근을 대근 또는 띠근(hoop, tie hoop)이라 하고, 원형과 다각형 기둥에서 나선형으로 둘러감은 것을 나선철근(spiral hoop)이라 한다. 대근이나 나선철근은 수평력에 의한 전단보강뿐만 아니라 주근의 좌굴(buckling)과 콘크리트의 터짐을 막는 역할을 한다(그림 2.18).

기둥의 최소 단면의 치수는 20cm 이상, 최소 단면적은 600cm^2 이상으로 하고, 주요 지점간 거리의 1/15 이상으로 한다. 주근은 D13 이상으로 하며 보통 D16, D19, D22, D25가 사용된다. 주근의 최소 개수는 사각형 기둥에서는 4개 이상, 원형이나 다각형 기둥에서는 6개 이상으로 한다. 대근이나 나선철근은 일반적으로 D10 이상의 이형철근을 사용하며, 간격은 보통 30cm 이하, 주근지름의 16배 이하, 대근 지름의 48배 이하, 기둥의 최소폭 이하 중 최소값으로 한다.

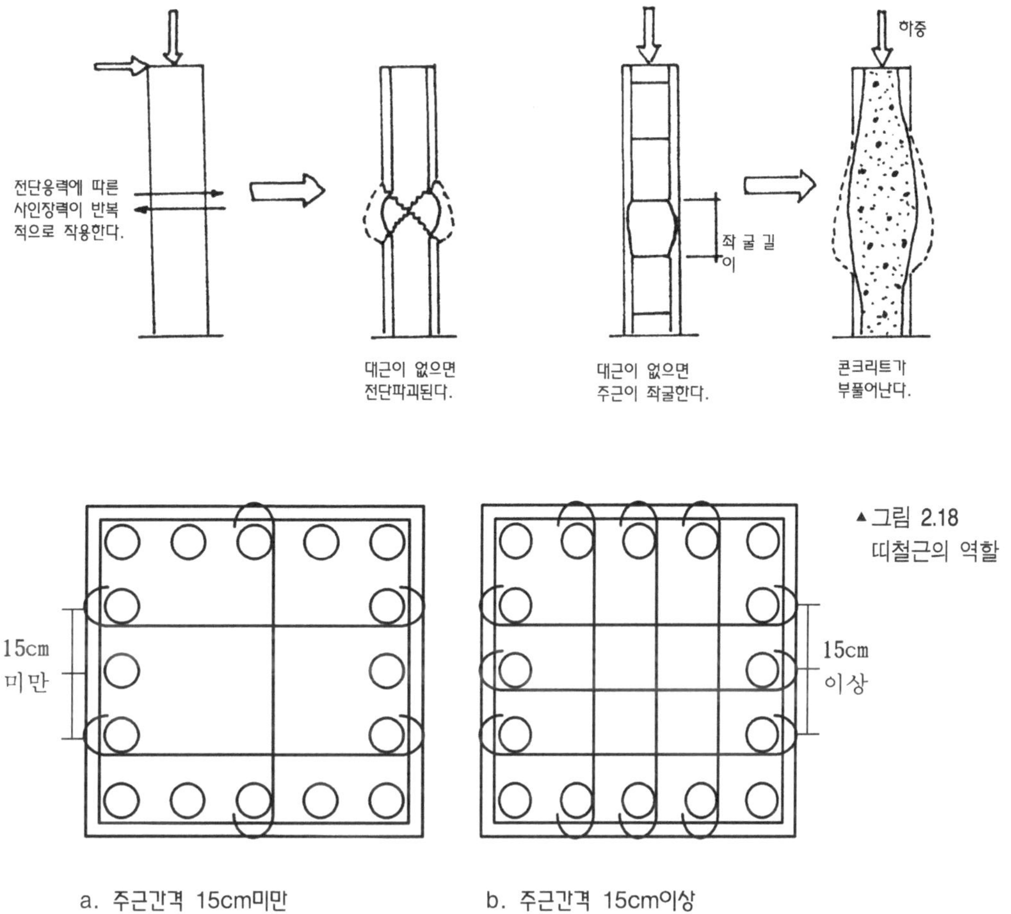

▲그림 2.18
띠철근의 역할

기둥 하부의 주근은 절곡하여 기초판에 정착시킴으로써 기둥의 축방향력과 휨모멘트가 기초에 충분히 전달되도록 한다.

기둥철근의 이음위치는 기둥 길이의 2/3 이하에 두고 일반적으로 바닥판 위 1m 위치에 두며 이음은 한군데서 반 이상을 잇지 않는다. 기둥 단면이 크거나 철근 배근이 복잡한 단면에서는 대칭의 주근을 서로 연결하는 중간대근을 설치하는데 주근 간격이 15cm 미만이면 한 칸 건너 한 개씩, 15cm 이상이면 모든 철근에 중간대근을 배치한다.

4) 기초의 구조

철근콘크리트조의 기초(foundation, footing)는 독립기초(indepen ent footing, isolated footing individual footing), 복합기초(combin ed footing), 연속기초(continuous footing), 온통기초 또는 전면기초(mat foundation) 등이 있다. 지반위에 기초의 저면이 직접 설치되는 기초를 직접기초(direct foundation, spread foundation)라 하고, 말뚝 등으로 지반을 보강하고 그 위에 기초를 설치하는 경우를 간접기초 또는 말뚝기초(pile foundation)라 한다.

① **독립기초(individual footing)**

기둥 하나를 기초 하나로 받는 것으로 저면은 보통 정방형이나 장방형으로 하는데 말뚝기초의 경우는 6각형 등 다각형으로 되기도 한다. 기초 바닥판 배근은 2방향 직각으로 배치하고, 대각선 방향으로도 보강근을 배치한다.

기초보(foundation beam)는 기초와 기초를 연결하는 보로서 지중보(footing beam)라고도 하며, 기둥의 부동침하나 이동 등 변형을 방지하고, 주각에서 전달되는 휨모멘트를 지지하여 주각을 고정으로 만들기 위해서는 단면이 상당히 커져야 된다.

② **복합기초(combined footing)**

2개 이상의 기둥을 한 개의 기초판으로 받게 한 것으로 2개 이상의 기둥이 인접하여 배치되거나 경계선에 접하여 기초판 중앙에 기둥의 중심이 위치할 수 없을 때 사용된다. 기초의 형태는 2개의 기둥으로 전달되는 하중이 같을 때는 장방형, 다를 때는 사다리꼴이 된다.

③ **연속기초(continuous footing)**

연속기초는 일렬로 선 기둥들의 기초판과 기초보로 구성된 것으로 줄기초(continuous footing, long strip footing)는 조적조의 벽체에서와 같이 기둥열을 세로, 가로 연결한 것이다. 기초판의 응력은 기둥열 혹은 길이방향에 직각으로 생기기 때문에 기초판 하부의 주근을 기초판 길이의 직각 방향으로 배치하고, 기초길이 방향에 배력근을 둔다. 전단력과 휨모멘트는 기초판을 기초보에 M내민보로 보아 접지압을 계산하고 배근법은 독립기초와 같은 방법으로 한다.

④ **온통기초**

건축물의 바닥판 전체를 기초판(mat foundation)으로 한 것으로 연약지반의 경우나 시공의 편리성 및 경제성을 판단하여 유리할 경우에 사용한다. 기초의 응력을 일정하게 전달하기가 곤란하므로 기초판의 두께는 일반적으로 견고하고 두껍게 시공되어야 한다.

⑤ 잠함기초(caisson footing)

지상에서 우물통 혹은 상자형식으로 철근콘크리트조를 만들거나 건물의 지하층을 지상에서 축조하고, 그 속의 토사를 굴삭하여 기반층에 도달시키는 방법으로 개방잠함공법(open reinforcement caisson method)과 용기잠함공법(pneumatic caisson method)이 있다.

우물통 기초의 형식은 지름 90~150cm의 철근콘크리트관이고, 그 안에 콘크리트를 부어넣어 피어(pier)의 형태를 형성하는데, 최하부의 저면적을 크게 하여 지지력을 크게 하기도 한다.

5) 바닥판의 구조

철근콘크리트 바닥판(floor slab)은 바닥하중을 보에 전달하며, 보와 기둥을 연결하여 수평력을 균등하게 전달하는 역할을 한다.

바닥판은 장방형 보로 생각하고 구조계산을 하게 되며, 휨모멘트의 분포에 따라 짧은 방향에 주근을 배치하고, 직각방향으로 부근(副筋, 配力筋, distributing bar)을 배치한다. 그리고 바닥판의 전단력은 매우 작기 때문에 일반적으로 고려하지 않는다.(그림 2.19).

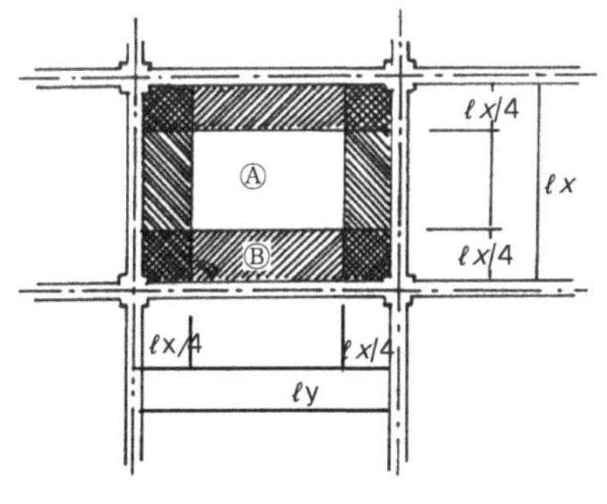

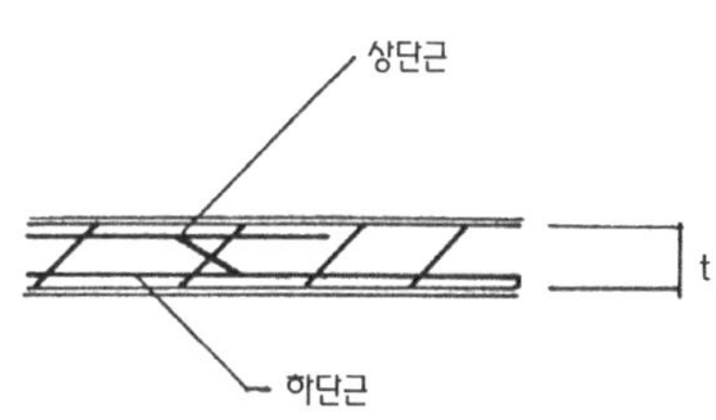

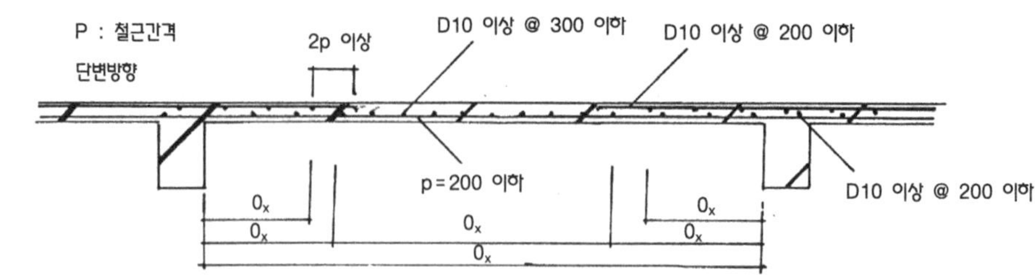

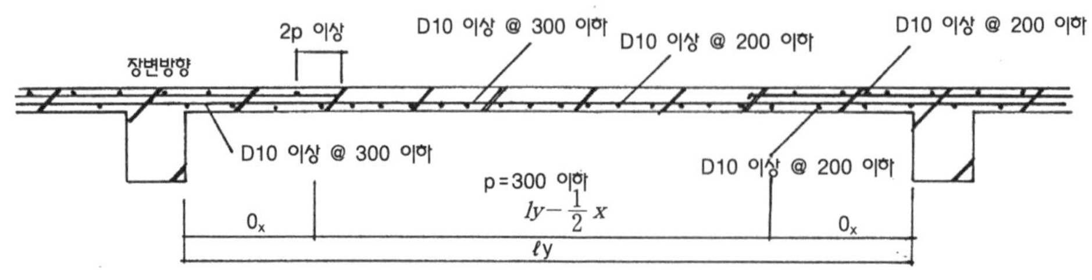

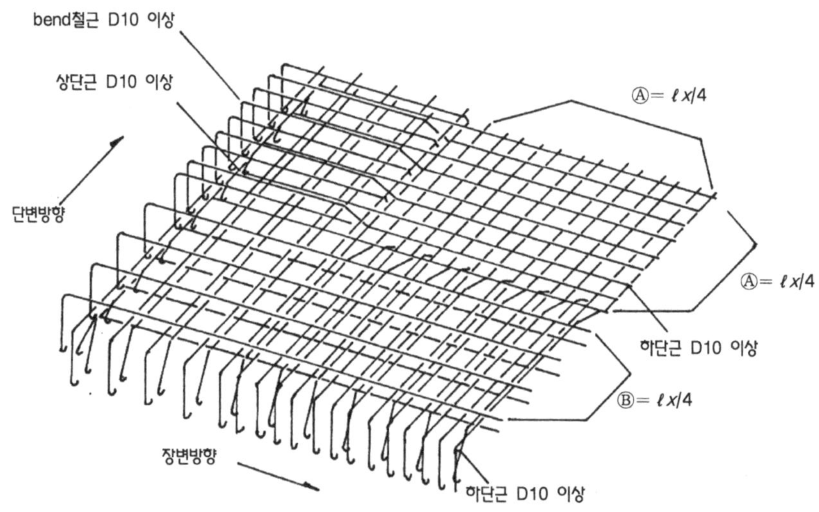

▲그림 2.19
바닥판의 철근 배근

① 보 지지 바닥판

바닥판의 두께는 8cm 이상(경량콘크리트는 10cm 이상) 보통 12~18cm가 일반적이며, 단변길이의 1/40 이상으로 한다. 바닥판의 인장철근은 일반적으로 D10 이상으로 하고 바닥판의 배근 간격은 단변방향 철근은 20cm 이하, 장변방향 철근은 30cm 이하 혹은 바닥판 두께의 5배 이하로 하며, 바닥판의 각 방향에 대한 최소 철근비는 콘크리트 전 단면적에 대하여 0.18% 이상으로 한다.

바닥판이 단순지지된 경우에는 하부 직선철근이 주응력을 부담하게 되고, 이에 직교하여 보조근을 배치하게 되는데 이 철근은 콘크리트의 수축이나 온도변화에 의한 열응력에 따른 균열 등을 방지하는데 유효하다. 이 철근을 배력근 혹은 온도철근(temperature bar)이라 한다. 사변이 고정된 바닥판은 하부 직선철근과 굽힌철근(bend bar, truss bar)을 교대로 사용하거나 단부의 상부 직선철근을 따로 배치한다.

② 평바닥판

평바닥판 구조는 스팬 드럽을 지지하는 벽보 이외에 내부에는 일체 보를 사용하지 않고 바닥판을 직접 기둥이 지지하는 형식을 말하며, 플랫 슬래브(flat slab) 또는 무량판 구조(mushroom construction)라고도 한다(그림 2.20). 특별히 주두가 있는 경우를 플랫 슬래브, 주두가 없는 경우를 플랫 플레이트(flat plate)라고 하는데 플랫 플레이트는 주두두께를 포함한 두께로 전체를 설계·시공해야 하므로 콘크리트량과 자중이 증가하는 단점이 있으나, 거푸집 공사량이 줄어들고 시공성이 양호하다는 장점이 있다.

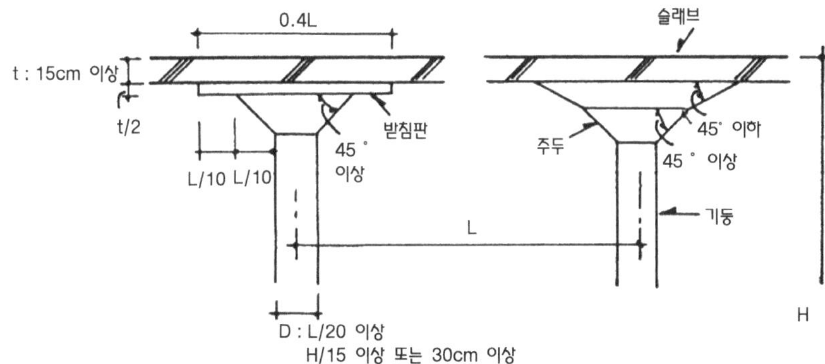

◀그림 2.20
평바닥판의 구조

이 구조형식은 보를 쓰지 않으므로 내부공간을 크게 이용할 수 있고, 외관이 경쾌하고 채광과 통풍이 잘 되고, 천장면에 주행운반장치나 배선, 배관이 용이하고 층높이를 낮출 수 있다.. 또 거푸집과 철근공사가 용이하여 창고, 공장 등의 건축에 이용된다. 그러나 수평력 처리에 어려움이 있고, 주두의 철근 배근이 복잡하고 바닥판이 무거워지는 결점이 있어 많이 쓰이지 않는다.

평바닥판은 바닥판, 받침판(drop pannel), 주두(capital) 및 기둥으로 구성된다. 바닥판의 두께는 15cm 이상으로 하며 기둥 단면은 사각형 또는 원형으로 한다. 기둥 한 변의 너비(원형은 지름)는 기둥 간격의 1/20 이상, 층높이의 1/15 이상, 또한 30cm 이상으로 하고, 주두는 45° 이상으로 확대하여 깔대기 모양으로 만든다. 주두는 직접 평바닥판을 지지하는 경우도 있지만, 평바닥판 두께의 1/2 이상으로 받침판을 지지할 때가 많다.

기둥은 5~7m 간격으로 정렬식 배치를 하고, 기둥 사이는 방향별로 주열대(column strip)와 주간대(middle strip)로 구분하며 주열대와 주간대 폭은 기둥중심 간격의 1/2로 한다. 평바닥판의 배근은 주열대 부분을 보로 보고 라멘구조로 취급하여 배근하므로 주열대는 주간대보다 촘촘히 배근된다. 이 철근량은 주간대보다 하부근은 60%, 상부근은 75% 이상 많은 경향이다.

▾그림 2.21
평바닥판의 배근

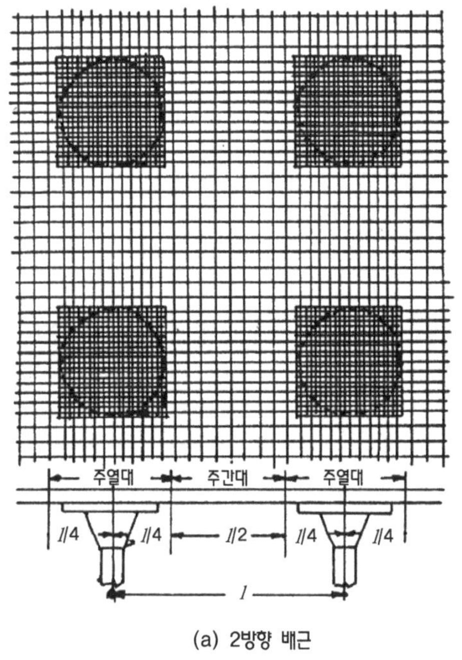

(a) 2방향 배근

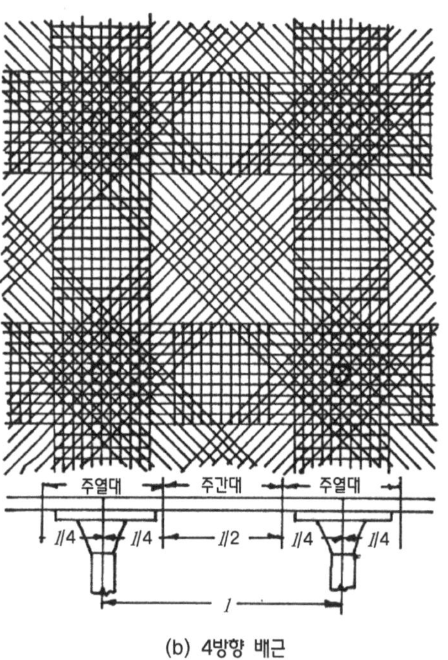

(b) 4방향 배근

배근방법에는 2방향 방식(two-way system), 3방향 방식(three-way system), 4방향 방식(four-way system), 원형 방식(circum-ferential system) 등이 있는데 이중 2방향 방식과 4방향 방식이 많이 쓰인다(그림 2.21).

ㄱ. 2방향 방식 : 주열대에 배근한 다음 주간대에 보지지 바닥판과 같이 가로, 세로로 배근한다. 배근에 있어 굽힌 철근을 쓰는 때와 모두 직선철근을 쓰는 때가 있는데 직선철근 상부에는 일반 바닥판과 같이 톱 바(top bar)를 배근한다.

ㄴ. 4방향 방식 : 먼저 2방향 방식으로 배근한 다음 이 위에 다시 대각선방향으로 배근하는 방식으로 필요에 따라 보조근을 쓰기도 한다. 2방향 방식에 비해 많은 철근이 쓰이지만 수평력에 대한 저항력이 크다. 이 밖에 기둥 주위를 정삼각형으로 배치하고, 3방향으로 배근하는 3방향 방식이 있으나 정돈된 공간확보가 어렵다. 또 기둥 주위를 방사형으로 배근하고 주두, 주간, 바닥의 중앙에 동심원형으로 배근하는 방식을 원형 방식이라 한다.

③ 장선 바닥판

장선을 등간격으로 평행하게 배치하여 바닥판과 일체로 하여 양단부를 보 또는 벽으로 지지하게 한 일방향 구조시스템을 장선 바닥판(joist slab)이라 하며(그림 2.22), 바닥판 두께를 얇게 할 수 있는 장점이 있다.

▾그림 2.22
장선 바닥판

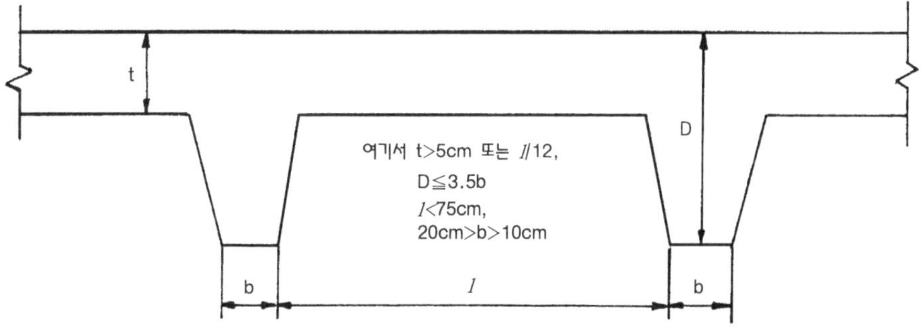

장선의 하부 너비는 10~20cm 정도로 하고, 춤은 너비의 3.5배 이하로 하는데 단부는 너비를 넓히거나 철근으로 보강 한다. 장선의 순간격은 75cm 이하로 하고, 바닥판의 두께는 5cm 이상, 또는 장선 순간격의 1/12 이상으로 한다.

바닥판의 철근은 지름 6mm 이상의 용접철망 또는 D10 이상의 철근을 쓰며, 최소 철근량은 일반 바닥판과 같다. 장선의 하부근은 1~2개를 쓰며, 직선으로 배근할 때에는 단부의 상부에 톱 바를 배근한다. 상・하부근 사이는 양 끝에 갈고리를 만든 직선늑근을 30cm 이하의 간격으로 배근하여 하부근을 매단다.

④ 와플 바닥판

격자형의 비교적 작은 리브(rib)를 가진 바닥판을 와플바닥판(waffle shape slab) 또는 와플 플랫 슬래브(waffle flat slab)라 한다(그림 2.23). 이 바닥판은 리브가 격자보의 역할을 함으로써 비교적 큰 바닥판을 보를 쓰지 않고 만들 수 있다. 평거푸집 위에 와플과자 모양의 금속제 또는 합성수지제 거푸집을 설치하고 리브와 바닥판을 장선바닥판에 준하여 배근하고, 콘크리트를 부어 완성한다. 주간대가 직교하는 자리에는 받침판을 두어 바닥판 지지부를 보강한다.

와플바닥판과 주두를 깔대기 모양으로 확대한 기둥으로 주가구를 구성한 것을 와플 구조(waffle construction)라 하며, 일반 바닥판보다 기둥 간격을 크게 할 때 쓰인다.

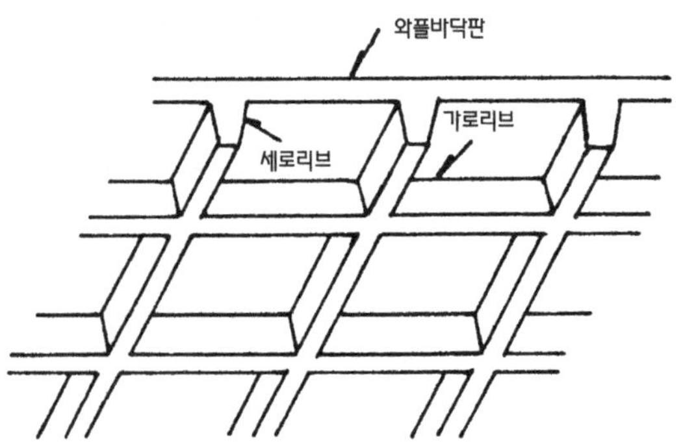

▸그림 2.23
와플바닥판

6) 벽체의 구조

철근콘크리트 벽체는 지하실벽, 계단실, 승강기실, 건물의 코어(core) 등에 사용된다. 기둥을 사용하지 않고, 압축재의 대부분을 벽체로 구성하는 구조시스템을 벽식구조(box frame construction)라 한다. 벽식구조는 보, 기둥 등을 골조로 하는 뼈대구조(framed structure)와 대비하면 바닥판과 함께 평면적인 구조체로만 구성된다.

벽은 내력벽(bearing wall)과 비내력벽(non- bearing wall)으로 나누어진다. 내력벽은 연직하중이나 수평하중에 저항하는데, 특히 수평하중만을 저항하도록 한 것을 지진력에 저항할 수 있도록 한다는 의미로 내진벽(shear wall)이라 한다. 비내력벽으로는 장막벽(curtain wall)과 칸막이벽(partition wall)이 있다.

① 벽체 두께

비내력벽은 커튼월(curtain wall)이라고도 하며, 건축물 전체의 구조에는 관계없이 벽체 자체의 하중에만 견딜 수 있는 구조로서 10cm 정도로 한다. 내진벽이나 내력벽은 균열이나 피로 파괴를 고려하여 벽체의 두께를 크게 하는 경향이다. 이외에 특수한 벽으로서 지하층의 외벽이 있다. 지하 외벽은 토압이나 수압을 받기 때문에 층고가 높아지거나 지하 깊이가 깊어질수록 두꺼워진다. 내력벽의 최소두께는 벽 높이와 폭 중에서 작은 값의 1/25 이상으로 하지만, 보통 일반벽 두께는 15cm 이상으로 하고, 지하층에서 지하 1층벽은 20cm, 지하 2층벽은 25~30cm, 지하 3층벽은 30~35cm로 하고, 내진벽은 15~21cm 정도로 한다. 또 일반벽은 상층에서 한 층씩 내려갈 때마다 1.0~1.5cm 두껍게 한다.

② 배 근

벽에는 D10 이상의 철근을 주로 쓰지만, 지름 6mm 이상의 용접철망을 쓰기도 한다. 배근방식은 격자형, 경사형, 가새형, 버팀대형 등이 있으나 보통 격자형으로 하며, 보강의 목적을 가진 내진벽 등에서는 격자형의 대각선근을 넣은 가새형 등이 쓰인다. 구조설계 기준에서 제시하는 벽체에서의 최소철근비는 수직근은 0.12%, 수평근 0.2% 이상이다(그림 2.24).

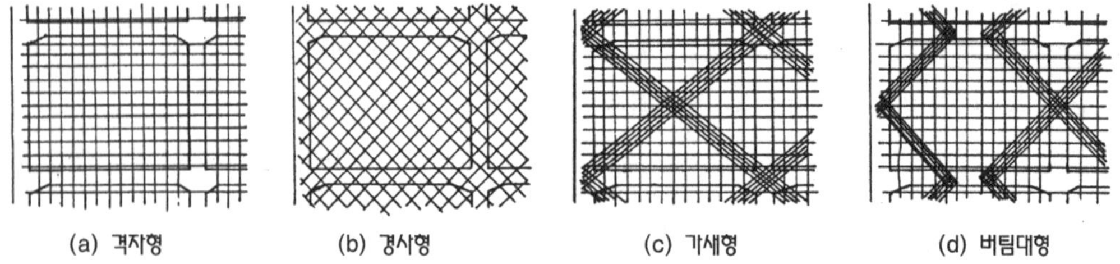

▲그림 2.24 벽의 배근

일반 배근은 벽두께에 따라 단배근을 하거나 복배근을 하는데 단배근한 벽을 단근벽, 복배근한 벽을 복근벽이라 한다. 복배근은 벽세로근의 위치에 따라 정렬(整列)배근과 엇갈림 배근으로 구분하지만, 휨응력을 크게 받는 주근을 바깥쪽에, 배력근은 안쪽에 배근하는 것이 좋다. 그러나 일반적으로 시공성만을 고려한다면 수평근을 외부에 두는 것이 철근의 배근에 유리하며, 피복두께 확보를 위한 스페이서 설치에도 편리하다.

배근 간격은 벽두께 15cm 이하에서 단배근으로 할 때에는 가로, 세로로 10~45cm로 하고, 복배근으로 할 때에는 엇갈리게 하여 10~45cm 간격으로 배근한다. 또 벽두께 18, 20cm일 때에는 정렬로 가로, 세로로 20cm 간격으로 배근한다(그림 2.25).

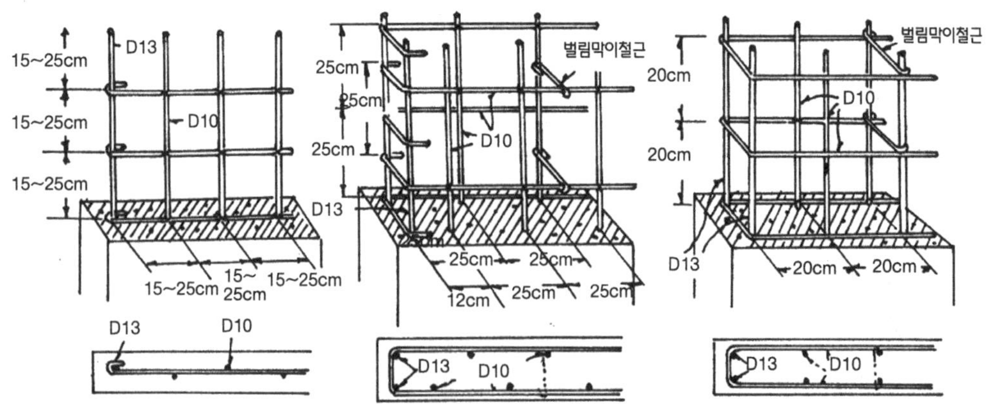

▲그림 2.25 벽근의 배치

철근은 모두 라멘 구성재에 정착시키며, 벽세로근은 상·하 보에, 벽가로근은 양옆 기둥 속에 각각 철근지름의 25배 이상 정착시킨다(그림 2.26).

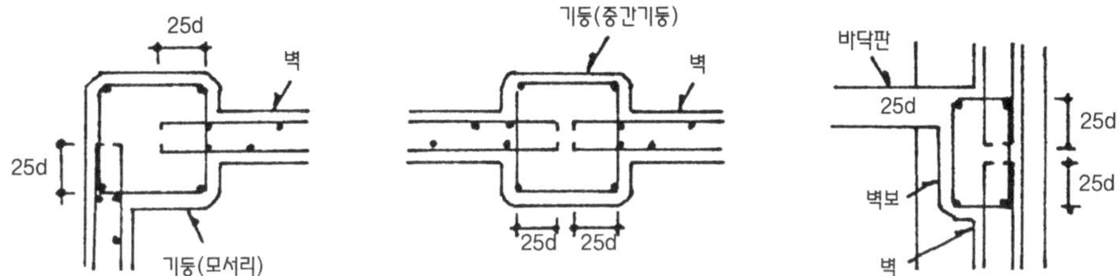

▲그림 2.26
벽근의 정착

벽체에 개구부(opening)를 둘 경우에는 개구부 주위 구석부분은 작은 힘에도 빗방향의 균열이 발생하기 쉬우므로 개구부 주위를 D13~16 정도의 철근으로 보강하고, 구석에도 45°방향으로 같은 굵기의 철근을 넣어 보강하며, 철근길이는 구석에서 양쪽으로 철근지름의 40배 이상으로 한다(그림 2.27).

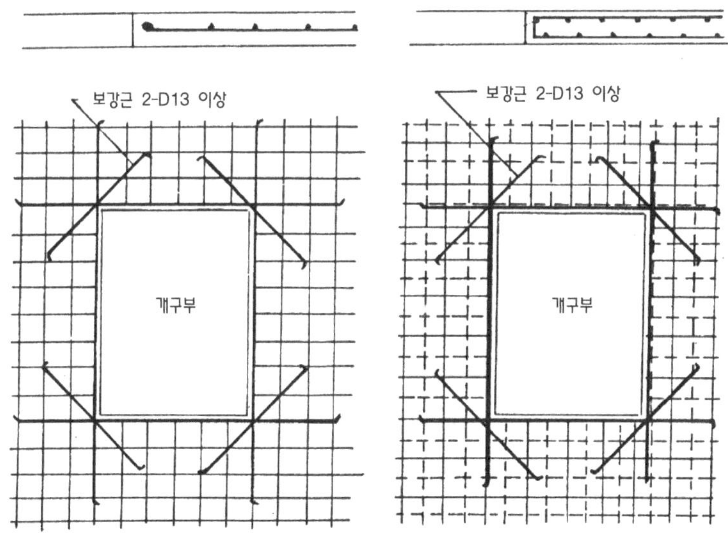

◀그림 2.27
벽체의 개구부 주위의 보근

7) 계단의 구조

철근콘크리트조 계단은 다른 재료로 만든 계단에 비해 형태 및 크기를 자유로이 할 수 있는 특성이 있어 의장면이나 구조면에서 다양하게 만들 수 있다.

철근콘크리트조 계단은 경사진 바닥판으로 계산한다. 계단의 경사판과 계단참은 하나로 연결되는 경우가 많고, 중간에 계단받이 보를 두기도 한다. 계단은 1변지지로 될 때와 2변지지, 3변지지 또는 4변지지로 될 때가 있다.

계단판의 주근은 주변 지지상태에 따라 계단방향의 철근이 주근이 되는 일반 슬래브형 계단과 직교철근이 주근이 되는 내민보형 계단이 있다.

2.2.6 흙막이 벽

(1) 흙막이벽

철근콘크리트 흙막이벽은 옹벽(retaining wall)이라고 하며, 석조나 무근콘크리트조로 하는 중력식 옹벽(gravity type retaining wall), T형 옹벽(T shaped retaining wall), 부축식 옹벽(buttressed retaining wall)이 있다(그림 2.28). 중력식은 3m 이하의 낮은 벽, T형 옹벽은 5m 내외의 벽, 부축벽은 6m 이상의 높은 벽에 이용된다.

흙막이벽은 일반적으로 토압과 수압을 합친 측압과 지표면 하중(표면재하) 등에 견디도록 설계하며, 이러한 하중에 전도(轉倒), 슬라이딩(sliding), 단면파괴, 침하 등에 대한 충분한 내력을 고려하여 설계되어야 한다.

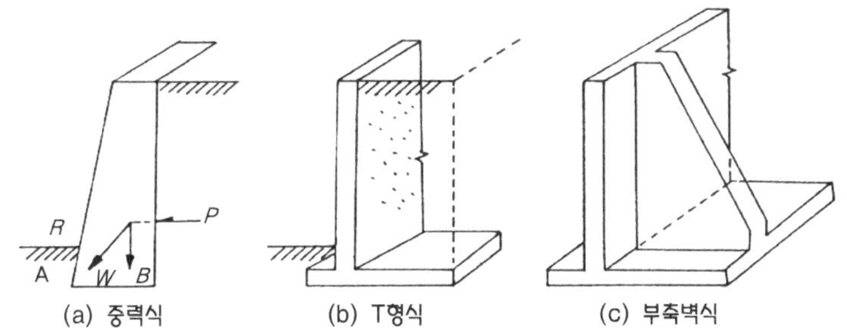

◀그림 2.28
흙막이벽

흙막이벽은 배수가 잘 되도록 충분한 배수구멍을 두고, 길이가 너무 길면 신축이음을 두어(30m) 재료의 수축 등에 의한 균열발생에 대비하여야 한다. 철근 배근은 D10 이상의 것을 간격 30cm 이하로 하는 것이 좋다.

철근콘크리트 흙막이벽은 지반에 정착된 기초판에 고정된 내민보(cantilever) 형식이 가장 일반적이다. 토압에 의해 벽체에 생기는 인장력은 기초판 바로 위에서 최대이고, 위로 올라갈수록 작아지며, 또 흙에 묻힌 기초판의 상부에도 인장력이 생긴다.

따라서 흙막이벽체의 주근은 흙에 접하는 내면측에 수직으로 세우고 기초판 하부에 연장하여 정착하며, 수평방향으로 부근(온도철근)을 배치한다. 또 벽체 하부에서부터 배근된 주근은 어느 높이 이상에서는 필요없게 되어 일부 주근은 상부로 올라가면서 절단하거나 직경이 작은 철근으로 교체한다.

그림 2.30에서는 그 절단 위치를 표시하고 있다. 흙막이의 바깥면측에도 세로, 가로로 배근하여 콘크리트의 수축 및 온도 변화에 따른 균열 등을 방지한다.

기초판의 상부는 인장력에 대하여 보강철근을 배치하고, 또 가로방향으로 부근을 배치한다. 그림 2.29의 기초판 하부의 돌기는 흙막이벽의 슬라이딩에 대한 보강으로 설치하는 것이다.

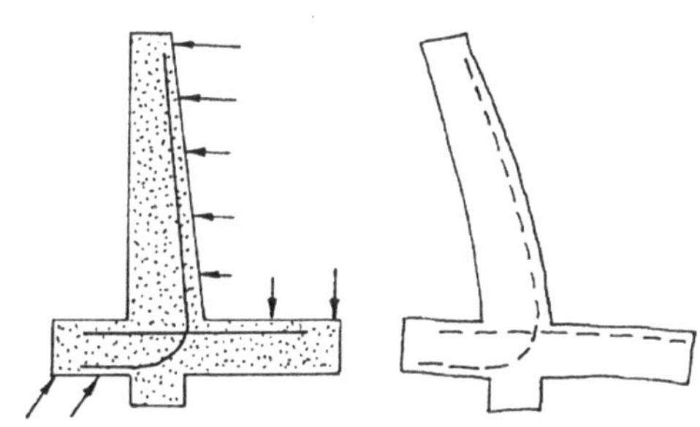

◀그림 2.29
흙막이벽의 배근과
변형

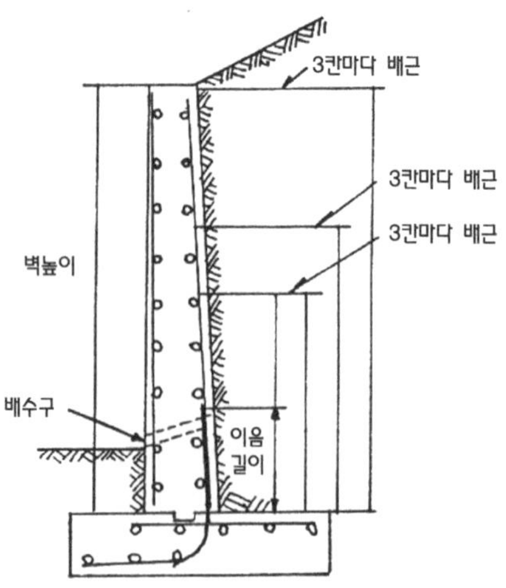

▸그림 2.30
흙막이벽의 배근

2.3 프리캐스트 및 프리스트레스트 콘크리트 구조

2.3.1 프리캐스트 콘크리트 구조

(1) 구법의 종류

벽이나 바닥의 부재를 공장에서 제작하여 현장에서는 조립하는 것만으로 완성하는 건축물을 프리캐스트 콘크리트(PC)조라 부른다. PC조는 기후에 좌우되지 않은 생산, 현장작업의 기계화, 품질의 안정, 노무량의 삭감 등의 이점이 있다.

PC조에는 그림 2.31과 같은 패널형식의 바닥이나 벽을 프리캐스트화한 벽식 PC조와 기둥, 보, 벽판, 바닥판, 가새 등을 공장에서 제작하고, 현장에서 조립하여 만드는 프레임형 PC조 등이 있다.

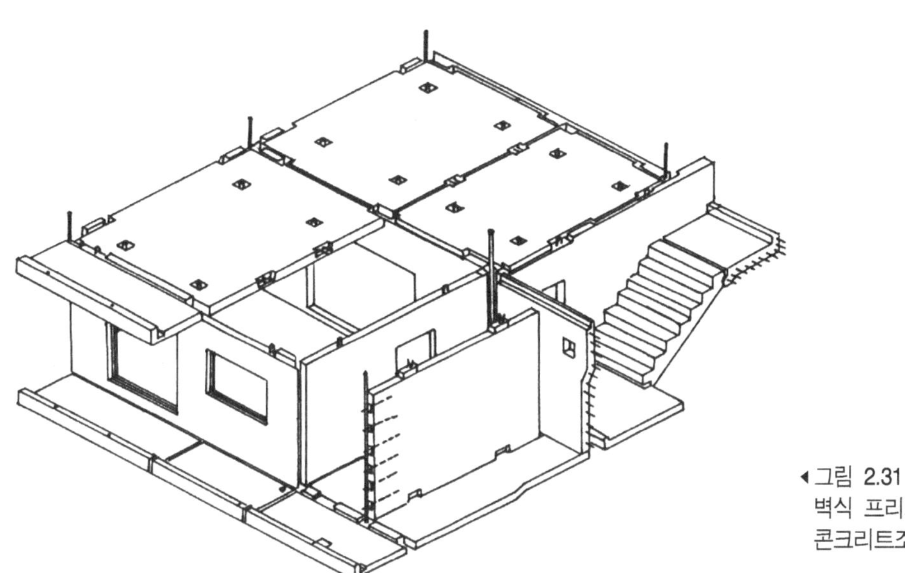

◂그림 2.31
벽식 프리캐스트 철근 콘크리트조

그 외 ALC판을 내부벽에 채용하거나 바닥에만 PC를 채용하는 방법도 있으며, 슬래브의 하부근 부분을 포함하여 전체두께의 하부 부분만을 공장제작하여 현장에서 상부배근을 설치하고, 현장타설 콘크리트로 일체성을 확보하는 반 PC(Half PC)구조도 있다.

(2) 부재 제조법의 개요

PC조의 주요한 부재는 공장에서 생산된다. 바닥이나 벽 등의 패널을 생산하는 거푸집 설치방식에는 수평으로 설치, 타설하는 플랫방식과 연직으로 늘여 설치, 타설하는 배터리 방식의 2종류로 대별된다. 후자가 설치효율, 평활도 등의 점에서 뛰어나지만(전자의 한면은 거푸집면, 다른 한면은 흙손 고르기면인데 대해서 후자는 양면 모두 거푸집면이다) 설비비 등은 후자쪽이 높다.

PC공장은 이러한 거푸집 외에 증기양생 설비만 갖추면 될 정도로 극히 간단하다. 한편 운반은 트럭이나 트레일러에 의한 경우가 대부분이지만, 중량이 커지면 운반에 어려움이 생긴다. 따라서 대규모의 건축현장에서는 부지 혹은 그 주변에 임시로 PC공장을 설치하여 부재를 제작하는 방식을 취하는 경우도 많다. 이와 같은 방식을 사이트 프리패브라 부른다.

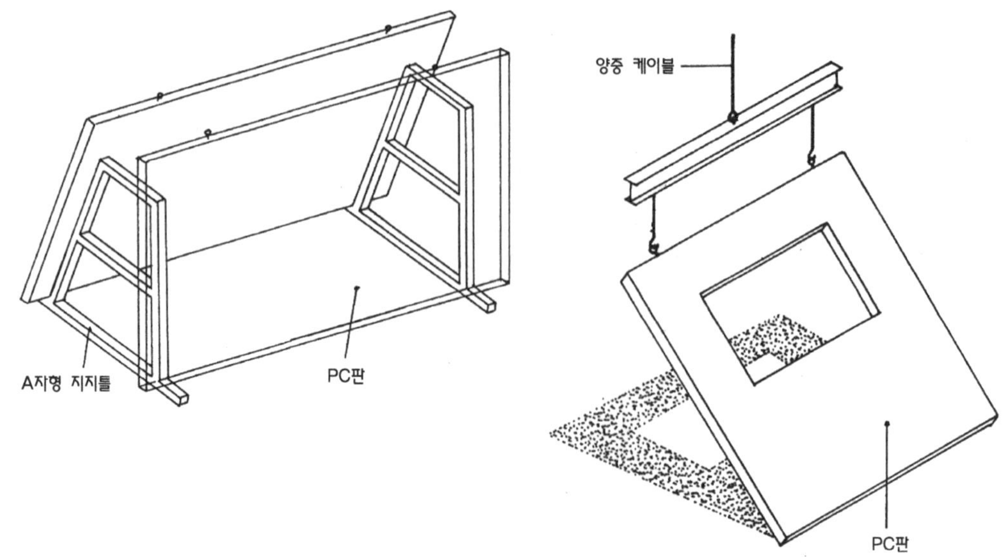

▲그림 2.32 PC판 세우기

▶그림 2.33 운반시의 적재모습

PC판의 양중에는 크레인을 사용한다. PC판은 구조재로서 사용될 때보다 양중(그림 2.32)이나 운반시(그림 2.33)에 최대응력이 생기는 경우가 많으므로 판의 설계시 충분히 잘 검토하여야 한다.

(3) 벽식 프리캐스트 철근콘크리트조

기본적인 생각은 현장타설과 같지만, 부재가 공장에서 생산되므로 다음과 같은 이점이 있으므로 벽두께를 현장타설의 경우보다 다소 얇게 할 수가 있다.

① 콘크리트의 밀실한 충진
② 콘크리트의 충분한 양생
③ 콘크리트의 높은 강도
④ 철근의 정확한 배치

접합부에 대해서는 공법상 철근과 철근을 접합하고 콘크리트를 타설하는 습식 조인트(wet joint)와 강판과 강판을 접합하는 건식 조인트(dry joint)로 나눈다. 전자는 힘의 분산이 예측되어 좋지만 접합개소가 많게 되어 시공의 양부에 좌우되기 쉬운 문제점이 있고, 후자는 시공의 신뢰성이 높고 접합개소는 줄어들지만, 응력이 집중하는 문제점이 있으므로 적절한 배려가 필요하다.

PC부재의 접합개소에 대한 일례를 그림 2.34에 표시한다.

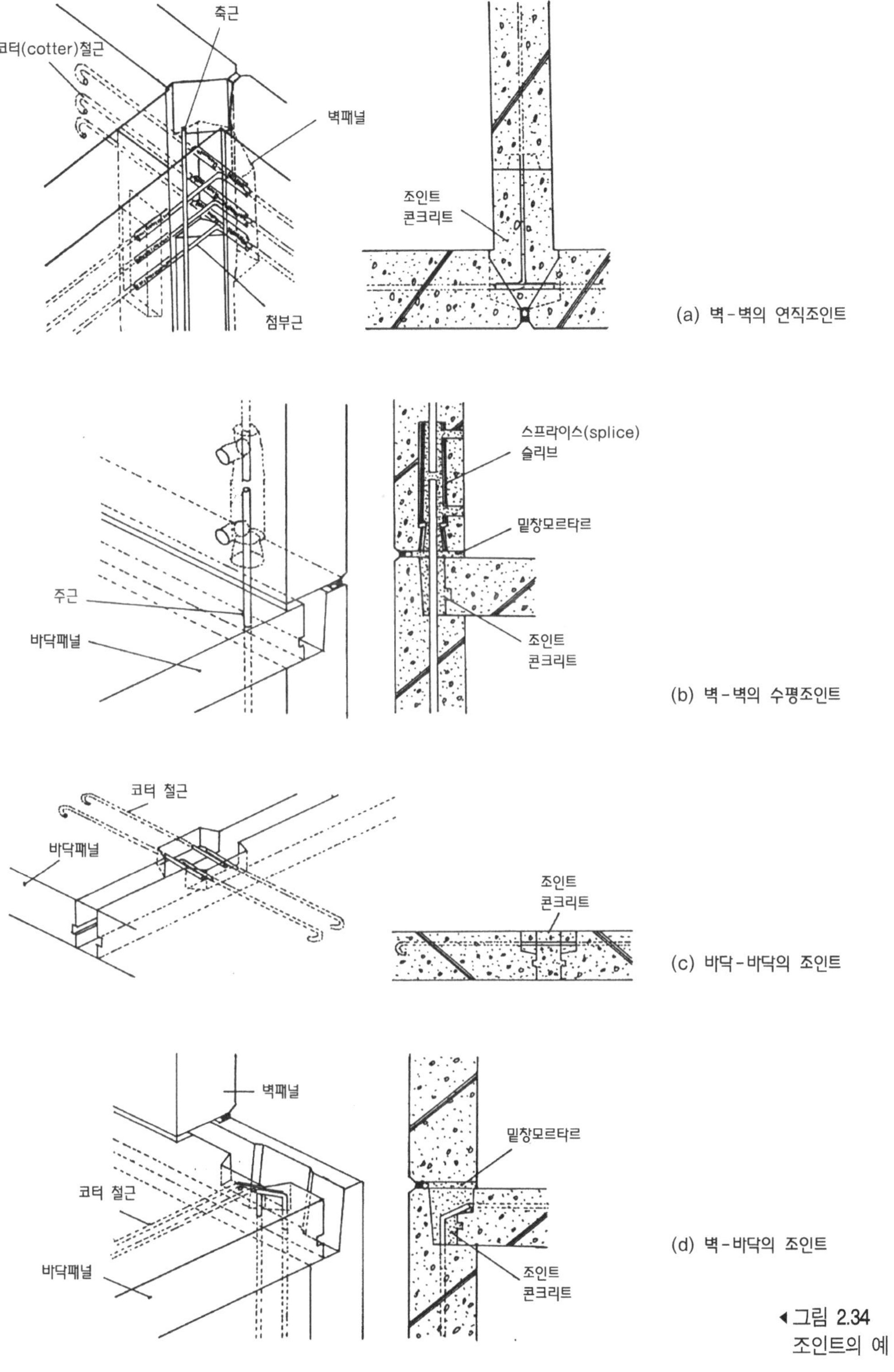

축근
코터(cotter)철근
벽패널
조인트
콘크리트
첨부근
(a) 벽-벽의 연직조인트
스프라이스(splice)
슬리브
밑창모르타르
주근
바닥패널
조인트
콘크리트
(b) 벽-벽의 수평조인트
코터 철근
바닥패널
조인트
콘크리트
(c) 바닥-바닥의 조인트
벽패널
밑창모르타르
코터 철근
바닥패널
조인트
콘크리트
(d) 벽-바닥의 조인트

◀그림 2.34
조인트의 예

(4) 조립 철근콘크리트조

조립 RC조도 광의로는 프리캐스트 철근콘크리트조에 해당되며, 구조방식과 구성부재에 따라 축조식과 패널식의 두 가지로 나누어진다.

축조식이란 핀절점 또는 반강절점을 가진 기둥, 보가구와 가새 또는 내진벽 패널을 조립하는 형식의 것을 말한다.

패널식은 고강도 콘크리트를 사용한 패널만을 조립하는 형식을 말하며 리브부착 박판 콘크리트 중형패널이 대표적인 예이다.

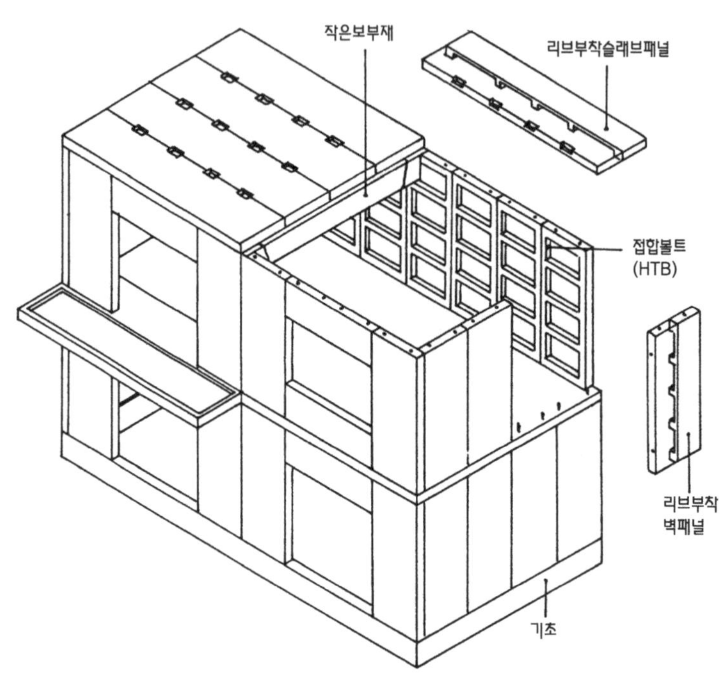

▸그림 2.35 패널형 조립 RC조의 예

조립 RC조는 사용되는 부재의 크기가 1층분의 높이와 폭 1m 정도의 중형패널이기 때문에 현장의 조립 및 세우기 기계는 비교적 소형이며, 어느 정도 품질이 확보된 RC조의 건축물을 보급시키는 데에는 의미가 있었지만, 판의 두께가 얇음에 기인한 성능상의 문제, 부재종류 등에 기인하는 제작 및 시공상의 문제로 인하여 현재는 축조식이 거의 사용되지 않으며, 패널식도 극히 일부분적으로 사용되고 있다.

일반적으로 프리캐스트 부재는 현장타설 콘크리트에 비해 밀실하게 타설되며, 철근도 확실하게 배근되므로 피복두께는 현장타설의 규정에 비해 완화되어 있다. 표 2.17은 조립 RC조에 대한 일본의 피복두께에 관한 규정이다.

기성제 부재의 종류	주근에 대한 피복두께(cm)
지붕블록, 바닥블록	2
기둥, 보 등의 축조부재	2
지중에 있는 부재	3

◀ 표 2.15 조립 RC조 피복두께

이 경우, 소단면의 부재에서는 내화성과 열용량이라는 면에서 문제를 일으킬 위험이 있으므로 피복두께를 포함하여 4cm 이상의 불연재료로 덮도록 되어 있다.

(5) 프리캐스트 콘크리트 조립바닥 구조

PC조에 사용되는 바닥은 현장타설 RC외에 그림 2.36과 같은 방법이 사용된다. 이러한 조립바닥은 건축물의 주요한 구조부분으로서 인접하는 바닥이나 벽과 긴결하여 일체적으로 움직이도록 할 필요가 있다.

▼ 그림 2.36 PC조립바닥의 형상 예

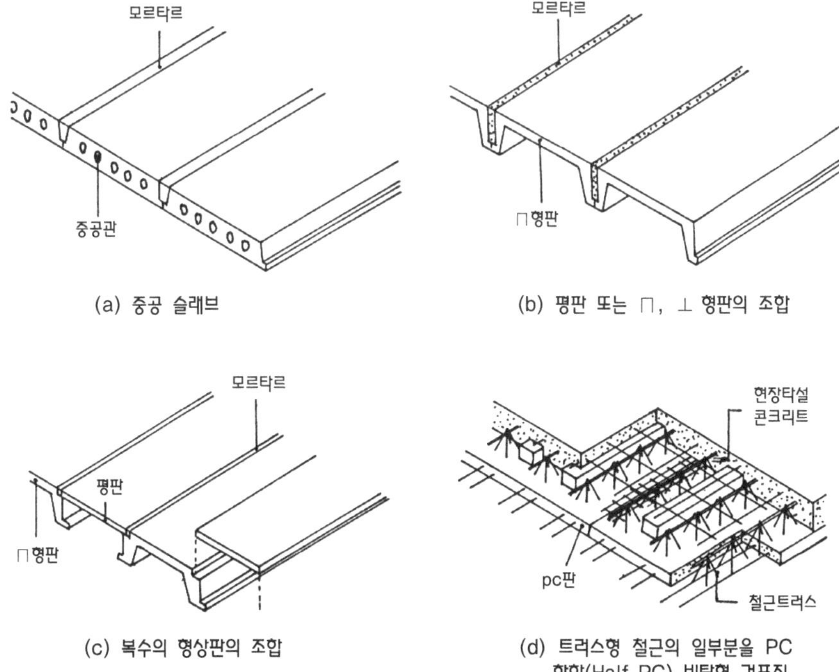

2.3.2 프리스트레스트 콘크리트조

(1) 구조 원리

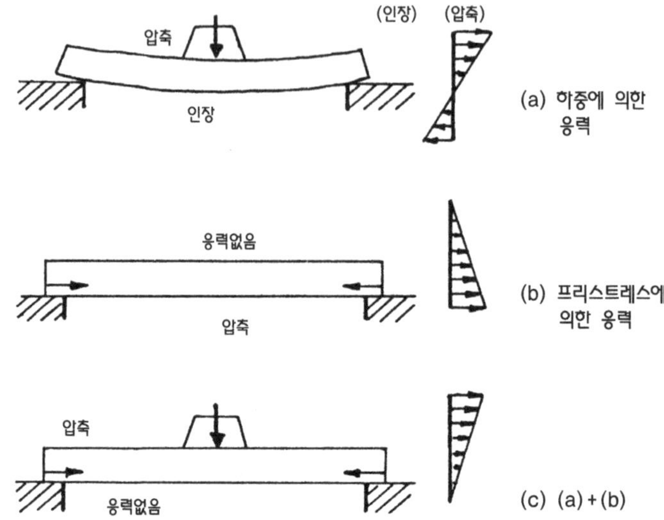

▸그림 2.37 프리스트레스트의 원리

통상적으로 보에 하중이 작용하면 그림 2.37과 같이 상측은 압축, 하측은 인장상태가 된다. 그래서 그림(b)와 같이 하측을 미리 압축해 두면, 통상의 상태에서는 인장력이 생기지 않게 되어 콘크리트와 같은 성질의 재료에 유리하다.

이와 같이 설계하중에 의한 응력의 전부 또는 일부가 제거되도록 미리 계획적으로 가한 응력을 프리스트레스라 부르며, 기둥이나 보 등의 주요한 부분에 프리스트레스를 도입한 건축물을 프리스트레스트 콘크리트(PSC : Prestressed concrete)구조라 부른다. 프리스트레스트 구조 중에서 그림 2.37(c)와 같이 설계하중에 의한 응력을 전부 삭제하여 부재단면에 인장응력이 전혀 생기지 않게 한 것을 완전 프리스트레스(full prestress), 부재단면의 일부에 인장응력이 생기는 것을 부분 프리스트레스(partial prestress)라 부른다.

PSC구조는 프리스트레스를 부여하는 데에 강재를 사용하므로 광의의 의미에서는 RC구조의 일종이라 생각되지만, 통상의 RC구조에 비해 다음과 같은 특징이 있다.

① 통상은 균열의 발생이 없으나 예상이상의 하중에 의해 균열이 발생해도 그 하중이 제거되면 균열이 없게 되는 등, 균열 →물의 침입 →녹발생 →균열 증대 →균열이라는 사이클이 생기기 어려우므로 내구성이 뛰어나다.
② 고강도이며, 강성도 뛰어나 부재단면을 삭감할 수 있으므로 자중경감에 의한 효과를 이용한 대스팬 가구가 가능하다.
③ 균열 발생하중과 파괴하중이 접근하고 있어 설계하중의 상정에는 주의가 필요하다.
④ 프리스트레스를 가하고 있는 강재는 상시 고응력 상태에 있어 부식하기 쉽다. 또 화열에 의해 커다란 손상을 받기 쉽다.
⑤ 고강도 콘크리트나 강재를 사용하기 때문에 재료비가 비싸며, 생산에도 수고가 많이 든다.

프리스트레스트 콘크리트는 프리스트레스를 주는 시기에 따라 프리텐션(Pretension)방식과 포스트텐션(Posttension)방식의 2가지가 있다. 전자는 인장측에 인장력을 준 PC강재를 배치하여 콘크리트를 타설하며, 경화후에 PC강재의 인장력을 풀면 압축응력이 가해지는 것으로 공장에서 제작된다. 후자는 인장측에 집어 넣는 PC강재를 배치하여 콘크리트를 타설하고, 경화후에 PC강재에 인장력을 주어 콘크리트에 압축응력을 생기게 하는 것으로 현장시공이 가능하다.

(2) 재료 성질

◀표 2.16 공법, 설계종별에 의한 콘크리트의 설계기준강도

공 법	설계의 종별		콘크리트의 설계기준강도
프리텐션	—		$350kgf/cm^2$ 이상
포스트텐션	완전프리스트레싱 및 부분 프리스트레싱의 설계		$300kgf/cm^2$ 이상
	프리스트레스트 철근 콘크리트 구조설계	일 반	$240kgf/cm^2$ 이상
		특별한 검토를 한 경우 또는 프리스트레스를 보조적으로 사용한 경우	$210kgf/cm^2$ 이상

PSC구조에 사용되는 콘크리트는 구조의 원리상 높은 압축강도가 요구되므로 표 2.16과 같은 것이 사용된다.

또 건조수축이나 크리프가 크면, 프리스트레스가 시간의 경과와 함께 감소하게 되므로 팽창성 시멘트가 사용되는 경우도 있다.

PSC조에는 보통의 철근 콘크리트용 봉강과 PC강재가 사용된다. PC강재는 프리스트레스를 가해야 하기 때문에 높은 인장강도가 필요하다. 종류로서는 PC강봉, PC강선, PC강 묶은 선(스트랜드)이 있으며, 이들은 표 2.17과 같이 일반강재에 비해 2배 이상의 강도를 갖고 있다.

▸표 2.17
PC강재의 인장강도

종 류	kgf/mm^2
PC 강봉	95~145 이상
PC 강선	145~165 이상
PC 강 묶음선	175~195 이상

프리텐션 공법에서의 PC강재는 부착에 의해 콘크리트와 일체가 되지만, 포스트텐션공법에 있어서는 프리스트레스를 가하고 있는 PC강재를 콘크리트에 정착시키는 기구가 필요하며, 이것을 정착구라 부른다. 그 대표적인 예를 그림 2.38에 표시한다.

정착구는 미리 콘크리트나 보강근 등과 일체가 되도록 PC강재를 나사식, 쐐기식 등의 방법으로 긴결한다.

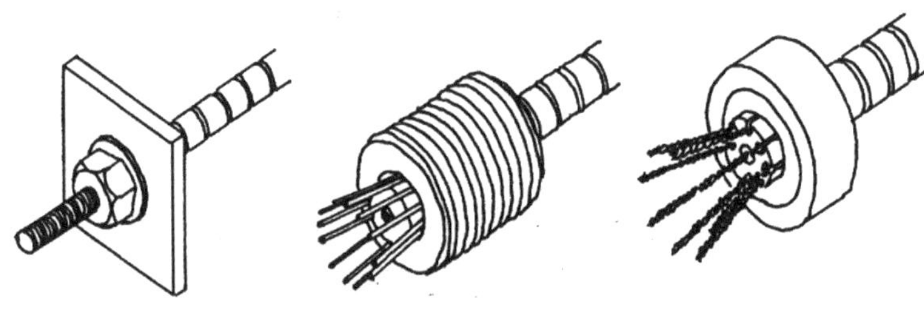

나사식 : PC강봉　　쐐기식 : 프레시네(PC강선)　　쐐기식 : OBC(PC스트랜드)

▸그림 2.38
정착구와 PC강재

PSC조에서는 상기한 재료 외에 PSC부재 서로의 접합부에 주입하는 줄눈용 그라우트재, 포스트텐션 공법에서 콘크리트 속에 PC강재를 배치하기 위한 중공의 시스, 그리고 콘크리트와 PC강재와의 부착을 위해 시스 내에 주입하는 그라우트재 등이 사용된다.

(3) 공장제작과 PSC제품

공장에서의 제작은 프리텐션에 의하는 경우가 많다. 그 경우, 하나 하나씩 만드는 것보다 그림 2.39와 같이 2개의 고정구 사이에 수많은 거푸집을 나열하여 한번에 대량으로 제작하는 경우가 많다.

◂그림 2.39
롱라인 공법

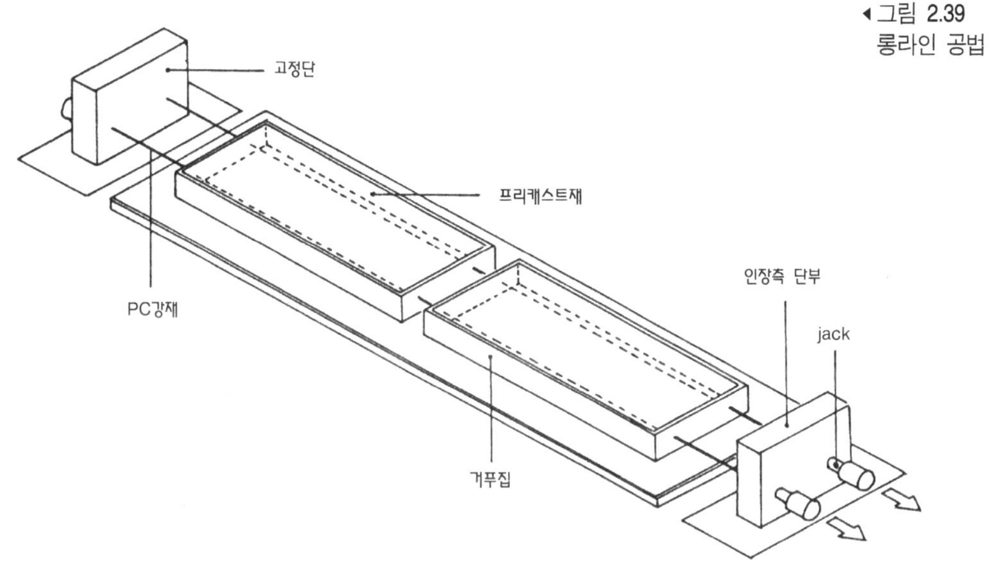

PSC제품에는 그림 2.40과 같은 것이 있으며, 이러한 것들은 현장에서 접합시켜 바닥이나 지붕을 형성하는 제품이다.

그림 2.41은 보통의 PC판과 PSC판에 대해서 사용재료, 지지·하중조건 등을 동일하게 비교하여 지지스팬과 판두께와의 관계를 개략적으로 표시한 것이다.

▾그림 2.40
PSC제품

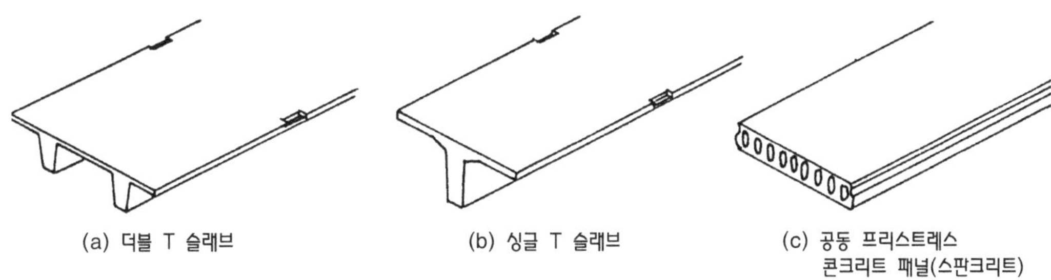

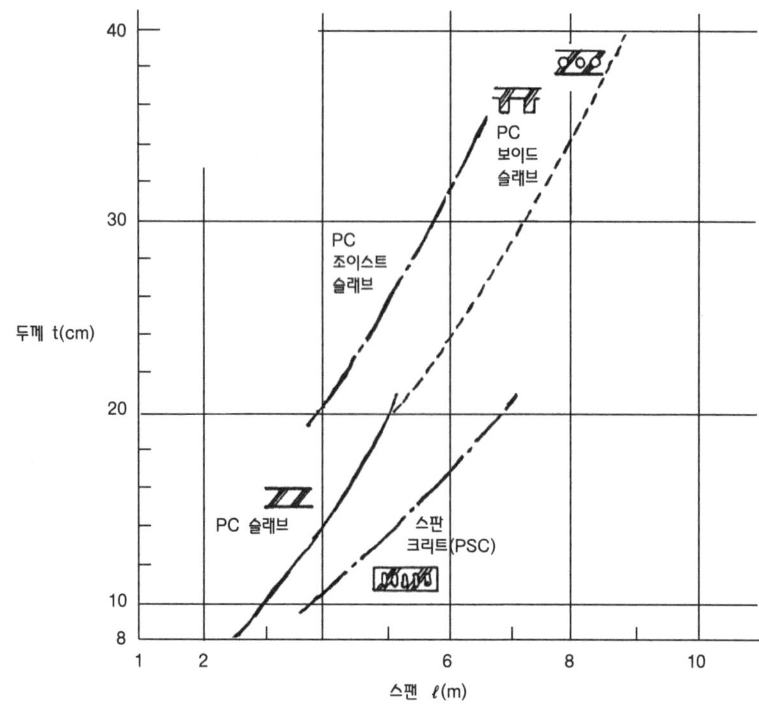

▸그림 2.41
각종 슬래브의 스팬과 춤의 비교

이 그림에 따르면 스판크리트 PSC판은 PC판에 비해 훨씬 얇은 판의 두께로 대스팬 가구가 가능하다는 것을 보여주고 있다.

(4) 현장시공과 접합

PSC조의 현장시공은 크게 2가지로 나누어진다. 즉, 공장제작된 PSC제품을 단순 접합하는 방법과 콘크리트를 타설한 후 건축물에 포스트텐션으로 프리스트레스를 도입하는 방법이다.

전자의 경우 보통의 철근을 사용하는 방식에 의하는 경우도 있지만, 접합부에도 프리스트레스를 도입해서 라멘을 형성하는 경우가 많다. 그림 2.42는 PC강봉을 사용하여 프리스트레스를 도입한 기둥·보 접합부의 예이다.

후자의 경우 보 등의 강성, 강도의 향상, 그것에 따른 접합부 강도의 확보가 주요한 목적이다. 그림 2.43은 기둥·보, 슬래브, 벽을 일체로 타설하여 기둥 외측에서 프리스트레스를 도입하는 경우의 배근 예이다.

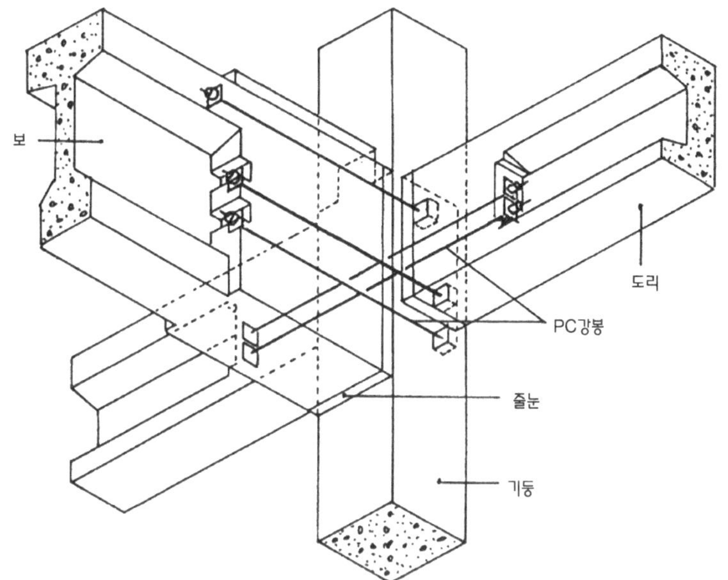

◀그림 2.42
PC강봉에 의한 프리캐스트 콘크리트 부재의 조립

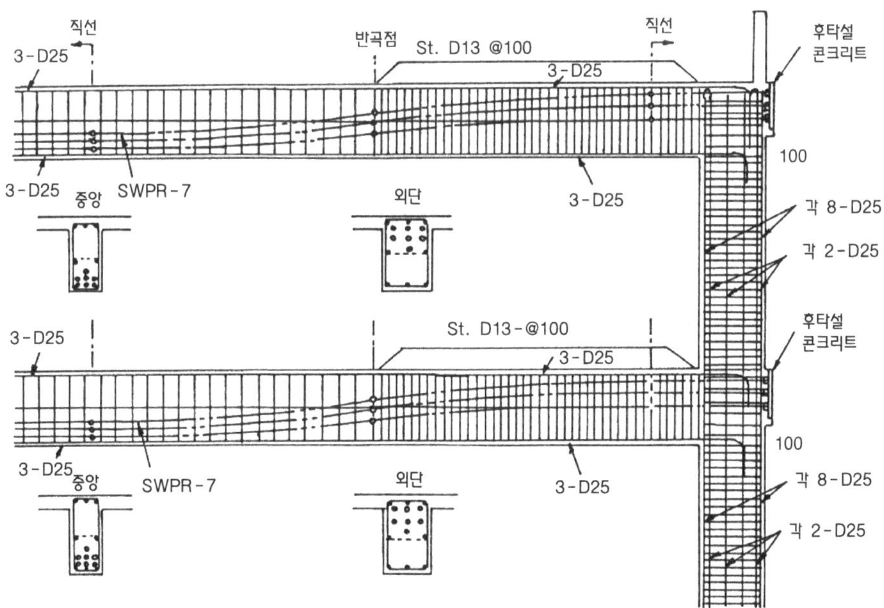

▲그림 2.43
현장타설 일체식 라멘 배근도 예

최근, RC조의 바닥 슬래브에 PC강재를 콘크리트에 부착시키지 않는 언본드공법이라 불리우는 PSC조를 사용하는 경우가 있다(그림 2.44).

▾그림 2.44
PCS슬래브의 PC강재

언본드공법은 작은 보가 없는 넓은 바닥슬래브를 실현할 수 있으며, 시공상의 품이 적게 되는 이점을 가지고 있다.

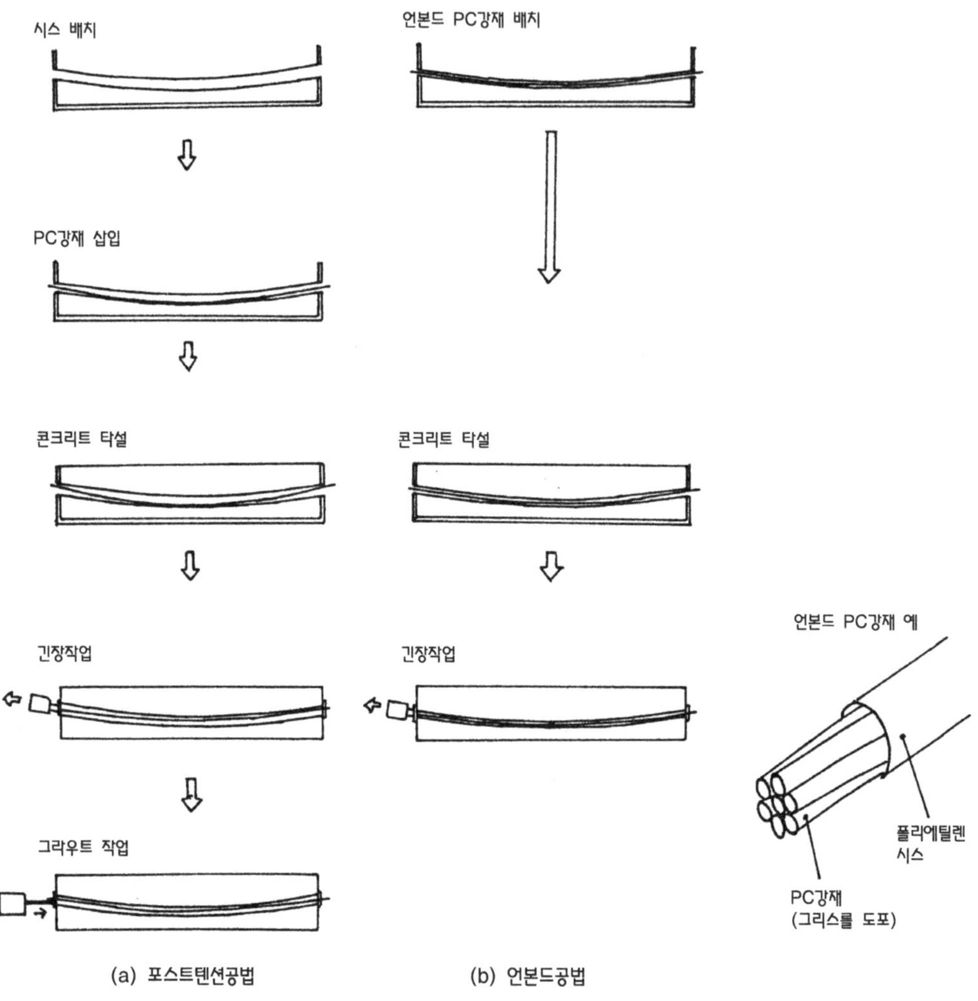

(a) 포스트텐션공법 (b) 언본드공법

2.4 철골구조

2.4.1 재료와 구조

(1) 강재의 성질

기둥이나 보 등 주요한 구조부분에 구조용 강재를 접합 사용한 조립 구조물을 철골구조(steel structure, S조) 혹은 강구조라 부르며, 유럽에서는 19세기 초부터 사용되어 왔다.

강재는 일반적으로 포함되어 있는 탄소량에 따라 강도가 변화되는데 통상적으로 건축에 사용되는 강재의 규격은 표 2.20과 같다.

▼표 2.20 강재의 종류 (KS D 3503 및 3515)

	종류의 기호	항복점 또는 내력(N/mm²) 강재의 두께(mm)						인장 강도(N/mm²) 강재의 두께(mm)	
		16 이하	16 초과 40 이하	40 초과 75 이하	75 초과 100 이하	100 초과 160 이하	160 초과 200 이하	100 이하	100 초과 200 이하
일반구조용강재	SS330	205 이상	195 이상	175 이상				330~430	
	SS400	245 이상	235 이상	215 이상				400~510	
	SS490	285 이상	275 이상	255 이상				490~610	
	SS540	400 이상	390 이상	-				540 이상	
용접구조용강재	SWS400A SWS400B	245 이상	235 이상	215 이상	215 이상	245 이상	245 이상	400~510	400~510
	SWS400C					—	—		
	SWS490A SWS490B	325 이상	315 이상	295 이상	295 이상	285 이상	275 이상	490~610	490~610
	SWS490C					—	—		
	SWS490YA SWS490YB	365 이상	355 이상	245 이상	245 이상	—	—	490~610	—
	SWS520B SWS520C	365 이상	355 이상	245 이상	245 이상	—	—	520~640	—
	SWS570	460 이상	450 이상	245 이상	245 이상	—	—	570~720	—

[주] (1) SS(Steel for Structure) : 일반구조용강재
(2) SWS(Steel for Welding Structure) : 용접구조용강재

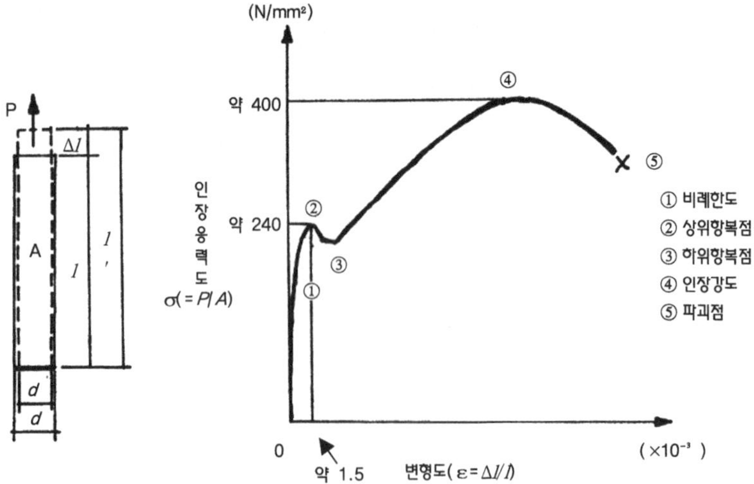

▸그림 2.45
인장응력과 변형의 관계

강재의 종류는 인장강도에 근거하고 있으며, SS400의 강재를 인장했을 때에 생기는 응력과 변형과의 관계는 그림 2.45와 같다. 그림에 따르면 강재는 항복 후에 응력 증가보다 변형이 크게 증가하지만 곧바로 파괴에 도달하지 않음을 알 수 있다. 이처럼 파괴에 도달했을 때까지의 여유 즉, 이러한 끈질김이 구조재료로서의 강재의 커다란 이점이다.

표 2.21은 강재의 주요한 물리정수이다.

▸표 2.21
강재의 물리정수

녹는점	1.5×10^3(℃)
비 중	7.85
영 계 수	20.1~20.6(N/m²)
포아송비	0.28~0.3

강재는 불연재이지만, 고온이 되면 현저하게 강도가 저하하여 500℃ 정도에서 거의 반감한다. 또 강재는 공기중에 방치해 두면 산화하여 소위 녹이 발생한다.

강재는 단면적당 강도가 크며, 공업제품이기 때문에 품질이 안정적이며, 가격적으로도 비교적 저렴하여 구조재료로서 뛰어나지만, 건축물에 사용할 경우, 화열과 녹에 대한 배려를 충분히 강구해 둘 필요가 있다. 이러한 목적으로 채용되는 강재로는 산화피막을 안정시켜 녹을 내부로 진행되지 않도록 고안된 내후성강, 니켈이나 크롬 등을 혼합한 합금으로 녹을 없게 한 스테인레스강, 고온에서의 강도저하를 적게 한 내화강 등이 구조재료로서 사용되지만, 고가이므로 이들 재료의 특징을 살려 적절한 사용이 요망된다.

(2) 구조용 강재의 종류

강재의 강도는 굉장히 높으므로 장방형 단면 그대로가 아니라 공업생산된 각종 단면 중에서 사용목적에 맞춰 적절히 선택하여 사용된다. 건축에서 통상 사용되는 강재의 단면은 표 2.22와 같다.

일반적으로 형강이라 부르는 것은 열간압연한 구조용 강재(hot－roll강)이며, 장척의 대강(두께 1.6~6.0mm)을 냉간롤 성형에 의해 생산한 경량형강과는 구별된다. 이외에 강판 등을 절단하여 용접함으로써 규격에 없는 형강을 만드는 built－up강도 있다.

▼표 2.22 구조용 강재의 종류

종류	명칭	형상	표시방법	종류	명칭	형상	표시방법
열간압연형강	등변형강 (앵글)		L-A×A×t	냉간성형경량형강	경량⊏형강	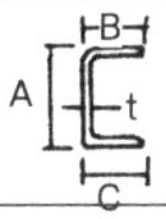	⊏-A×B×C×t
	부등변형강 (앵글)	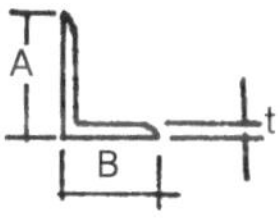	L-A×B×t		경량Z형강	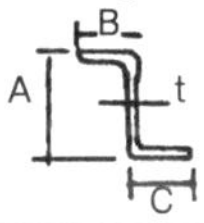	ʅ-A×B×C×t
	I 형 강	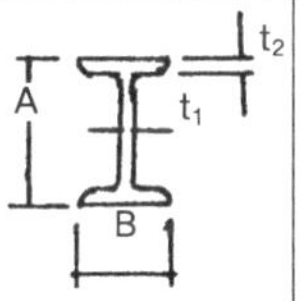	I-A×B×t_1×t_2		경량 앵글	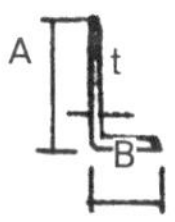	L-A×B×t
	⊏ 형 강 (채널)	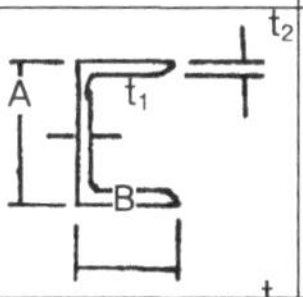	⊏-A×B×t_1×t_2		C 형 강	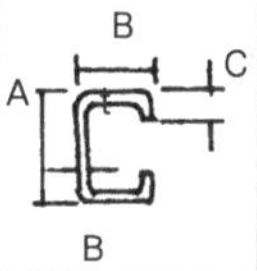	⊏-A×B×C×t
	T 형 강	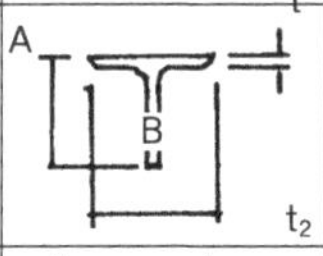	T-A×B×t		립(lip)Z형강	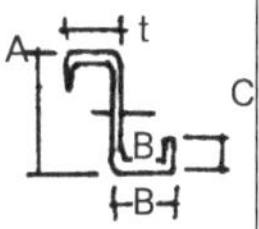	ʅ-A×B×C×t
	H 형 강	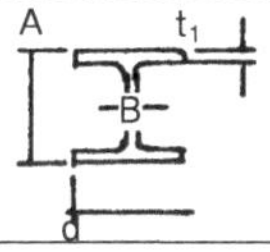	H-A×B×t_1×t_2		모자형강 (hat)	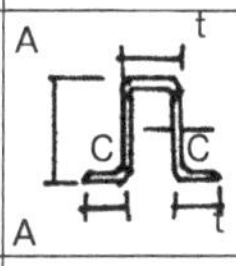	⎍-A×B×C×t
	봉 강		dø	원 형 강 관			A-t
	강 판 (플레이트)	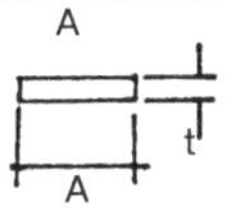	PL-t (PL-A×t)	각 형 강 관		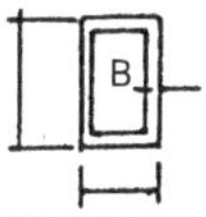	□-A×B×t
	평 강 (플랫트바)	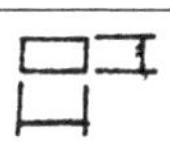	Fb-A×t				

(3) 허용응력도와 좌굴

구조용 강재의 허용응력도는 강재의 종류와 두께별로 설계기준강도 F(2,200~4,100kgf/cm²)를 기준으로 장기허용 인장응력도 f_t와 장기전단응력도 f_s를 다음과 같이 구한다.

$$f_t = F / 1.5$$

$$f_s = F / 1.5\sqrt{3}$$

부재에 외력을 서서히 가할 때, 부재의 모양이 급격하게 변하여 변형되는 것을 좌굴이라 한다. 그림 2.46에 표시하는 것과 같은 압축에 의한 휨좌굴과 휨에 의한 횡좌굴이 그 대표적인 현상이다.

압축이나 휨에 의한 장기허용응력도는 이 좌굴을 고려해서 강재의 단면형상이나 지점간의 거리 등에 따라 정해진다. 좌굴을 고려하지 않아도 되는 일반적인 강재의 허용압축응력도는 허용인장응력도와 같다.

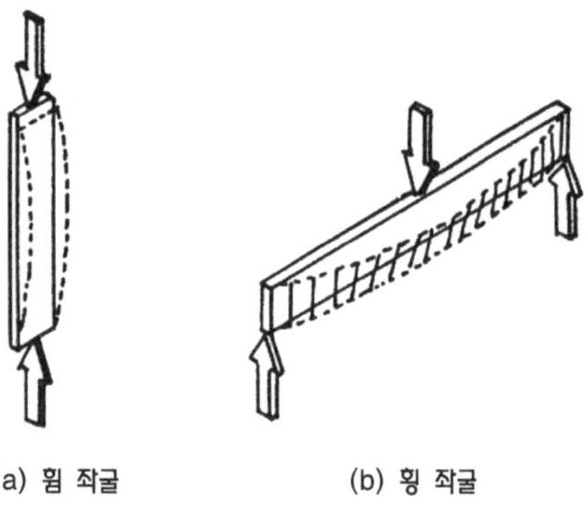

▸그림 2.46 좌굴 현상

(4) 구법의 종류

S조에는 그 규모나 용도에 따라 다종다양한 구조형식이 있으며, 사용부재나 접합방식도 다르다. S조의 대표적인 구법에는 다음과 같은 것이 있다.

① 축조구법

기둥과 보에 의한 축조구성을 기본으로 하는 것으로서 수평하중을 처리하기 위해 브레이스 등에 의한 내진요소를 설치하는 경우가 많다.

② 산형라멘구법

"ㅅ"자형으로 구부러진 보를 사용한 라멘구법으로 공장 등의 단층 대스팬 건축물에 많이 사용된다.

③ 경량철골에 의한 구법

건축물의 주요한 부재구성을 경량철골로 한 것.

④ 트러스구법

절점을 핀접합한 부재로 삼각형을 단위로 하는 골조를 구성하는 것.

⑤ 강관에 의한 구법

건축물의 주요한 부재구성을 강관으로 한 것.

이상의 것 중에서 ③과 ⑤는 단순한 재종의 차이에 불과하지만, 재종의 차이가 구법전체에 크게 영향을 주므로 따로 취급한다. 그 외에 강성이 높고 가벼운 트러스 등의 부재를 사용하여 대스팬을 가능하게 한 구법도 S조의 특징이다.

2.4.2 시공과 접합방법

(1) 시공법의 개요

S조에서는 강재를 공장에서 가공하여 각종의 크레인을 사용하여 현장에서 조립하여 접합하는 생산방법을 취하는 것이 일반적이다. 공장에서는 설계도서를 참고하여 작성된 공작도(shop drawing)에 따라 부재의 재단, 조립, 접합을 위한 정밀도가 높은 가공이 실시된다.

(2) 접합방법

접합부와 절점에서의 힘의 전달방식에는 그림 2.47과 같은 종류가 있다.

① 롤러 지점

연직방향의 힘만으로 지지하는 형식으로 수평방향의 이동과 회전은 자유이다. 다리 등의 토목구조물에서 잘 사용되지만 건축에서는 거의 사용되지 않는다.

② 핀접합

연직 · 수평방향의 힘을 지지하는 접합으로 회전이 자유인 접합방식으로 H형강보의 경우 web만 연결하는 접합방법이다.

③ 강접합

연직 · 수평방향의 힘을 지지함과 동시에 회전에 저항하는 접합으로 부재의 접합에는 용접이나 고력볼트로 H형강보의 경우 flange와 web를 모두 연결하는 모멘트 접합을 말한다.

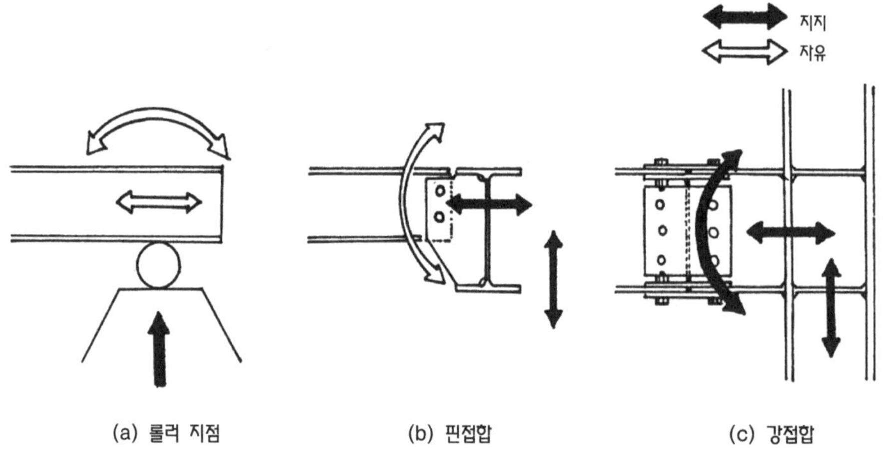

▲그림 2.47 힘의 전달형식에 따른 지점과 접합의 종류

(3) 용 접

용접은 다른 접합방법에 비해 구멍에 의한 재단면의 결손이 없으며, 첨판 등의 부자재를 사용하지 않고, 서브머지드 용접 등의 돌출부가 적으며, 형상이 확실한 접합부가 가능하고, 용접시에 소음이 생기지 않는 장점이 있다. 반면에 시공의 양부가 접합강도를 좌우하며, 열에 의한 변형이나 응력이 생기는 등의 결점이 있다.

현재는 용접기술이나 재료, 기계 등의 진보와 병행해서 간편한 검사법도 개발되어 있으며, 고력볼트와 함께 S조의 접합방법으로서 가장 널리 사용되고 있다.

▼표 2.23 용접이음

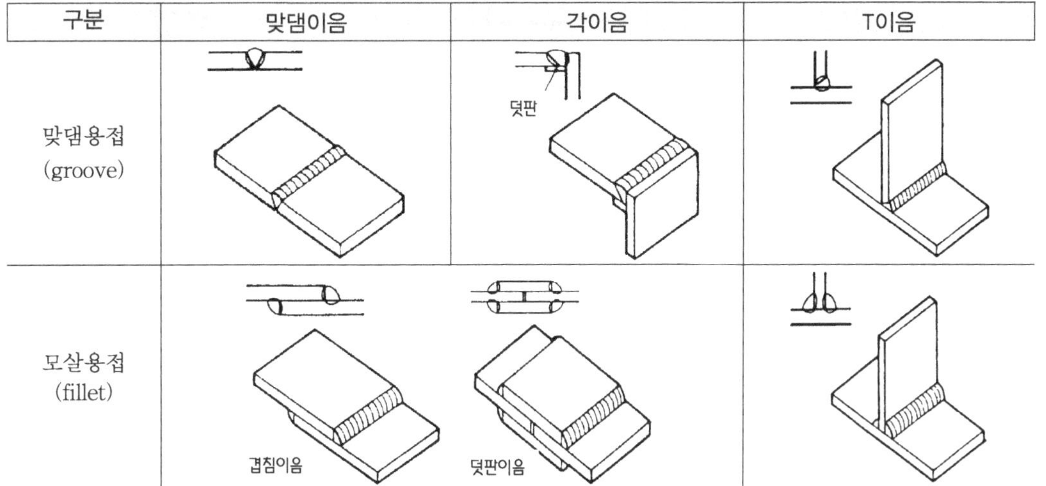

구분	맞댐이음	각이음	T이음
맞댐용접 (groove)		덧판	
모살용접 (fillet)	겹침이음	덧판이음	

용접이음에는 완전용입맞댐용접, 부분용입맞댐용접, 모살용접의 3종류가 있다(표 2.23). 그 중, 부분용입맞댐용접은 결손이 생기기 쉬우므로 잘 사용되지 않는다.

(4) 보통볼트접합

볼트접합은 시공, 해체가 용이하고 소음이 작은 등의 이점이 있지만, 장기간 사용시 볼트가 느슨해질 우려가 있고, 구멍지름만큼의 단면 결손과 볼트의 축경과 구멍의 불일치, 그리고 초기변형 등의 결점이 있으므로 처마높이 9m 이상, 스팬 13m 이상의 S조에서는 구조상의 주요한 부분에는 사용할 수 없게 되어 있다.

(5) 고력볼트접합

고력볼트접합은 보통볼트접합이 볼트축의 전단내력에 의존하고 있는 것과 달리 인장내력이 굉장히 큰 고력볼트(High-tension Bolt)를 사용하여 그림 2.48에 표시하는 것과 같이 접합할 강재를 강하게 조이는 것에 의해 생기는 마찰력에 의해 응력을 전달하는 방식이다.

특징으로는 시공이 확실하며, 소음도 적다는 이점이 있는 반면 보통볼트 접합의 경우와 마찬가지로 구멍에 의한 단면결손과 첨판 등의 접합재가 필요하는 등의 결점이 있다.

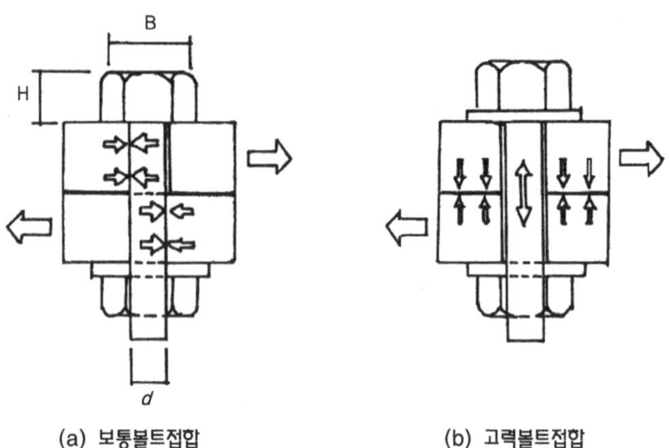

▶그림 2.48 볼트접합

(6) 리벳접합

리벳접합은 볼트나 너트 대신에 800~1000℃ 정도로 달군 리벳을 리벳햄머 등으로 쳐서 붙이는 접합방법이다(그림 2.49). 볼트접합과 유사하지만, 리벳햄머를 사용할 때에 큰 소음을 발생시키기 때문에 건축현장에서는 거의 사용하지 않게 되었다.

볼트나 리벳을 사용한 접합방법에서 구멍을 뚫는 것에 의한 응력전달의 확실성을 보장하기 위해 구멍과 부재 단부와의 거리(연단 거리)와 구멍과 구멍과의 최소간격 등이 볼트나 리벳의 지름

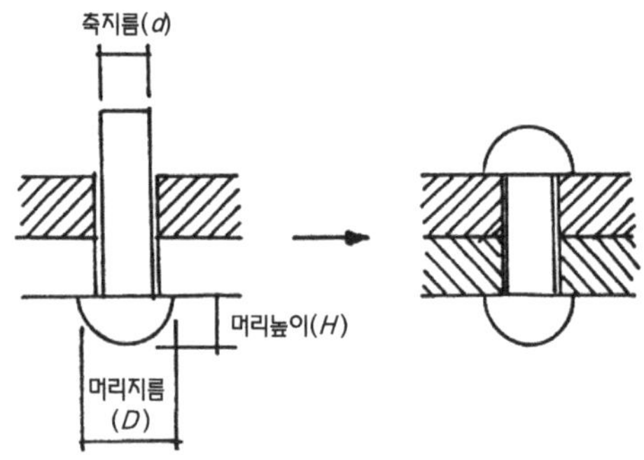

▶그림 2.49 리벳

▶표 2.24 최소연단거리와 피치(mm)

직 경		12	16	20	22	24	28
최소피치		30	40	50	55	60	70
최소연단거리	전단연	22	28	34	38	44	50
	압연연	18	22	26	28	32	38

에 따라 표 2.24와 같이 정해져 있다.

또, 볼트나 리벳은 전단접합이 바람직하며, 인장접합은 바람직하지 않다. 전단접합의 경우, 접합되는 강재나 첨판 등의 구성에 따라 그림 2.50과 같이 1면 전단과 2면 전단이 있다.

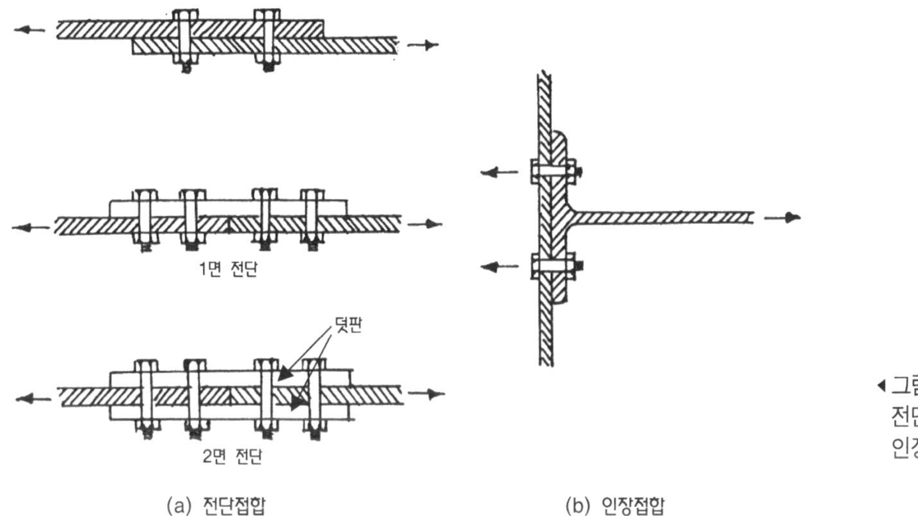

◀그림 2.50 전단접합과 인장접합

또, 인장접합을 채용할 때에는 전용 접합부재를 사용하는 등 충분한 배려가 필요하다.

2.4.3 축조구법

(1) 개 요

S조의 축조구법은 각종의 형강 등을 사용해서 기둥과 보에 의한 입체적인 격자상의 골조를 형성하는 구법을 말하며, 초고층 건축물의 고층부 등이 그 전형적인 예이다. 수평강성요소로서 바닥이나 수평브레이스를 사용하며, 경우에 따라서는 수평하중의 저항요소로서 브레이스나 내력벽 등이 사용된다(그림 2.51).

또, 축조구법은 구조상의 명쾌함, 시공상의 간편함 등에서 최근 중층 이하의 건축물이나 오피스빌딩 및 시가지의 점포 겸용의 주택 등의 용도에 사용되고 있다.

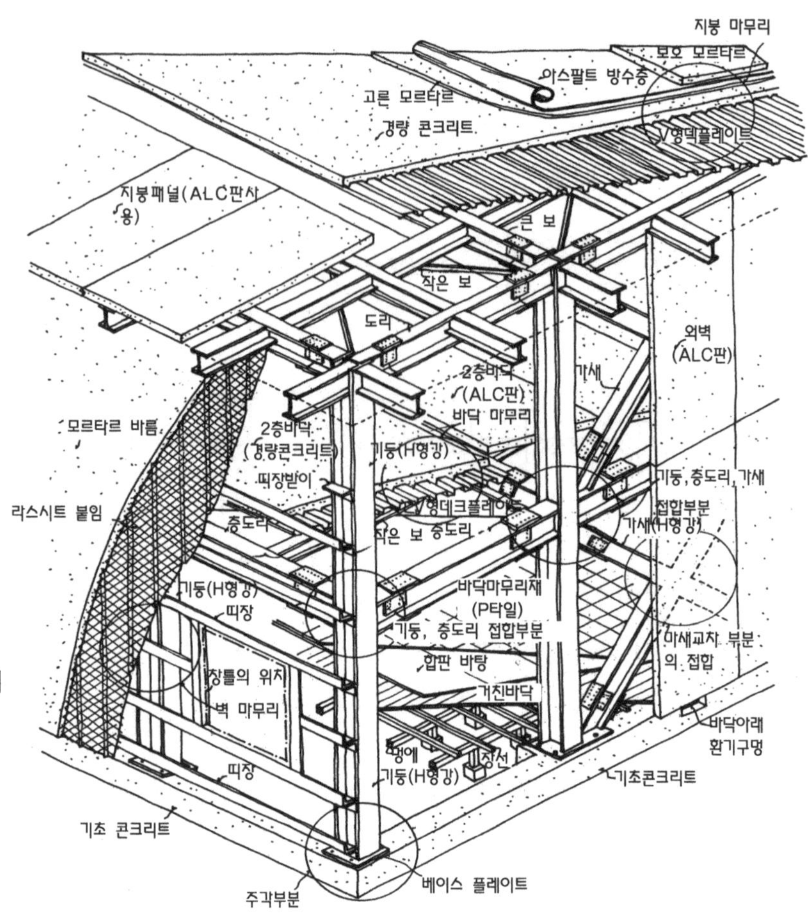

▸그림 2.51
Box 기둥과 H형강보에 의한 축조구법의 예

(2) 보

보는 주로 휨응력에 저항하는 부재이다. 그림 2.52에서 표시하는 것과 같이 보 등의 휨재에서 휨응력을 주로 받는 부분을 플랜지(flange), 전단내력을 받는 부분을 웨브(web)라 부른다(그림 2.52).

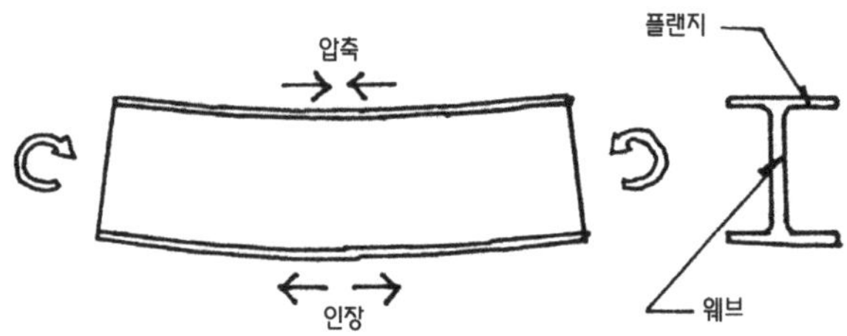

▸그림 2.52
플랜지와 웨브

상하 플랜지의 두께를 두껍게 하고 그 간격을 멀게 할수록 휨에 대해서 효율이 좋다. 따라서 축조구법의 보에는 표 2.25와 같은 형상이 사용된다.

그 중, 웨브를 라티스로 구성하는 것은 가공에 어려움이 있기 때문에 현재는 그다지 사용되지 않는다. 높은 단면성능을 얻을 목적으로 보춤만을 크게 하면 휨에 의한 횡좌굴이 일으키기 쉽게 된다. 횡좌굴을 막기 위해서는 보춤과 보폭의 비를 판두께에 따라 어느 정도 이하로 제어하여야 한다.

▼표 2.25 보의 단면형상 예

단면형상	특 징	단면형상	특 징
H형강	부재가공품이 적고 기둥과의 접합부도 간단하다.	플랜지 플레이트, 웨브 플레이트, 스티프너 / 조립재	T형강이나 산형강, 평강을 사용하며 가공품이 들지만 단면성능이 좋다. 큰 보춤이 얻어진다.
허니콤 H-beam	강재량에 비해 단면성능이 좋으며 개구를 덕트배관 등에 이용가능하다.	래티스 / 래티스보	가공품은 들지만 큰 보춤이 가능하며, 덕트·배관의 관통도 용이하다.

보춤에 비해 웨브의 판두께가 얇을 경우, 보에는 횡좌굴 외에 웨브의 좌굴이 발생되는 경우가 있다. 이 좌굴을 방지하기 위해서는 그림 2.53과 같이 스티프너라 불리우는 보강판을 부착하는 것도 효과가 있다.

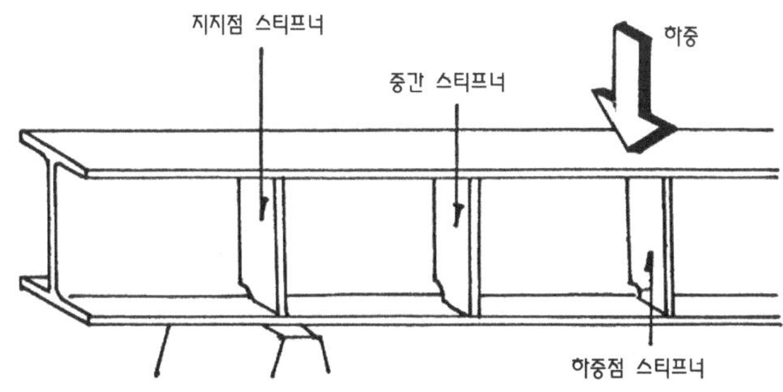

◀그림 2.53 스티프너

스티프너는 이외에 하중점이나 지지점 등, 국부좌굴, 국부변형을 일으키기 쉬운 위치에 적절히 사용한다.

(3) 기 둥

기둥은 일반적으로 압축응력에 저항하는 부재이며, 그 강도에 맞출 정도의 단면적이 필요하다. 또, 수평하중이 작용할 때는 큰 휨응력이 생기며, 그 응력에 견디기 위해서는 단면의 춤이 크고 플랜지가 두꺼운 강재를 선택하는 것이 유리하며, 그것은 압축에 의한 휨좌굴의 방지에도 효과가 있다.

축조구법의 기둥에는 표 2.26과 같은 형상이 사용된다. 이 경우도 웨브를 라티스로 구성하는 것은 가공에 어려움이 있기 때문에 최근에는 H형강이나 강관 등을 그대로 사용하는 예가 많다.

▼표 2.26 기둥의 단면형상 예

단면형상	특 징	단면형상	특 징
H 형강	접합부의 가공은 용이하지만 단면성능에 방향성이 있으며 통상 큰 쪽의 스팬과 평행하게 웨브를 배치한다.	원형 강관	각형강관과 같음. 주강관으로 외경을 바꾸지 않고 두께를 변화시켜 강도에 대응하는 것도 있다.
각형강관	접합부의 가공은 어렵지만 단면성능에 방향성이 없다(정방형 단면의 경우).	래티스기둥	가공품은 들지만 경량인 반면에 강도가 크며 공장과 같이 방향성이 있는 대스팬 가구(架構)에 사용된다.

(4) 주 각

주각은 기둥으로부터의 힘을 기초에 전달하는 부분이다. 기초는 강재에 비해 강도가 작은 철근콘크리트로 만들어지는 것이 보통이며, 힘을 평균적으로 분산시킬 필요에 의해 베이스 플레이트라 불리우는 판을 기초와 기둥의 사이에 설치한다.

주각에 핀접합을 채용하면 기초에는 휨모멘트가 전달되지 않으므로 기초를 작게 할 수가 있지만, 기둥의 필요단면이 크게 된다.

역으로 주각을 강접합, 즉 고정으로 하면 기초는 다소 크게 되지만, 기둥은 작아도 된다. 단, 고정으로 하기 위한 시공은 굉장히 어렵다(그림 2.54). 그래서 저층 건축물에서는 핀, 중층이상의 건축물에서는 고정으로 하는 것이 보통이다.

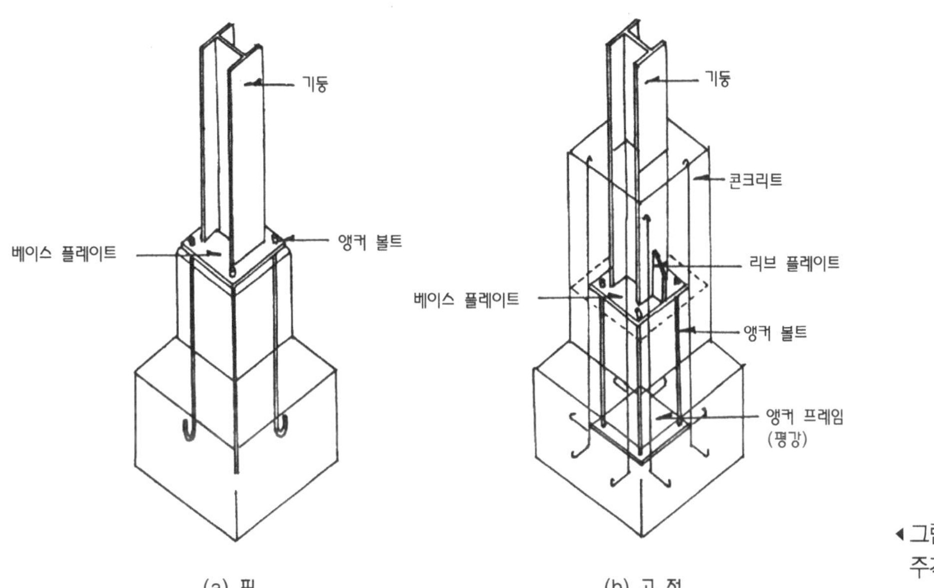

◀그림 2.54
주각의 형식

또, 주각핀, 독립기초의 경우에서는 부동침하 대책 등의 이유로 지중보를 설치하는 경우가 많다.

(5) 이 음

구조적으로는 기둥과 보는 이음이 없는 것이 좋다. 그러나 지나치게 길면 운반과 세우기가 불편하며, 또한 상하좌우로 단면형이 바뀔 경우에는 필연적으로 2개의 부재를 이을 필요가 생긴다. 통상, 기둥은 2~3층분, 10m 정도의 길이로 하여 각 층 바닥위 1m 전후의 위치에서 잇는다.

이음은 강접합하는 것이 보통이며 덧판을 사용할 경우의 두께는 접합되는 기둥이나 보의 단면 두께 이상으로 한다. 그림 2.55는 기둥과 보의 이음의 일례이다.

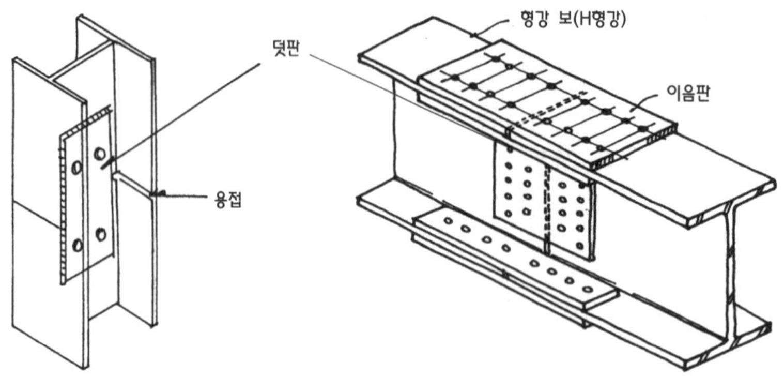

▲그림 2.55
기둥의 이음과
보의 이음

(6) 접합(기둥과 보, 큰보와 작은보의 접합부)

기둥과 보의 접합부는 구조방식에 따라 강접합 또는 핀접합으로 한다. 핀접합의 경우는 접합형식이 간단하기 때문에 간단히 현장 접합하는 것이 보통이다. 강접합의 경우는 접합을 확실하게 하기 위해 공장에서 미리 보의 단부에 상당하는 단면을 기둥에 강접합 한 상태로 제작한 후, 두고 현장에서는 보의 이음접합만을 행하는 형식이 많다.

강관이나 각형강관을 기둥으로 할 경우는 보로부터의 힘을 전달하기 위한 보강판을 기둥의 4주위로 돌리던가(그림 2.56), 기둥 내부에 배치할 필요가 있다.

▼그림 2.56
기둥과 보의 접합
(강접합)

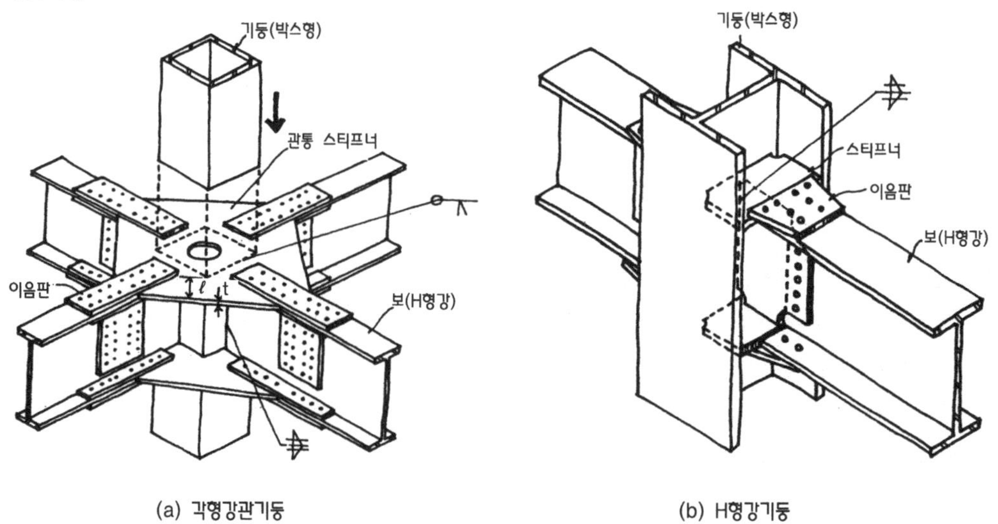

(a) 각형강관기둥

(b) H형강기둥

외관상, 후자쪽이 좋지만, 가공의 품을 생각해서 전자의 형식을 취하는 경우가 많다. H형강의 경우는 보강판의 배치는 용이하다(그림 2.56)

큰보와 작은보의 접합부는 강접합도 종종 사용되지만, 핀접합이 대부분이다(그림 2.57)

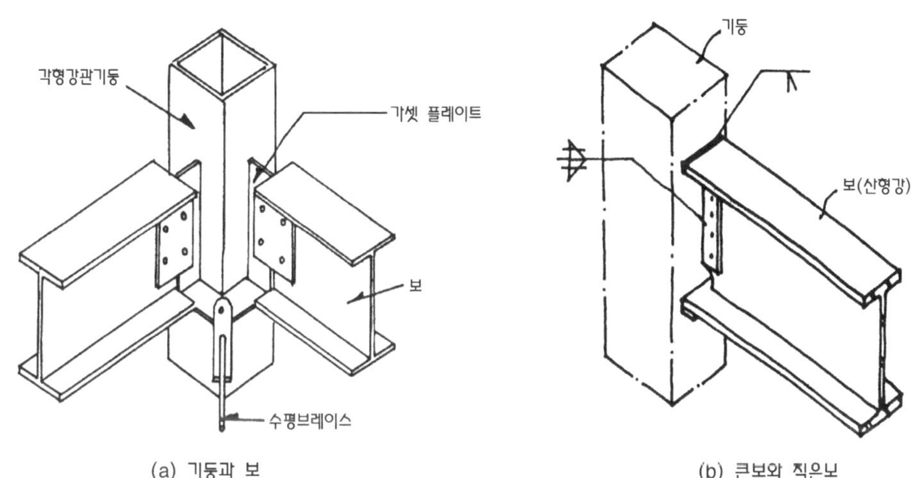

(a) 기둥과 보

(b) 큰보와 작은보

▲그림 2.57
핀접합(웨브의 접합)

(7) 바 닥

철골축조구법의 바닥에는 덱크 플레이트 등의 강제철판이나 박판의 프리캐스트 콘크리트판을 거푸집으로 한 철근콘크리트 슬래브 외에 ALC판이나 프리캐스트 콘크리트제의 바닥용 부품을 사용하는 경우가 많다(그림 2.58).

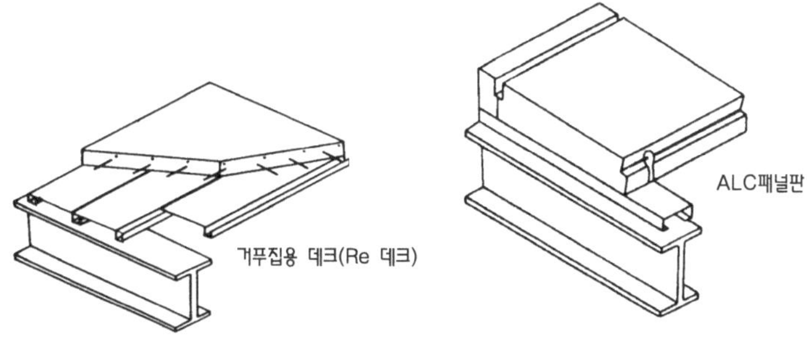

(a) 철근콘크리트 구법

(b) ALC판 구법

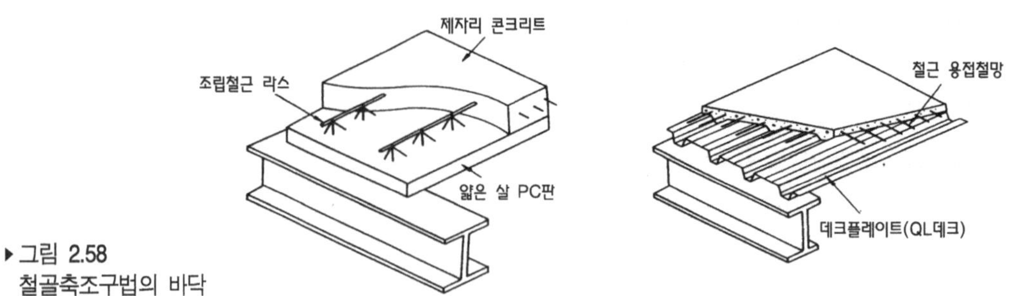

▸그림 2.58
철골축조구법의 바닥

데크 플레이트는 철근콘크리트 바닥 성형을 위한 단순한 비탈형 거푸집으로서 사용되는 경우와 철근을 대신하여 구조용 재료로 사용되는 경우가 있다.

구조적으로는 수평면의 강성을 확보하는 것이 경우에 따라 필요하며 그 때문에 바닥슬래브와 보와의 접합을 스터드 볼트(stud bolt) 강접하는 경우가 많다. 또 수평브레이스를 병용하는 경우도 있다.

(8) 내화피복

S조의 건축물을 내화적인 건축물로 하기 위해서는 구조상 주요한 부분을 규정에 따라 내화구조로 할 필요가 있다.

내화구조로 하기 위해서는 화재시에 강재가 화열에 의해 강도저하를 일으키지 않도록 피복할 필요가 있다. 이것을 내화피복이라 부르며, 여러 가지의 구법이 고안되어 있다.

실적이 많은 네가지 구법의 개략은 그림 2.59, 특징은 표 2.27과 같다. 또 내화매트도 최근에 개발되어 사용하고 있다.

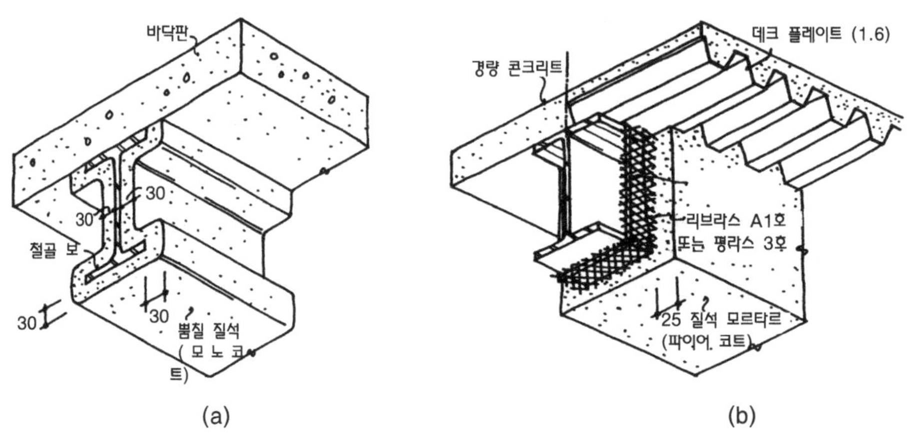

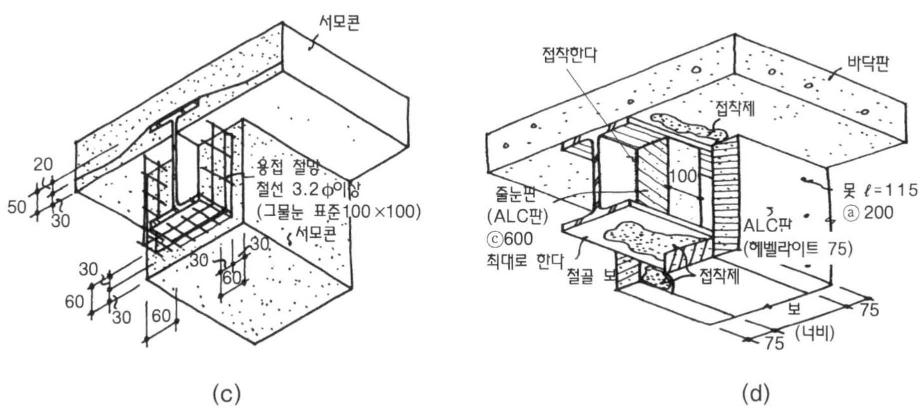

(c) (d)

▼표 2.27 내화피복구법의 특징

구 법	특 징
(a) 뿜 칠	접착제를 도포한 철골이나 라스 바탕에 암면을 스프레이건으로 뿜는다. 쉽지만 피복두께나 비중관리가 어렵고 뿜칠재의 비산은 공해의 원인이 된다.
(b) 도 포	각종 플라스터나 모르타르를 원형강으로 보강한 라스 위에 도포한다. 재료가 싸고 내화피복재가 마감을 겸하는 것도 가능하지만 시공에 숙련을 요한다.
(c) 타 설	경량콘크리트나 경우에 따라 휘석 플라스터 등을 타설한다. 어려운 접합부가 없고 시공도 용이하며 안전도도 높지만 타설, 양생에 시간이 걸리며 균열도 발생하기 쉽다.
(d) 성형판 붙이기	ALC판이나 규산칼륨판 등을 철물이나 접착제로 붙인다. 작업능률이 좋으며 품질관리도 용이하지만 모서리의 파손이나 균열 등에 의한 손실 등이 생긴다.

2.4.4 산형라멘구법

그림 2.60에 표시하는 것과 같이 기둥과 합각보로 형성되는 가구에 의한 구법이 산형라멘구법이다.

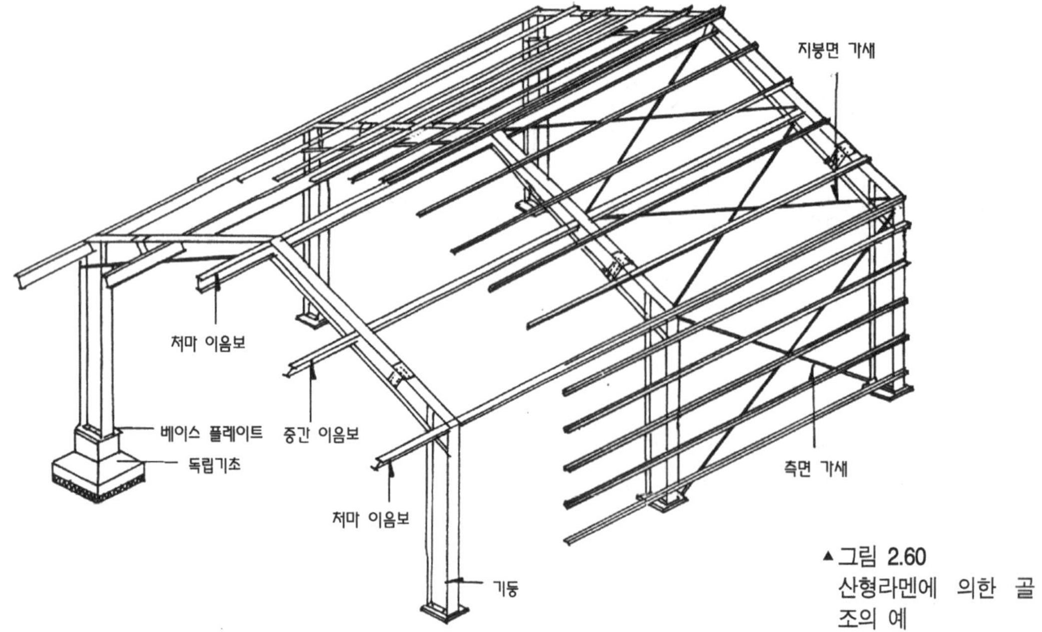

▲그림 2.60 산형라멘에 의한 골조의 예

주요한 부재가 표준화되어 가공품을 생략할 수 있지만, 디자인의 자유도에는 제약이 있다.

이와 같은 특징을 살려 최근에는 상당히 장스팬을 요하는 경우를 제외하고는 체육관이나 공장 등에 많이 사용되고 있다.

2.4.5 경량철골에 의한 구법

(1) 구법의 개요

경량철골구조란 경량형강을 주요한 구조부분에 사용한 것을 말한다. 경량형강은 Light Gage Steel(LGS)이라고도 불리우며, 중량에 비해 단면 성능이 우수하다. 표 2.28에서 보는 바와 같이 양자의 중량은 거의 같음에도 불구하고, 단면 2차 모멘트 등의 특성은 경량형강이 보통형강의 거의 2배 이상이라는 것을 알 수 있다. 단, 경량형강은 냉간성형에 의한 얇은 재이며, 단면도 작은 것에 한정되기 때문에 대규모의 건축물에는 맞지 않다는 제약이 있다.

단면형상 / 단면특성		보통형강 [-100×50×5×7.5	경량형강 [-200×75×20×3.2
단면적(cm²)		11.92	11.81
단위질량(kg/m)		9.36	9.27
단면 2차 모멘트(cm⁴)	Ix	189	716
	Iy	26.9	34.1
단면계수(cm³)	Zx	37.8	71.6
	Zy	7.86	15.8

◀표 2.28 보통형강과 경량형강의 특성

이 구법은 목조에 의존하고 있었던 중소규모의 건축물에 불연화 등을 의식해서 채용된 경우가 많았으며, 특히 프리패브 주택은 좋은 예이다.

경량형강은 가볍기 때문에 운반이나 조립은 용이하지만, 두께가 폭이나 춤에 비해 얇기 때문에 비틀림이나 국부좌굴 등의 변형이 생기기 쉽다. 또 녹의 영향도 크게 받으므로 도장 등에 의한 녹방지 조치는 물론 결로 등에 대해서도 충분한 배려가 필요하다.

접합법으로는 볼트, 특히 보통 볼트에 의하는 경우가 많다. 그 경우, 건물 완성후의 느슨함이 없도록 2중 너트 등을 사용할 필요가 있다. 용접은 판두께가 얇기 때문에 용접온도가 높아서 형강이 녹아 구멍이 뚫리는 사례가 많으며, 보통의 형강보다 고도의 기술이 요구된다. 특히 현장에서의 용접은 피하는 것이 좋다.

(2) 부재와 접합부

구법은 대부분 보통형강의 축조구법에 준하여 생각하면 된다. 단, 비틀림이 생기기 쉬우므로 기둥이나 보 등의 주요부재에 대해서는 단일재를 사용하지 않고 그림 2.61과 같이 2재 이상의 조합에 의해 2축 대칭의 단면형을 사용하는 것이 보통이다.

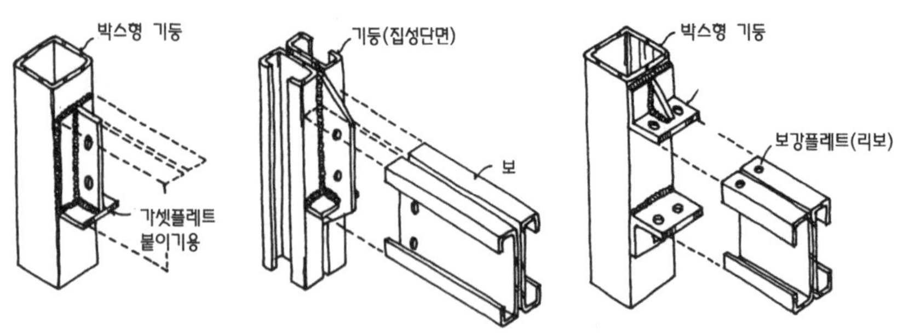

▸그림 2.61
접합부의 예

주각이나 기둥, 보의파 접합부에 대해서는 보강을 겸한 플레이트를 적절히 사용하여 볼트접합을 하는 경우가 많다. 경량형강은 응력의 집중에 의한 국부변형이 생기기 쉬우므로 그림 2.62에 표시하는 것과 같은 배려가 필요하다.

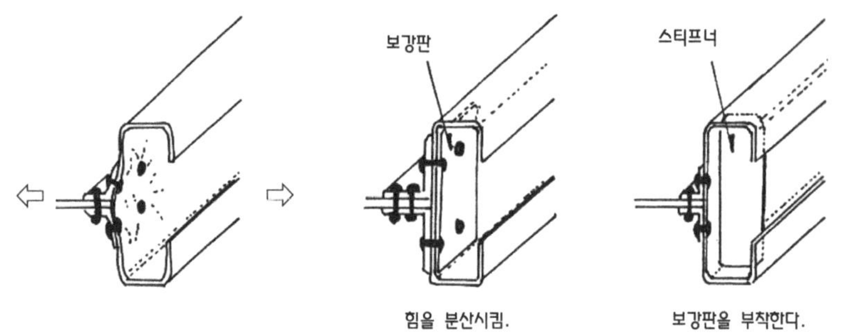

▸그림 2.62
국부변형에 대한 배려

2.4.6 트러스구법

(1) 구법의 개요

절점이 핀이고, 부재가 3각형을 형성하고 있는 골조를 트러스구조라 부르지만, 여기서 말하는 트러스구법이란 건축물의 구조부 혹은 그 주요한 일부에 이 트러스구조를 사용하고 있는 것을 뜻한다. 즉 축조구법에서 기둥이나 보 등에 몇 개만을 트러스로 치환한 것도 일단 트러스구법이라 부른다.

그림 2.63은 트러스를 사용한 건축물의 구성과 각 부재의 위치에 따른 명칭을 나타낸 것이다.

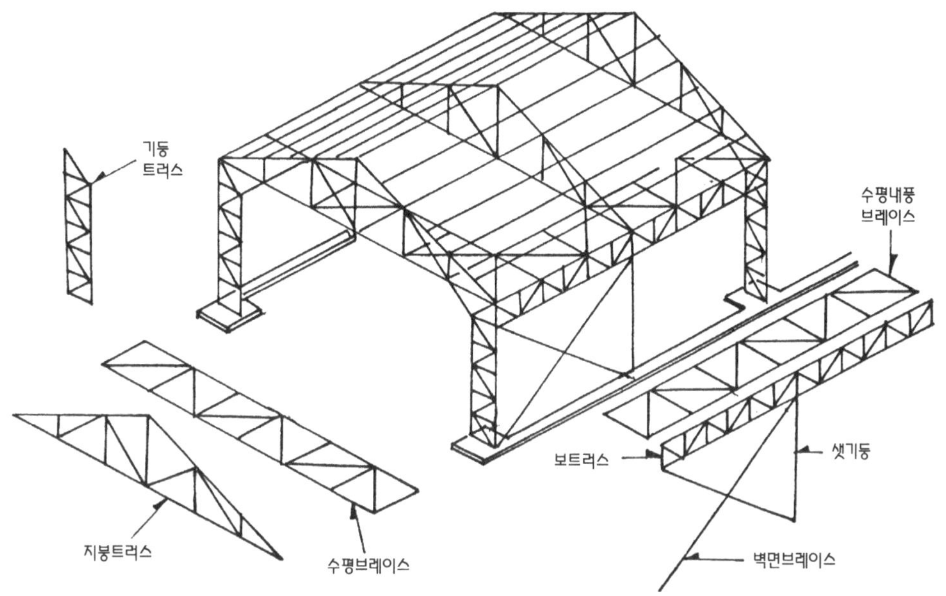

▲그림 2.63 위치에 의한 트러스 명칭

(2) 트러스의 종류

트러스에서 삼각형의 형성방법에는 여러 가지의 정석이 있으며, 그림 2.64는 그 대표적인 종류를 나타낸 것이다.

핑크(Fink), 하우(Howe), 프랫(Pratt), 와렌(Warren)은 각각 발명자의 이름에 근거한 명칭이다. 이 중, 핑크(Fink), 프랫(Pratt) 트러스는 압축재는 짧고, 인장재는 길게 되도록 고안된 것으로 강재와 같이 단면적당 강도가 높아서 비교적 소단면으로 사용하도록 한 것이 많다. 이에 비해 하우 트러스 등은 압축재에 사재를 사용하여 부재단면의 효율성이 크게 저하될 우려가 있다.

그림 2.64의 (a)부터 (h)까지의 트러스는 부재의 구성이 평면적이므로 평면트러스라 부르며, (i), (j) 트러스는 입체적으로 구성되고 있어 입체트러스라 부른다.

▼그림 2.64 트러스의 종류

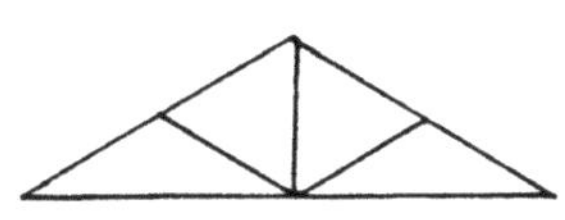
(a) 킹 포스트 트러스

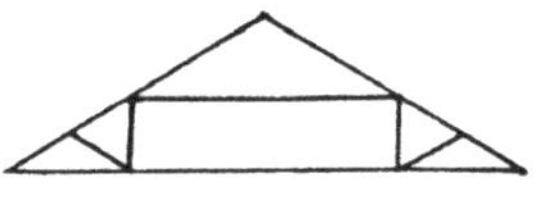
(b) 퀸 포스트 트러스

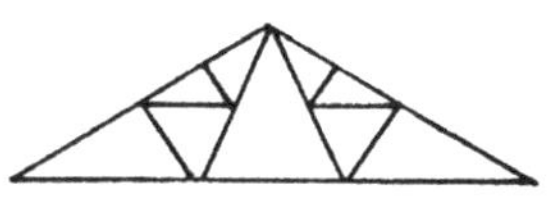
(c) 핑크 트러스

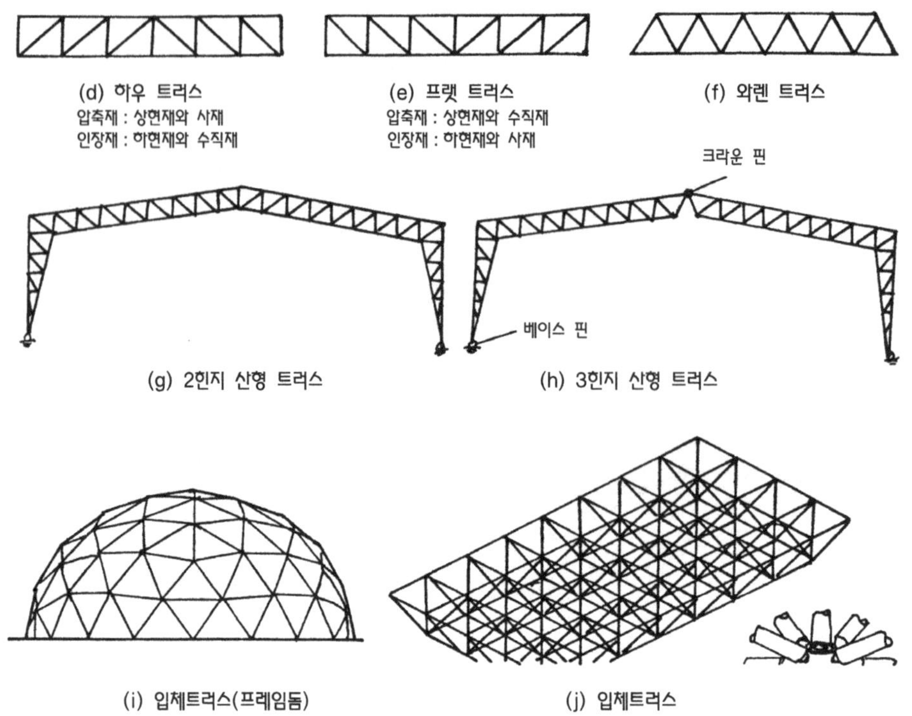

(d) 하우 트러스
압축재 : 상현재와 사재
인장재 : 하현재와 수직재

(e) 프랫 트러스
압축재 : 상현재와 수직재
인장재 : 하현재와 사재

(f) 와렌 트러스

(g) 2힌지 산형 트러스

(h) 3힌지 산형 트러스

(i) 입체트러스(프레임돔)

(j) 입체트러스

입체트러스는 변형, 좌굴에 대해서 유리하다는 트러스의 특성을 3차원까지 확장한 것으로 각 부재에 생기는 응력이 작다. 이러한 특징에 의해 입체트러스는 대스팬구조에 이용되는 경우가 많지만, 구조해석이 어렵고, 가공이 복잡하며, 조립에도 품이 많이 든다는 단점이 있다.

(3) 접합부

트러스구법에서의 접합부는 트러스를 구성하는 부재 상호의 핀 접합부와 트러스와 다른 구조방식 부재와의 접합부의 2가지로 대별된다.

전자의 경우, 절점을 핀으로 하기 위해서는 접합부에 모이는 각 부재의 중심선을 1점에 교차하도록 할 필요가 있다(그림 2.65). 단지 산형강 등에서는 중심선과 볼트나 리벳을 배치하는 게이지 라인과는 다르게 되는 경우가 많으므로 편의상, 이 게이지 라인이 1점에 교차하도록 설계하고 있다.

후자의 경우, 트러스를 구성하는 부재는 일반적으로 축방향력에 맞추는 정도의 것이 보통이므로 다른 구조방식의 부재와의 접합에서도 트러스를 구성하는 부재의 접합과 마찬가지로 휨응력의 발생을 적극 조절하여 부분적으로 보강할 필요가 있다.

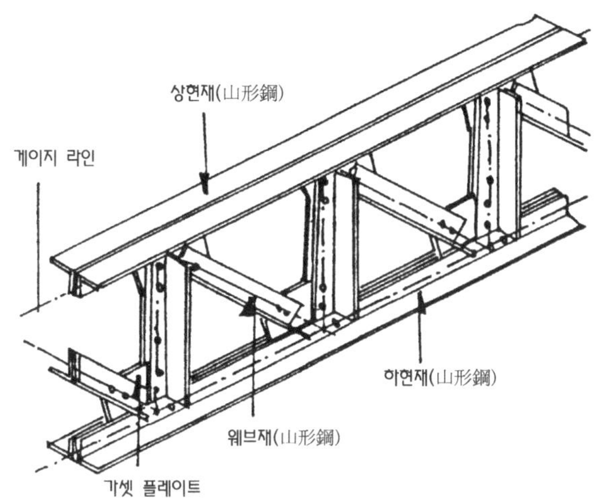

◂그림 2.65
핀절점의 형성

2.4.7 강관에 의한 구법

(1) 구법의 개요

기둥, 보 등의 구조상 주요한 부분에 강관을 사용한 구조방식을 강관구조라 부른다. 각형강관은 축조구법의 기둥에 많이 사용되고 있다(그림 2.51).

원형중공단면의 강관은 휨, 비틀림, 국부좌굴 등에 대해서 강하며, 단면의 방향성도 좋아서 구조재로서 많은 이점을 가지고 있다. 강관을 사용한 외관은 단순 명쾌하며, 의장상의 포인트로서 구조체를 노출하는 경우가 많다. 단지 강관과 강관을 리벳이나 볼트를 사용하여 접합하는 것은 어렵고 강관을 정확하게 가공하는 것도 고도의 기술을 요하기 때문에 단순한 기둥재로서 사용하는 경우를 제외하고는 이제까지는 거의 일반화되지 못했다. 최근들어 용접기술의 발달이나 자동절단기의 개발과 개량에 힘입어 점차 일반적으로 사용하게 되었다. 그림 2.66은 강관구조에서의 기둥과

◂그림 2.66
강관에 의한 주각

▾그림 2.67
강관 콘크리트조의 철골기둥, 보 접합형식

주각의 예이다.

강관이 폐단면인 것을 활용해서 내부에 콘크리트를 충진한 강관 콘크리트(concrete filled tube C.F.T)는 내화성능이나 좌굴성능이 뛰어나고 지진이나 바람에 의한 진동에 유리하여 일본에서는 최근 사용이 늘고 있으며, 국내에서도 태풍의 영향을 많이 받는 지역에 위치한 초고층 건물 등에 채용되기 시작한 공법이다.

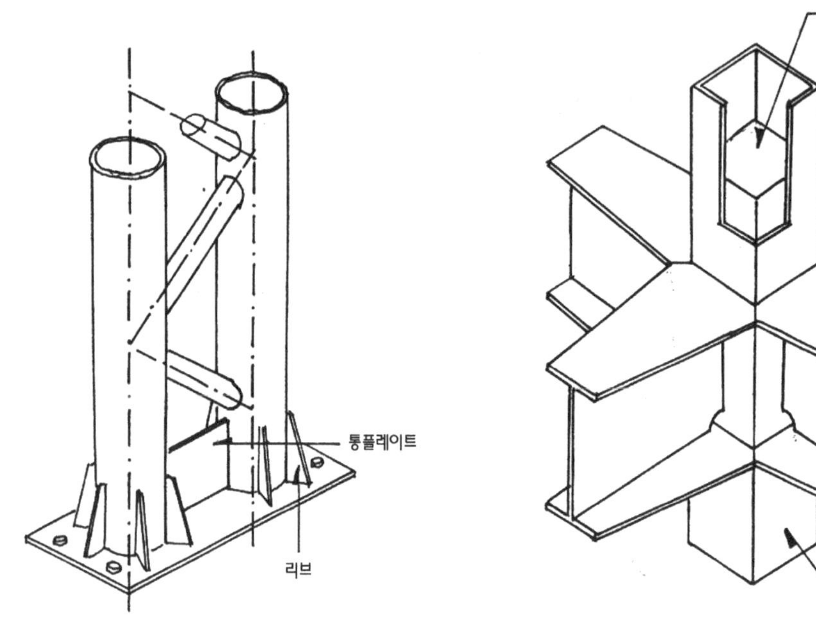

(2) 접합부

관과 관의 이음은 보통 맞대용접으로 하지만, 관의 지름이 다를 경우는 두꺼운 쪽의 관을 줄여 용접한다. 또 관과 관의 접합은 트러스구법의 경우와 마찬가지로 각부재의 중심선이 1점에 교차되도록 접합할 필요가 있다. 이 경우, 절단 및 가공은 특히 높은 정밀도와 확실성이 요구된다.

지점이나 절점 등의 힘이 집중하는 장소에서는 강관이 국부변형이나 좌굴을 일으킬 위험이 있으므로 부분적으로 보강할 필요가 있다.

2.5 철골철근콘크리트 구조

2.5.1 구법의 개요

그림 2.68과 같이 철골골조의 주위에 철근을 배근하고 그 위에 거푸집을 짜서 콘크리트를 타설함으로써 만들어지는 건축물을 철골철근콘크리트(SRC : Steel framed Reinforced Concrete)조라 부른다.

SRC조는 일반적으로 통상의 RC조에 비해 강재의 비율이 많기 때문에 내진성이 뛰어나며, 강재가 콘크리트로 피복되어 있어 S조보다 내화적이라 할 수 있다. 이러한 이유에서 초고층건축물의 하층부 기둥에 사용되는 경우가 많다.

SRC조는 지진이 많은 일본에서 독특하게 발전시킨 구법이다. 구조원리상, 다량으로 필요한 철근 대신에 철골을 넣은 것으로 고려할 수 있다. 극단적으로 RC조에 가까운 것에서부터 콘크리트 내화피복 두께가 대단히 두꺼운 것인 S조에 가까운 것에 이르기까지 종류가 다양하다. 구조설계에 있어서도 철골을 동등한 단면적을 가진 철근으로 보고 계산하는 철근콘크리트식과 철골부분과 철근콘크리트부분과의 허용 휨모멘트의 합이 설계모멘트를 상회하도록 설계하는 누가강도식의 2가지가 있으며, 최근에는 후자로 설계하는 경우가 많다. 다만 보의 경우는 콘크리트의 충전성 불량 등 SRC로 처리했을 경우의 장점보다는 단점이 많아 국내에서는 채용이 극히 제한적인 상황이다.

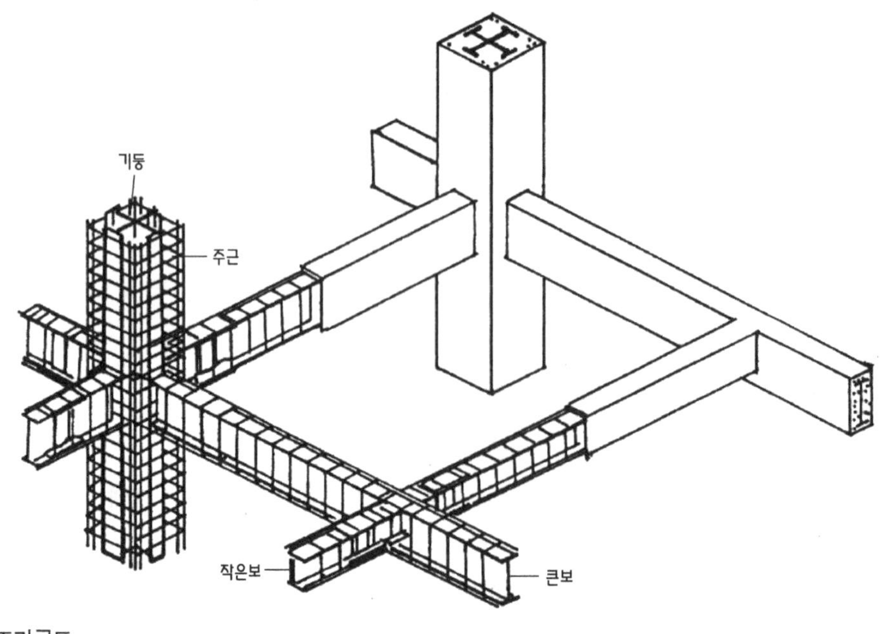

▸그림 2.68
SRC조의 골조가구도

2.5.2 재료와 시공

SRC조에 사용되는 재료는 원칙적으로 RC조나 S조에 사용되는 것과 같으며, SRC조의 비중은 강재의 비율이 많을수록 통상의 철근콘크리트보다 0.1t/m³ 정도 무겁다.

배근 중 콘크리트의 피복두께는 설계기준에서는 철골이 5cm 이상, 철근이 3cm 이상으로 정해져 있지만, 내화피복으로서의 실효성이나 주위에 철근을 배근했을 때의 콘크리트 충진성을 고려해서 철골에 대해서는 12~15cm 정도로 하는 것이 보통이다. 철골과 철근의 간격에 대해서도 콘크리트 충진성을 고려한 최저치가 표 2.29와 같이 정해져 있다.

▸표 2.29
철골과 철근의 간격

주근과 주근	1.5d 혹은 2.5cm 이상
주근과 축방향 철근	2.5cm 이상

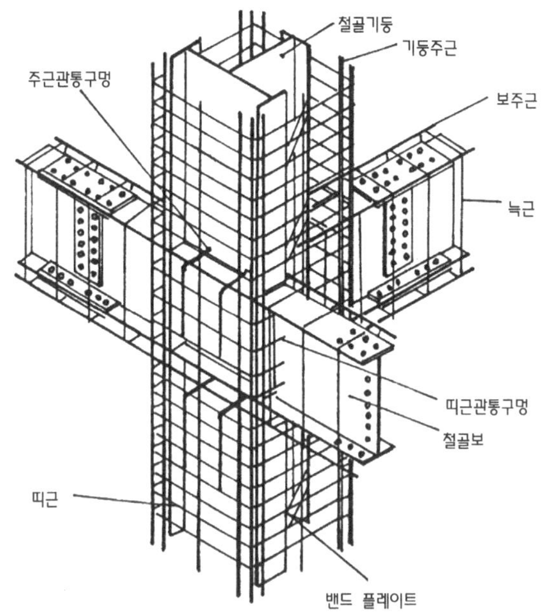

◂그림 2.69
철골과 철근과의 관계

그림 2.69는 기둥, 보 접합부에서의 철골과 철근의 관계를 나타내고 있는데 이 부분은 시공상 문제가 되는 경우가 생기기 쉬우므로 주의가 필요하다.

이외 RC조는 콘크리트를 타설하여 구조체를 완성하지만, SRC조는 철골을 사용하는 관계상, 상당한 높이나 층수까지 미완성의 그대로 철골만 시공되는 경우가 많으므로 그 사이의 강풍이나 지진에 대해서도 충분한 배려가 필요하다.

2.5.3 보

보의 단면형상에는 그림 2.70과 같은 것이 사용된다.

그림 (a)는 종래에 주로 사용하던 타입으로 산형강과 라티스 등으로 조립한 것이며, 그림 (b)는 최근 사용하게 된 타입으로 H형강 등의 단일 형강을 사용한 것이다. 강관이나 각형강관 주변은 콘크리트 충진이 나쁘게 되므로 그다지 사용되지 않는다.

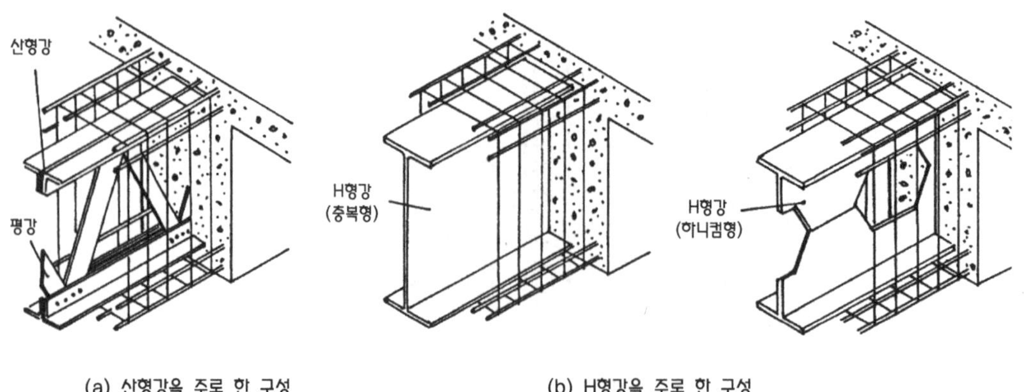

(a) 산형강을 주로 한 구성

(b) H형강을 주로 한 구성

▲그림 2.70
보의 단면형상

또, 그림 (b)와 같은 충복형의 경우는 콘크리트의 충전을 고려하여 구멍을 뚫는 경우가 있다.

조립에 사용되는 철골은 산형강이나 T형강이 주이지만, 그 경우에 산형강이나 T형강을 접합하는 웨브형식은 그림 2.71의 3가지가 대표적인데 웨브로서의 내력이나 접착강도는 띠판형, 라티스형, 충복형의 순으로 높다.

기획이나 설계의 초기단계에서 단면치수를 예측할 경우 15층 정도의 층고 3m 전후, 스팬 6~8m의 일반적인 건축물에 대해서는 최상층은 스팬의 1/10~1/12, 일반층은 스팬의 1/8~1/10로 보춤을 채택한다.

▼그림 2.71
웨브의 형식

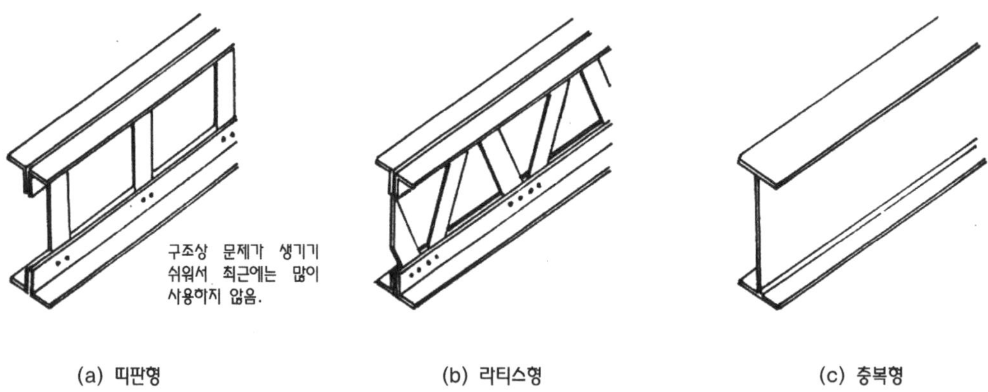

(a) 띠판형

(b) 라티스형

(c) 충복형

2.5.4 기 둥

기둥의 단면형상은 보와 유사하며, 그림 2.72에 그 예를 나타내고 있다. 그림에 나타낸 것 외에 강관이나 각형강관을 사용하는 경우도 있다. 웨브형식도 보와 마찬가지로 3종류를 생각할 수 있다.

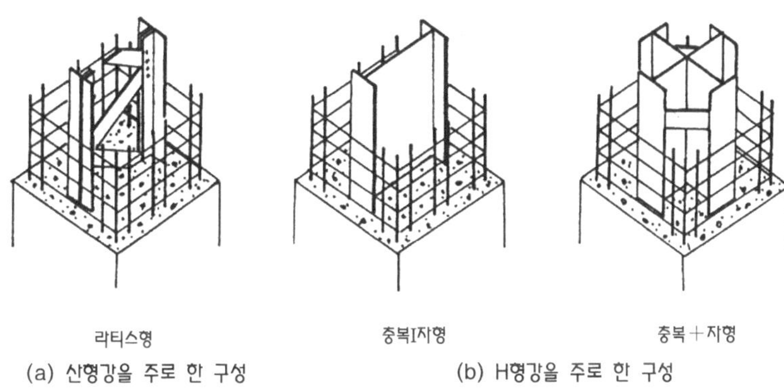

◀그림 2.72 기둥의 단면형상

2.5.5 주 각

SRC조의 주각은 보통 고정이며, 그 상세는 그림 2.73과 같고, 고정은 철근과 앵커 볼트로 확보하고, 베이스 플레이트는 지중보 상단에 설치하는 경우가 많다.

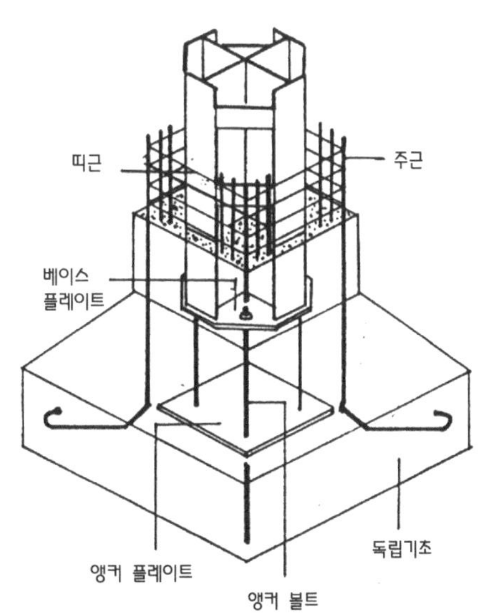

▶그림 2.73 주각 상세

2.5.6 이 음

SRC조에서의 이음은 철골과 철근 양쪽이 고려되지만, 기본적인 생각은 S조나 RC조에서와 마찬가지로서 다음과 같은 점에 주의해야 한다.

① 큰 응력이 생기는 위치는 피한다.
② 동일 장소에 집중시키지 않는다. 특히 철골과 철근은 간격을 둔다.
③ 접합되는 부재가 일체가 되도록 충분히 내력을 고려한다.

보의 철골은 S조와 같이 단부를 미리 기둥에 접합시켜 두고, 중간부의 양측을 현장에서 접합하는 형식을 취하는 경우가 많다. 또 철근의 이음은 RC조에 준해서 생각한다.

2.5.7 기둥, 보 접합부

일반적으로는 웨브가 라티스나 띠판 등의 비충복형식의 기둥과 보의 접합은 그림 2.74(a)의 가셋에 의한 방법이 사용되며, 웨브가 충복형식인 기둥과 보의 접합에는 그림 2.74(b)의 용접에 의하는 방이 사용된다.

▾그림 2.74
기둥, 보 접합부

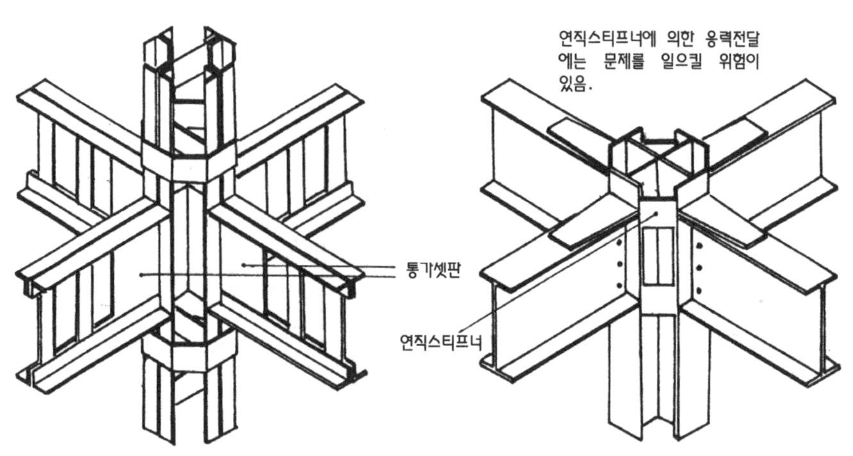

(a) 통가셋판에 의한 비충복형 기둥, 보의 접합

(b) 용접에 의한+자형 기둥과 H형강보의 접합

철골보다 철근콘크리트 부분의 내력분담이 큰 기둥의 경우는 기둥의 철골이 보보다 작은 경우가 많으며, 기둥쪽을 보의 플랜지 상하단에 용접접합하는 방법도 많이 사용된다.

2.5.8 철골기둥, 보 접합부

철골의 기둥, 보 접합부는 응력의 전달기구가 명쾌하여 기둥과 보의 응력 전달에 무리가 없을 것, 국부변형이나 국부적인 응력집중이 생기지 않을 것, 주근의 배근을 무리없게 할 수 있을 것, 콘크리트가 용이하게 타설될 수 있어 충진성이 좋을 것, 그리고 철골의 용접공작이 용이할 것 등을 고려하여야 한다. 실례를 그림 2.75에 표시한다.

▾그림 2.75 SRC조 철골의 기둥, 보 접합방식

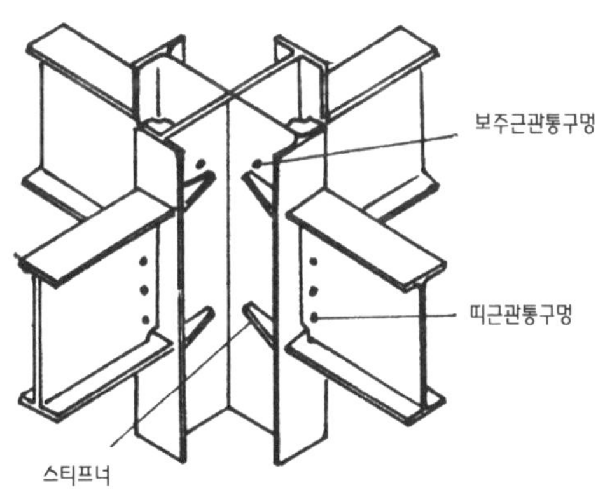

(a) 기둥관통형식(삼각수평스티프너형식)

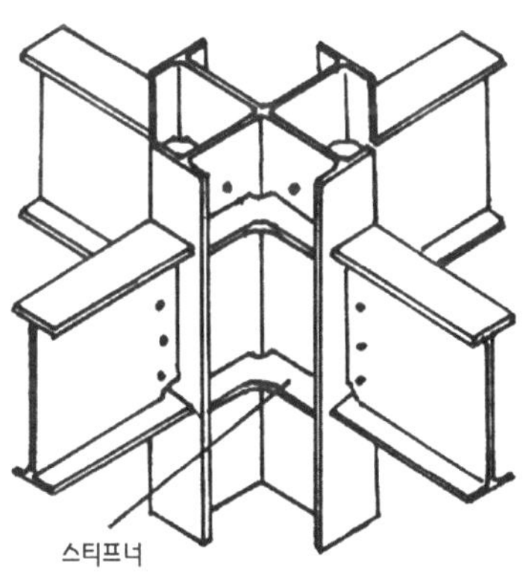

(b) 기둥관통형식(수평스티프너형식)

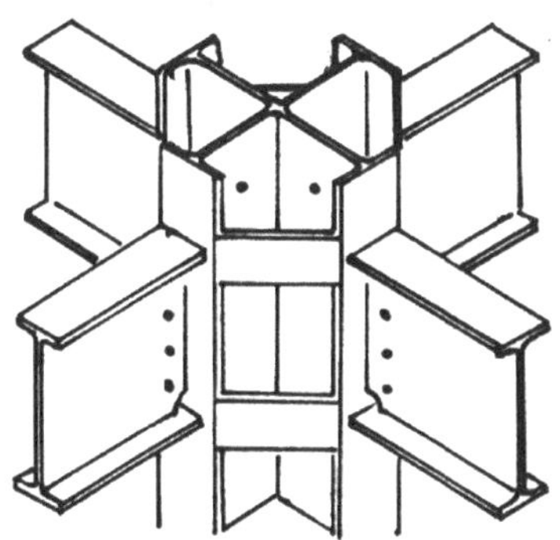

(c) 기둥관통형식(연직스티프너형식)

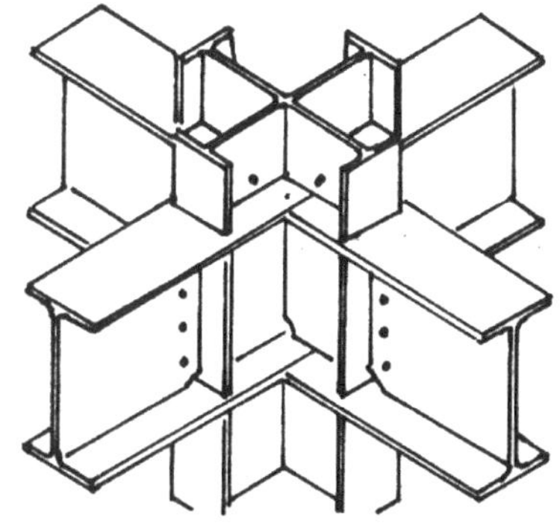

(d) 보플랜지관통형식

수평스티프너형식과 보플랜지 관통형식은 응력전달에는 뛰어나지만, 콘크리트 충진성에는 주의를 요한다. 역으로 연직스티프너형식은 콘크리트 충진성이 뛰어나지만, 응력 흐름에는 주의를 요한다. 삼각수평스티프너형식은 스티프너를 작게하여 응력전달을 약간 희생하면서 콘크리트 충진성을 좋게 하려고 한 방식이다.

2.6 조적조

2.6.1 구조의 원리

(1) 조적조의 종류

고대로부터 건축물의 주요 구조부를 벽돌이나 돌 등을 결합재인 모르타르로 한 장씩 접착시켜 쌓아 올리는 건축구조방식이 널리 사용되어 왔다. 또한, 이런 벽돌이나 돌을 미리 큰 판으로 제작하여 구성하는 방법과 함께 콘크리트 블록이나 패널(panel)도 출현하게 되었다(그림 2.76).

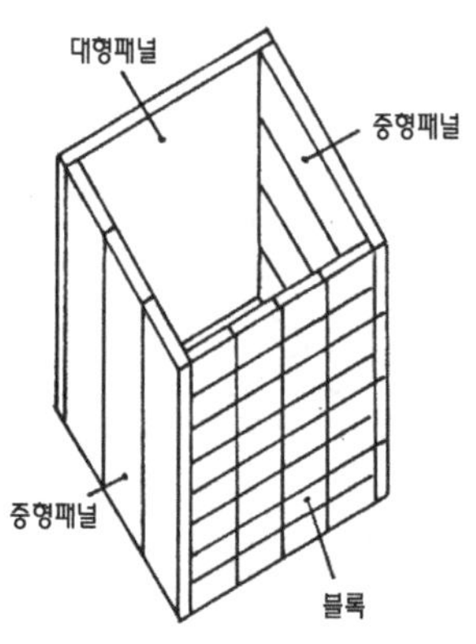

▸그림 2.76 입방체의 면을 구성하는 각종 패널

벽과 같은 정도의 두께로 한 실 정도의 폭과 한 층 높이를 가진 것을 대형패널이라고 한다. 또한, 높이는 한 층 높이지만 폭방향이 1m 정도인 것 혹은 폭이 한 실 정도이지만 높이가 1m 정도인 것을 중형패널이라고 한다. 이에 비해, 폭과 높이 모두 소구획한 것을 소형패널 또는 블록이라고 한다. 이러한 블록모양의 부재를 쌓아 올려 만든 건축물을 일반적으로 조적조(masonry construction)라고 하며, 벽돌구조, 보강블록구조, 돌구조 등으로 대별된다.

조적조는 풍압력이나 지진력과 같은 수평력에는 약한 구조이므로 유럽에서처럼 지진이 많지 않고, 연직하중만 처리하면 되는 경우에 적합하며, 지진을 고려하여야 하는 경우에는 철근으로 보강해야 한다. 대표적인 것으로 그림 2.77과 같이 배근용 공동을 가지는 블록에 철근으로 보강하면서 쌓아올린 보강블록조, 그림 2.78과 같이 일종의 거푸집 역할을 하는 블록을 사용한 거푸집블록조 등이 있다. 또한, 철근보강이 없는 벽돌이나 돌 등에 의한 단순조적조도 한정된 소규모의 건축물에서 사용되고 있다.

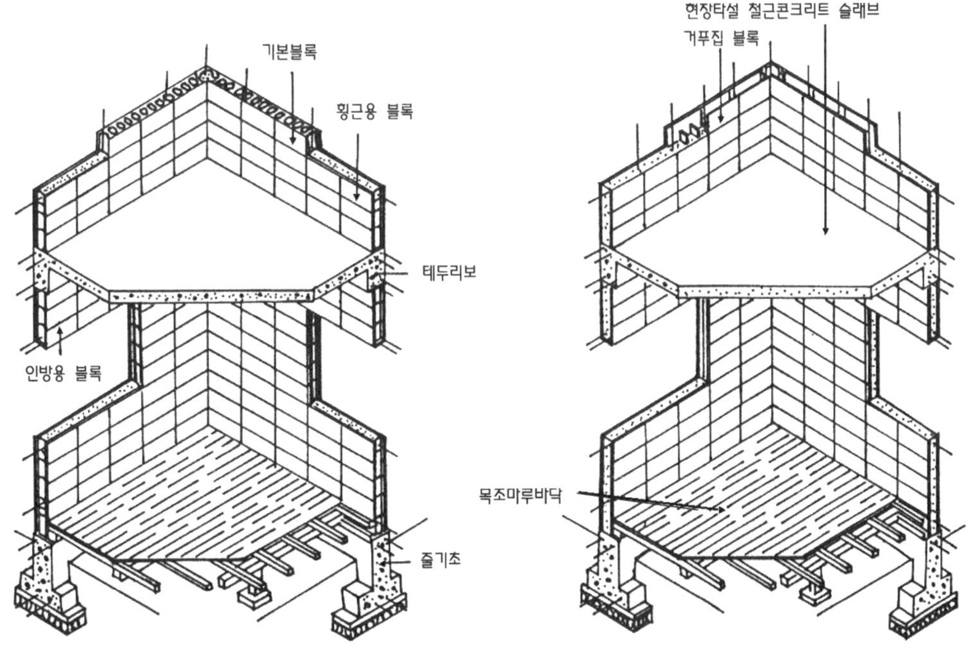

▼그림 2.77 보강 블록조

▶그림 2.78 거푸집 블록조

조적조는 기둥이 없는 일종의 벽식구조이다. 조적조의 주요 구성부재로는 상부의 하중을 기초에 전달하여 기둥이나 내진벽의 역할을 하는 내력벽(bearing wall)과 분산된 벽체를 일체화시켜 하중을 분산시키는 테두리보(tie girder), 조적조 벽체의 기초로 사용되는 연속기초(continuous footing) 등이 있다(그림 2.79).

(2) 내력벽

조적조에서의 내력벽이란 상층의 벽, 지붕, 바닥 등의 연직하중과 건물에 가해지는 풍압력, 지진 등의 수평력에 저항하도록 만든 벽체이다. 내력벽에 관해서는 벽돌이나 블록을 조적해서 만드는 만큼 일체적으로 만들어지는 벽식 철근콘크리트조보다 더 자세한 규정이 있다. 말하자면, 층수 등에 따라 벽두께나 벽의 배근요령 등이 결정되어 있는 것은 벽식 철근콘크리트조와 같지만, 그 외에도 다음과 같은 구조적인 제한이 있다(그림 2.79).

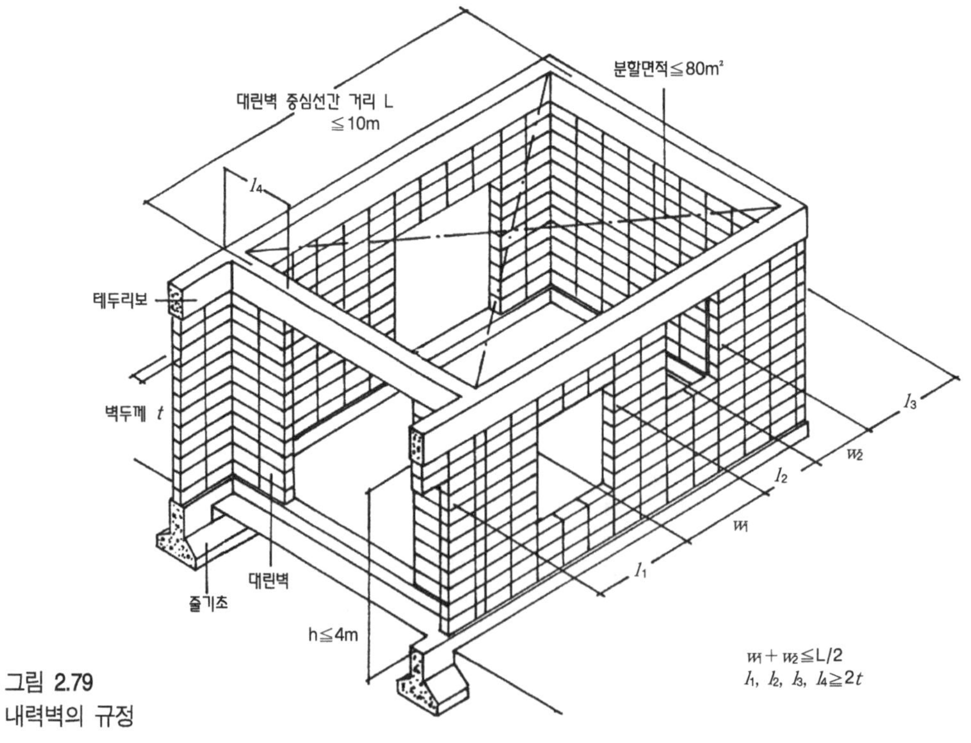

▸그림 2.79
내력벽의 규정

① 내력벽으로 둘러싸인 바닥면적에 관한 제한
② 서로 직각으로 교차되는 대린벽에 관한 제한
③ 내력벽의 형상에 관한 제한
④ 개구부의 너비

이러한 규정은 조적조가 수평력이나 인장력에 매우 약하기 때문에 실효성 있는 내력벽을 평균적으로 분산 배치하기 위해서 만들어진 것이다. 또한, 개구부 상부에는 인방을 설치하여 상부의 하중을 좌·우벽으로 안전하게 전달시키도록 하여야 한다. 그림 2.80과 같이 인방의 종류에는 3가지가 있으며 이 중 ②가 가장 안정성이 높다.

① 횡근용 블록 또는 인방용 블록
② 테두리보와 일체인 인방
③ 기성철근콘크리트 인방

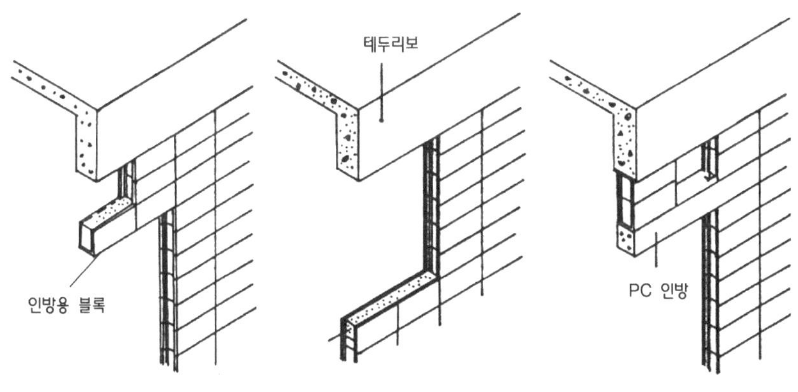

▶그림 2.80 인방의 종류

(3) 테두리보

벽체 상부 주위를 둘러대어 분산된 벽체를 일체로 연결하는 철근콘크리트 부재를 테두리보라고 한다. 테두리보는 내력벽의 세로 철근을 정착시키고, 수평하중에 대해서 내력벽을 일체화시키거나 하중을 분산시키는 등의 역할 이외에, 연직하중을 하층에 전달시키거나 줄눈의 오차 등을 조정하기 위해 사용된다(그림 2.81). 일반적으로 테두리보는 현장에서 타설하는 철근콘크리트로 만들어지며, 바닥이나 지붕의 슬래브와 일체로 되는 경우가 많다. 또한, 테두리보의 단면은 수평력에 효과적으로 저항하여 건축물의 수평방향 변형을 최소화시키고, 상부의 하중에 대해서도 안전하게 견딜 수 있는 충분한 춤과 너비가 결정되어야 한다.

▸그림 2.81
테두리보와 기초

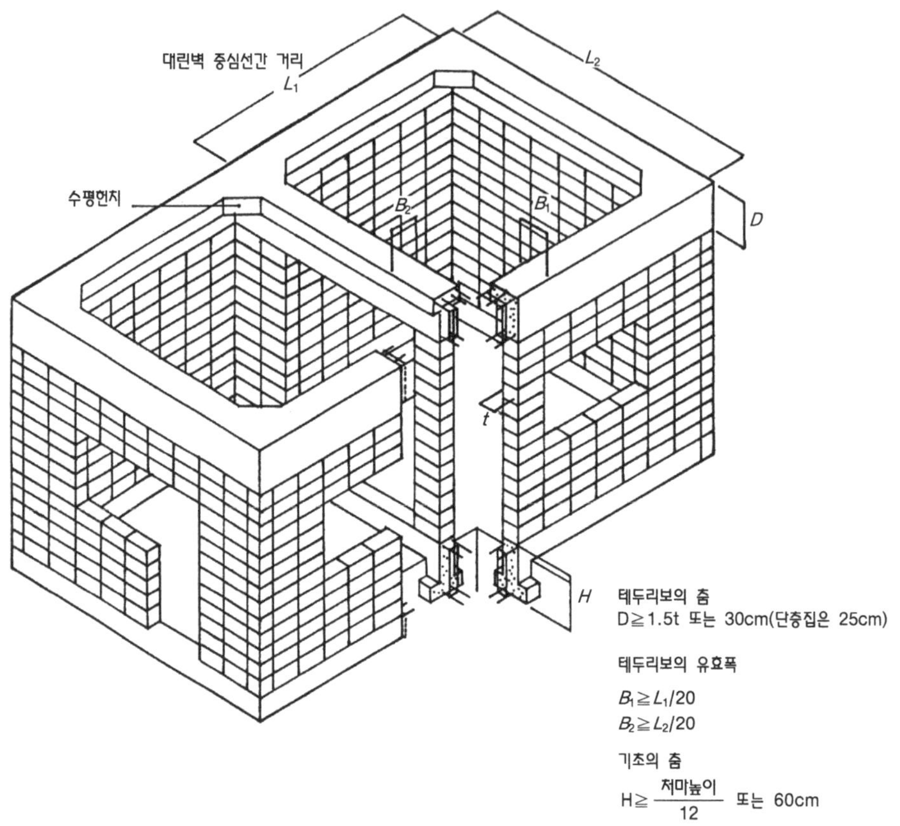

(4) 기 초

기초는 상부의 하중을 지반에 고르게 전달하여 주는 최하부 구조체로서 철근콘크리트 또는 무근콘크리트 줄기초로 이루어진다. 또한, 기초에는 내력벽의 하부를 연결하고, 집중 또는 국부적 하중을 지반에 균등히 분포시켜 기초의 부동침하를 방지할 목적으로 기초보(footing beam)를 설치한다. 기초도 테두리보와 마찬가지로 내력벽을 일체화시키는 중요한 요소이므로 구조계산을 하여 적당한 단면을 결정하여야 한다.

2.6.2 보강블록조

(1) 구법의 특징

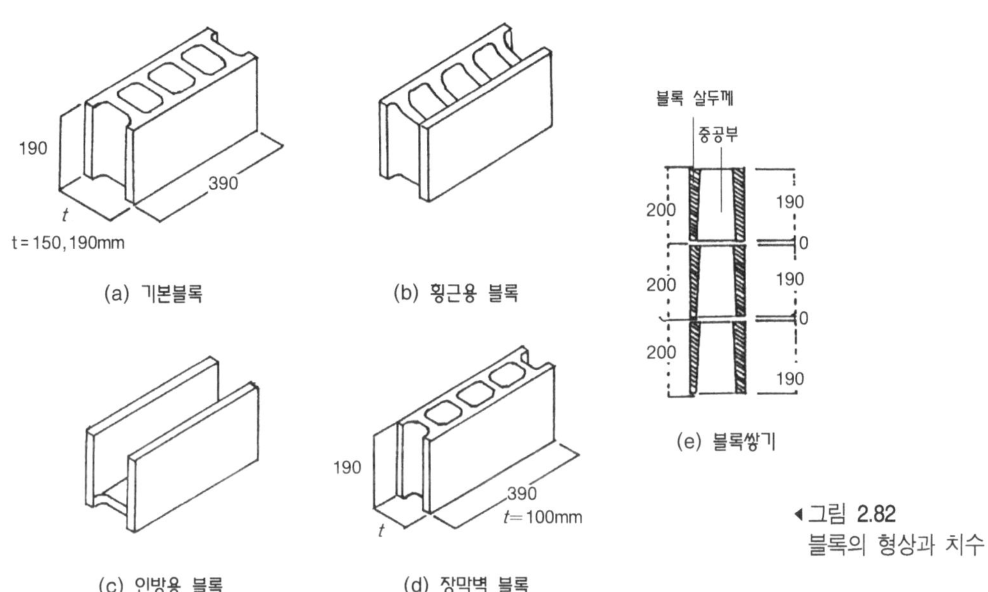

◂그림 2.82
블록의 형상과 치수

그림 2.82에 표시한 형상의 블록을 쌓아서 블록의 빈 속에 철근과 콘크리트로 보강하여 얻어진 건축물을 보강블록조라고 한다. 블록은 표 2.30과 같이 재질에 따라 3가지로 구분되며, 층수나 처마높이에 따라 사용을 제한할 수 있다.

구분 / 등급	압축강도 (kgf/cm2)	흡수량 (g/cm3)	투수성 (cm)	함수율비(%)	보강블록 조층수 (층)	처마높이(m)
1급블록	80 이상	0.20 이하	10 이하	40 이하	3	11
2급블록	60 이상	0.35 이하	10 이하	40 이하	2	7
3급블록	40 이상	0.45 이하	10 이하	40 이하	1	4

주) ① 압축강도는 속빈부분 및 양끝홈 부분의 면적을 포함한 전단면적에 대한 값이다.
② 투수성은 방수블록에서 적용.
③ 함수율비는 최대 흡수율에 대한 값으로당사자간의 협정상 필요할 때 적용.
④ 시멘트 블록의 간극률은 10% 이하.

▴표 2.30
블록의 등급별 특성치와 사용제한

(2) 벽의 두께 제한과 벽량(壁量)

내력벽은 반드시 상부를 테두리보, 하부를 기초보 또는 줄기초에 연결시켜 벽체 강성을 확보할 필요가 있다. 벽체의 길이는 벽의 끝모서리, 칸막이벽, 붙임기둥까지의 중심간 거리를 말하며, 이를 지지점거리라 부른다. 부분적 벽길이의 합계는 전체 벽길이의 1/2 이상으로 하고, 조적조의 내력벽으로 둘러싸인 부분의 면적은 80m^{2}를 넘을 수 있다.

내력벽 길이(cm)의 총 합계를 그 층의 바닥면적(m^2)으로 나눈 값을 벽량이라 하는데, 벽량이 많을수록 회력에 대한 저항력이 커지므로 큰 건물에서는 벽량을 증가시킬 필요가 있다. 보강블록조에서는 벽량이 최소 15cm/m^2 이상 되어야 하며, 면적이 큰 건물은 80m^{2}마다 내력벽, 대린벽 또는 철근콘크리트구조로 분할하여 시공해야 한다.

벽두께는 내력벽이 아닌 칸막이벽의 경우는 9cm 이상으로 하지만, 바깥벽은 최소 15cm 이상의 두께가 필요하며, 동시에 그 지점점거리의 1/50 이상 및 벽높이의 1/16 이상이 만족되어야 한다.

▸ 표 2.31
건물높이의 제한

벽량 / 층수 / 두께 / 블록의 종류	벽 량(cm/m²)				
	1층, 최상층	위에서 둘째층		위에서 셋째층	
	15cm	15cm	18cm	15cm	18cm
A종 블록	15	-	-	-	-
B종 블록	15	25	21	-	-
C종 블록	15	18	15	-	24

또한, 벽두께의 최소치도 건축물의 층수와 내력벽이 층위치에 따라 그림 2.83과 같이 결정된다.

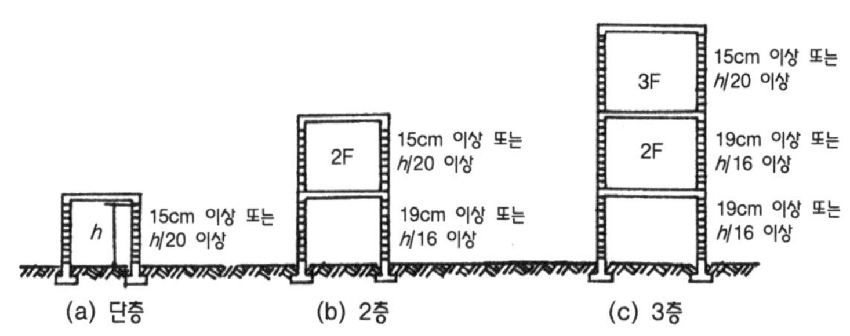

▸ 그림 2.83
내력벽의 최소 두께

(3) 시공법

블록조가 그 내력을 충분히 발휘하기 위해서는 정밀도 있게 쌓아 올려진 블록이 건축물과 일체가 되어야 하고, 내력벽의 단부나 L형, T형의 접합부 등은 현장타설 콘크리트로 할 필요가 있다. 또한, 내력벽에 삽입시키는 철근의 간격이나 직경, 이음길이, 정착길이의 기준도 마련되어 있는데, 이를 그림 2.84에 나타내었다.

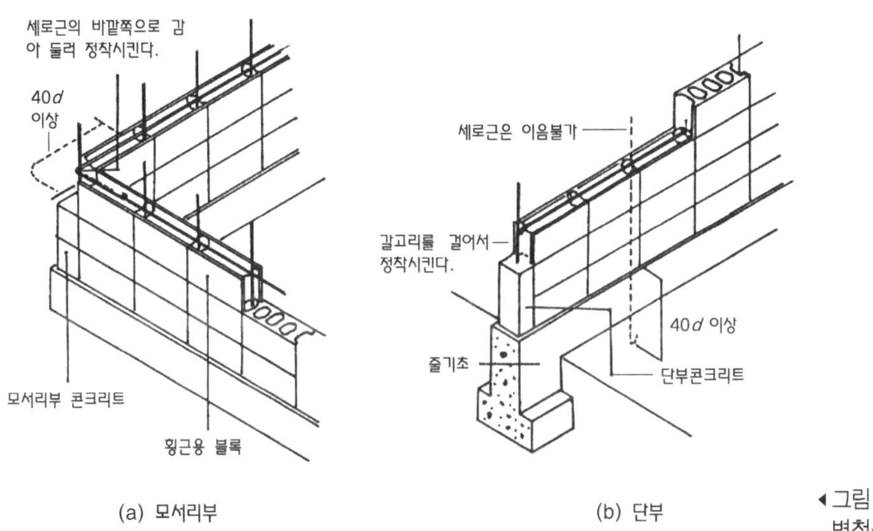

◀그림 2.84 벽철근의 정착

2.6.3 블록장막벽, 블록담

(1) 블록장막벽

하중지지 능력이 없이 단지 자립하여 주로 철골조 또는 철근콘크리트조의 칸막이용으로 사용하는 벽을 장막벽이라 하고, 역학상으로 비내력벽이라고 한다. 블록장막벽에는 자중 이외의 면내 방향의 하중은 가해지지 않기 때문에 그만큼 내력을 필요로 하지 않지만, 지진시나 강풍시의 전도를 고려해서 크기의 제한이나 벽 두께에 관한 기준이 있다(그림 2.85).

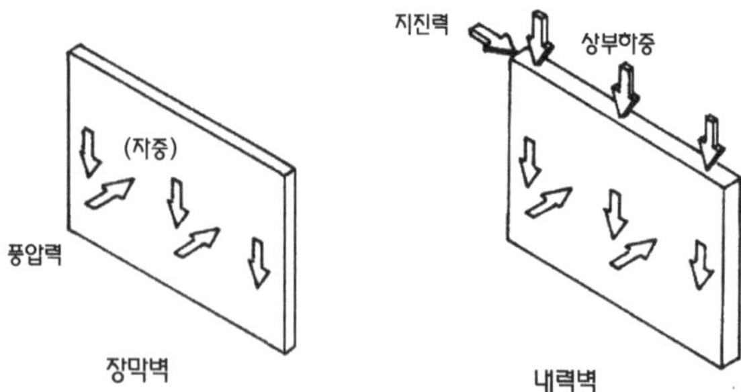

◂그림 2.85
장막벽과 내력벽의 작용하중

블록장막벽은 기둥이나 보 등의 구조체가 완성된 후에 나중 쌓기로 시공되는 경우가 많고, 구조체와의 연결은 보강근과 구조체 측 철근 또는 철골과의 용접에 의한 경우가 많다. 그림 2.86은 철골조나 철근콘크리트조에서 사용되는 연결방법의 예를 나타낸 것이다.

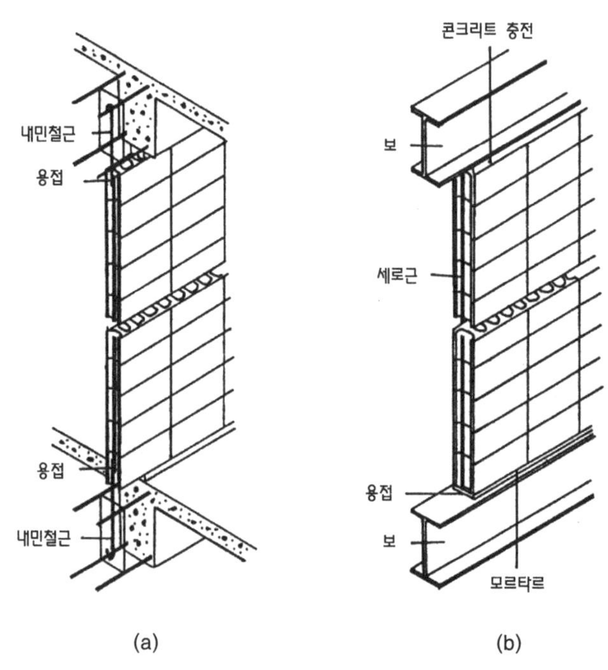

◂그림 2.86
장막벽의 연결 방법 예

(2) 블록담

블록으로 이루어진 조적식 담은 지진력이나 풍압력 등의 수평 하중과 자중에만 견디면 되며, 장막벽과 마찬가지로 비교적 용이하게 시공할 수 있다. 하지만 너무 안이하게 설계와 시공되는 예도 많아 지진 등의 경우에 전도되어 인명사고가 발생되는 경우도 적지 않다. 이러한 점을 고려하여 조적식 담의 길이가 긴 경우에는 규정에 맞게 버팀벽을 설치하여야 하며, 담의 높이와 두께, 버팀벽에 대한 구조기준은 다음과 같다.

① 담 높이 3.0m 이하
② 담 두께 15cm(높이 2m 이하에서는 9cm) 이상
③ 길이 2.0m 이하마다 담 두께 이상 튀어나온 버팀벽 설치(길이 4.0m 이하마다 담 두께의 1.5배 이상 튀어나온 버팀벽 설치)
④ 담에는 가로 세로 각각 80cm 이내 간격으로 또한 담의 끝과 모서리에는 9mm 이상의 보강 철근을 배치한다.

2.6.4 거푸집 블록조

거푸집 대신 쉘(shell)이 얇은 블록을 쌓아 올려 속에 철근을 배근하고 콘크리트를 타설하는 것에 의해 구조체를 형성하는 방식이다(그림 2.87).

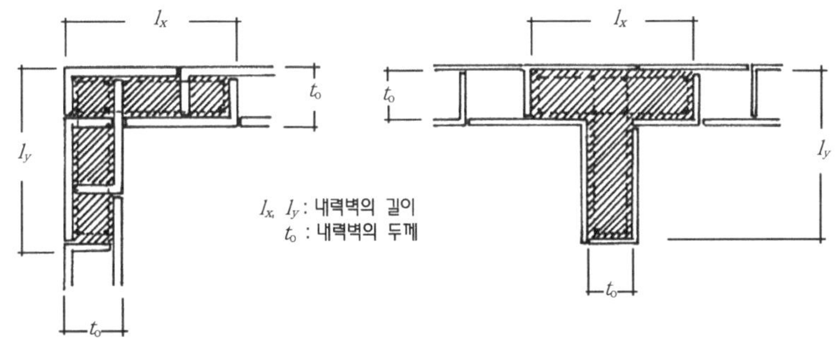

◀ 그림 2.87 거푸집 블록조의 예

이 구조는 거푸집이 되는 블록이 타설된 콘크리트와 일체가 되어 내력을 부담하는 제1종 거푸집 블록조와 블록을 단순한 거푸집으로만 취급하고 내력을 기대하지 않는 제2종 거푸집 블록조로 구분된다. 제1종의 경우는 벽식구조에 한정되지만, 제2종의 경우는 기둥모양의 형태를 취하는 것은 라멘, 벽모양을 취하는 것은 벽식으로서 각각 계산한다.

2.6.5 단순조적조

(1) 구법의 개요

중량이 있는 돌, 벽돌, 블록 등을 모르타르를 이용하여 조적하되, 철근보강을 하지 않는 좁은 의미에서의 조적조는 수평력 중에서도 지진력에 대해 문제가 발생하기 쉽다. 주로 경미한 건축물에만 이용되고 있으며, 그 외의 구조방식에서는 단순한 마무리로서 이용되는 경우가 많다. 단순조적조라고 할지라도 최소 벽두께, 개구부 배치에 관한 규정 등은 매우 엄격하게 마련되어 있으며(그림 2.88), 조적조에 사용되는 보통벽돌의 품질과 치수를 다음 표 2.32와 표 2.33에 나타냈다.

▸표 2.32 보통벽돌의 품질

종 별	흡수율	압축강도	무 게	구워진 정도	타격음
특급 벽돌	17% 이하	200kgf/cm² 이상	1.7kg/장		
1급 벽돌	20% 이하	150kgf/cm² 이상	2.2kg/장	양호	금속성 청음
2급 벽돌	23% 이하	100kgf/cm² 이상	2.0kg/장	보통	탁음

◂표 2.33 보통벽돌의 치수

종 류	길 이	너 비	두 께
표준형(일반형)	190mm	90mm	57mm
재래형(기존형)	210mm	100mm	60mm
치수 허용치(%)	±6.3	±3	±2.5

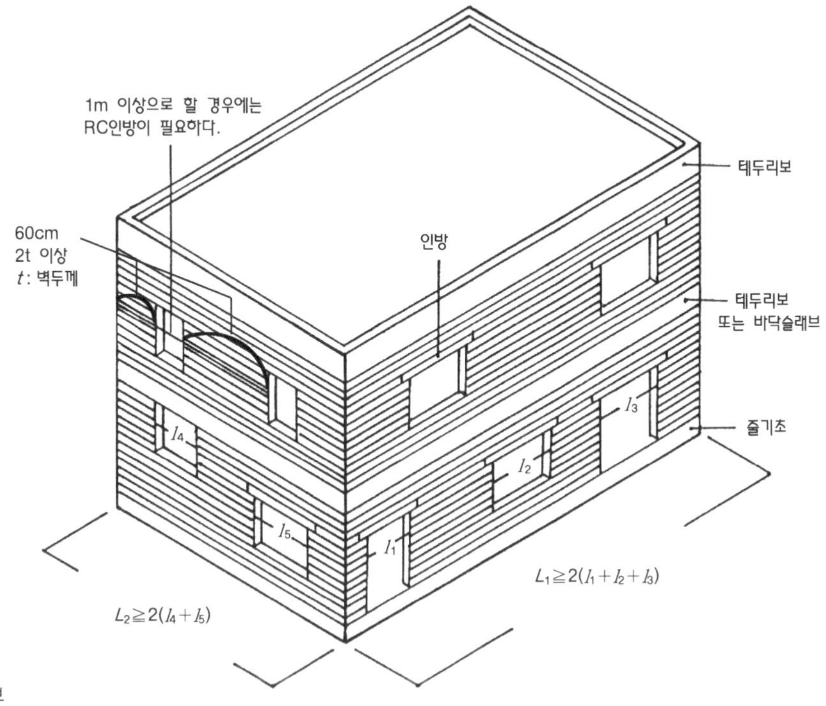

▸그림 2.88
조적조의 개구부

(2) 벽돌조적조

벽돌쌓기는 마무리구법으로서 이용되는 경우가 많다. 또한, 그 줄눈의 형상은 단순한 의장으로서 타일의 줄눈 등에 응용되고 있다. 벽돌쌓기 방식의 종류로는 그림 2.89와 같이 벽의 두께에 따라 반장 쌓기(0.5B), 1장 쌓기(1.0B), 1장 반 쌓기(1.5B), 2장 쌓기(2.0B) 등이 있다. 외관상의 각종 쌓기를 그림 2.90에 나타내고 있다.

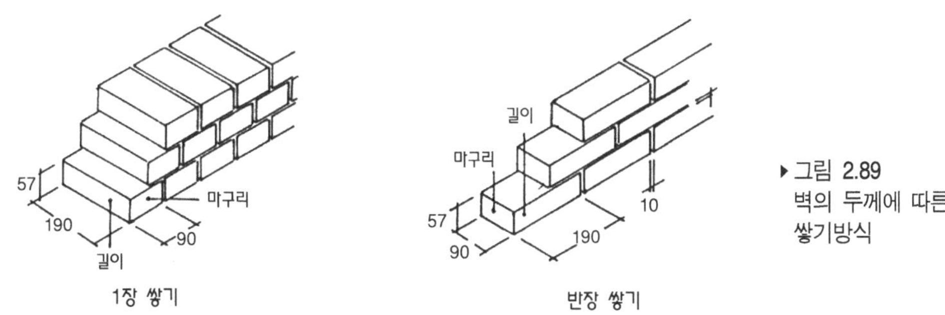

▸그림 2.89
벽의 두께에 따른
쌓기방식

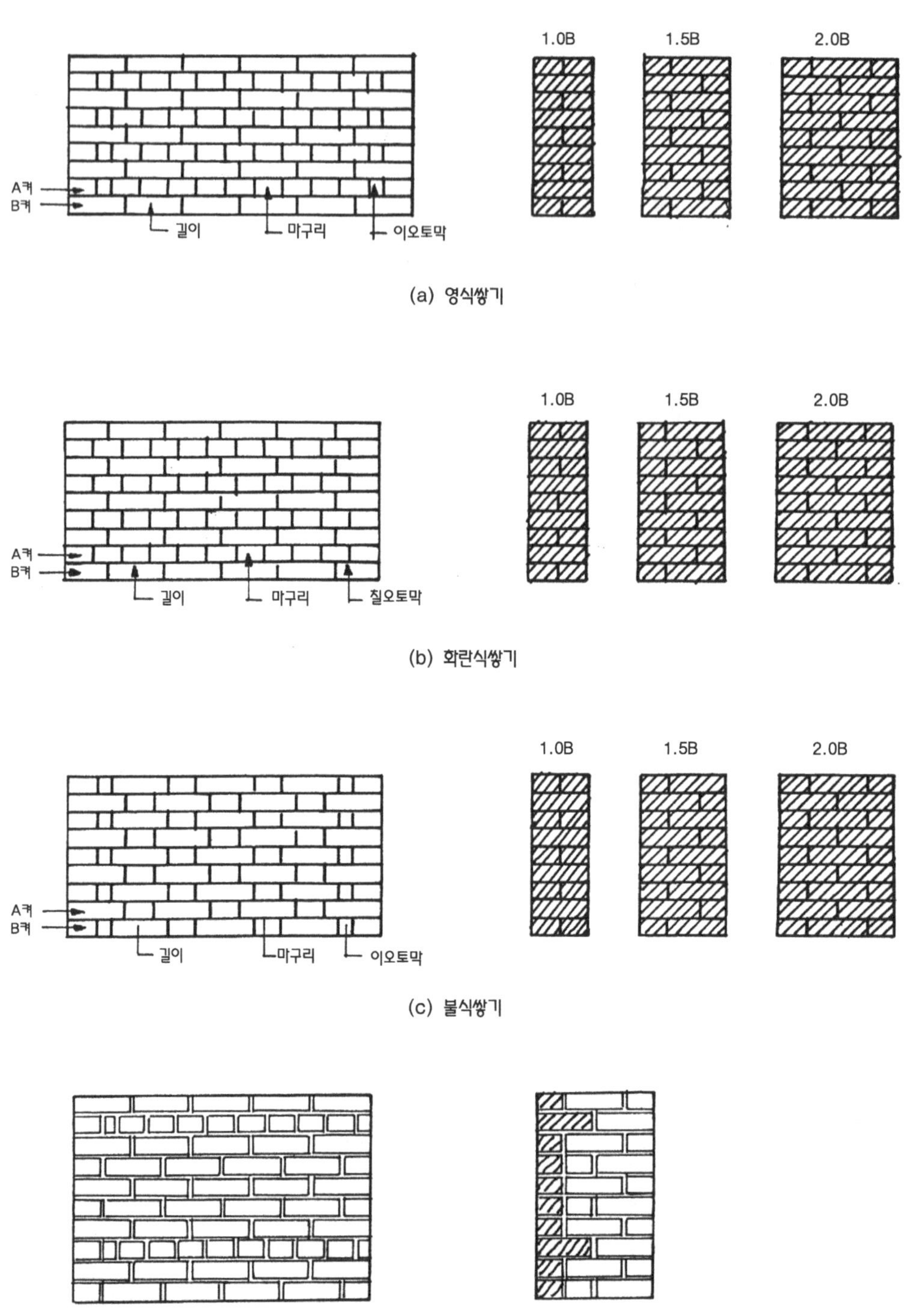

▲그림 2.90 각종 쌓기방법

영식쌓기(English bond)는 길이켜와 마구리켜가 교대로 되는 쌓기로서 마구리 쌓기 켜에서 이오토막 또는 벽 양끝에서 반절이 놓이는 것이다. 화란식쌓기(Dutch bond)는 영식쌓기와 같은데 반절은 안 쓰고, 길이켜에서 첫 벽돌을 칠오 토막을 놓고 쌓는 방식이다. 불식쌓기(Flemish bond)는 동일켜에서 길이면과 마구리면이 교대로 되는 쌓기이다. 미식쌓기는 앞면은 길이 쌓기로 하고 뒷면은 영식 쌓기로 한다. 그림에서 알 수 있듯이 각종 쌓기 방식에는 다양한 종류의 분할된 벽돌이 필요하며, 그 형상과 명칭을 그림 2.91에 나타내었다.

벽돌쌓기용 모르타르배합비

구분	시멘트 (c)	모래 (s)
일반쌓기용	1	3
아치 쌓기용	1	2
치장줄눈	1	1

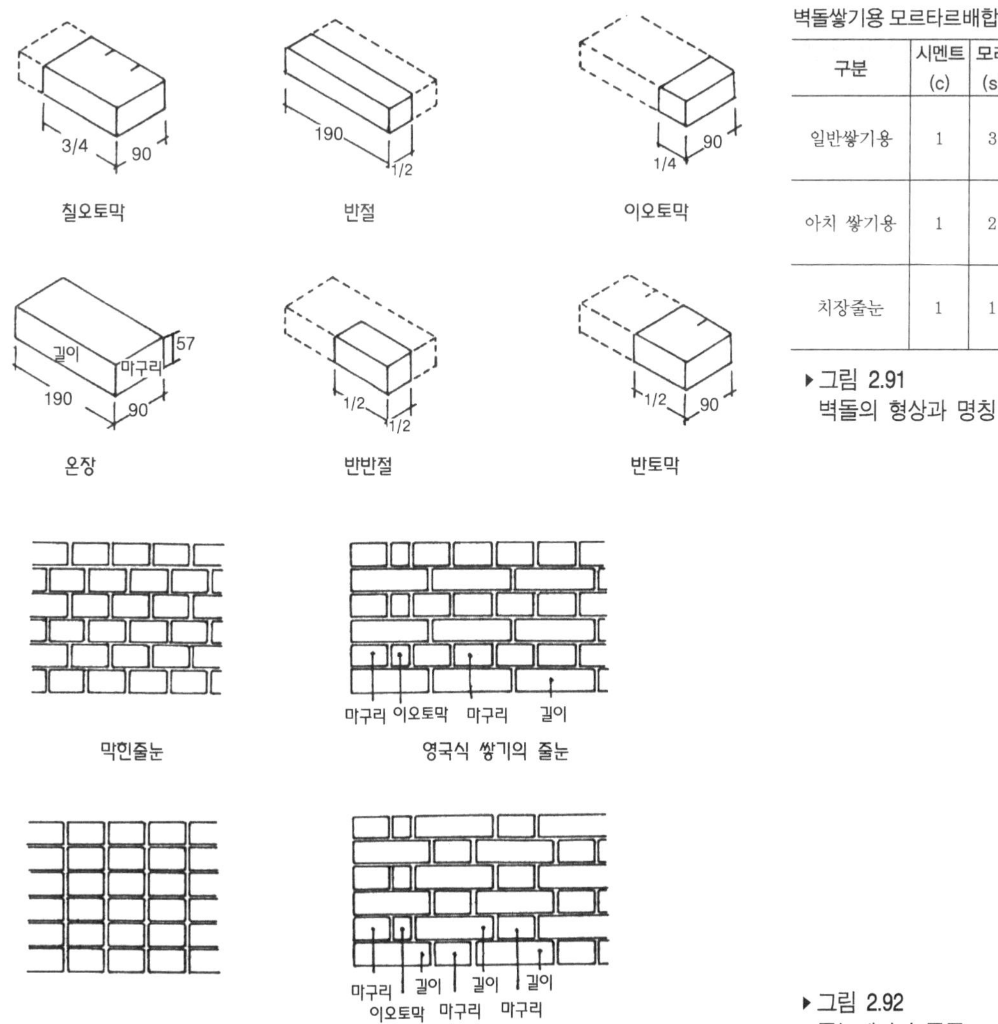

▸그림 2.91
벽돌의 형상과 명칭

▸그림 2.92
줄눈패턴의 종류

벽돌을 쌓아 나갈 때 생기는 벽돌 상호간의 모르타르 부분을 줄눈이라고 하며, 가로줄눈과 세로줄눈이 있다. 세로줄눈에서 아래위가 통하지 않고 막힌 것을 막힌줄눈(breaking joint), 연속된 것을 통줄눈(straight joint)이라고 하는데, 막힌줄눈은 상부의 하중을 균등하게 분포시켜 유리하지만 통줄눈은 하중의 집중현상으로 균열을 발생시킬 수 있다(그림 2.92).

(3) 벽 길이 제한과 창문 너비

벽돌벽의 길이는 교차벽, 또는 붙임기둥, 부축벽의 중심간 거리를 말하며, 일반적으로 10m 이하로 한다. 부득이 10m 이상으로 할 때에는 중간에 부축벽을 만들어 보강하거나 벽두께를 증가시켜야 하며, 내력벽으로 둘러싸인 부분의 바닥면적은 $80m^2$을 넘을 수 없다.

각 층의 대린벽으로 구획된 벽에서 개구부 너비의 합계는 그 벽 길이의 1/2 이하로 한다. 개구부 위와 바로 그 위 개구부와의 수직거리는 60cm 이상으로 하여, 개구부 상호간 또는 개구부와 대린벽 중심과의 수평거리는 그 벽 두께의 2배 이상으로 한다.

2.7 목조

2.7.1 재료의 성질 및 제품

(1) 목 재

목재는 구조, 수장, 가구용 재료로서 두루 쓰이며, 우리 나라 전통건축에서 뼈대로 이용해 왔으나, 구조용 재료로서는 내화·내구성이 부족하고, 방향성이 있고, 균질이 아니고, 결점이 많으므로 근래에는 강재, 콘크리트 등으로 대체되었다. 한편 수장용, 가구용 재료로서의 목재의 가치는 여전하며, 외관이 좋으므로 치장재로서 중요한 역할을 차지하고 있다. 목재의 장점을 열거하면 아래와 같다.

① 가볍고, 비강도(강도/비중)가 크다.
② 가공성과 작업성이 좋다.
③ 열전도율이 적어 보온, 방서, 방한의 효과가 있고, 흡습조절능력이 우수하다.
④ 종류가 다양하고, 외관과 감촉이 좋아 사람에게 친근감을 준다.
⑤ 부재의 규격화가 가능하고, 공사기간이 짧고, 유지보수도 경제적이다.

한편, 목재의 단점을 살펴보면 다음과 같다.

① 가연성은 목재의 가장 큰 약점이다.
② 흡수 및 흡습성이 크고, 건습에 의한 신축변형이 심하다.
③ 충해를 받으며, 풍화로 부패하기 쉽다.

▾그림 2.93
침엽수의 조직과 명칭

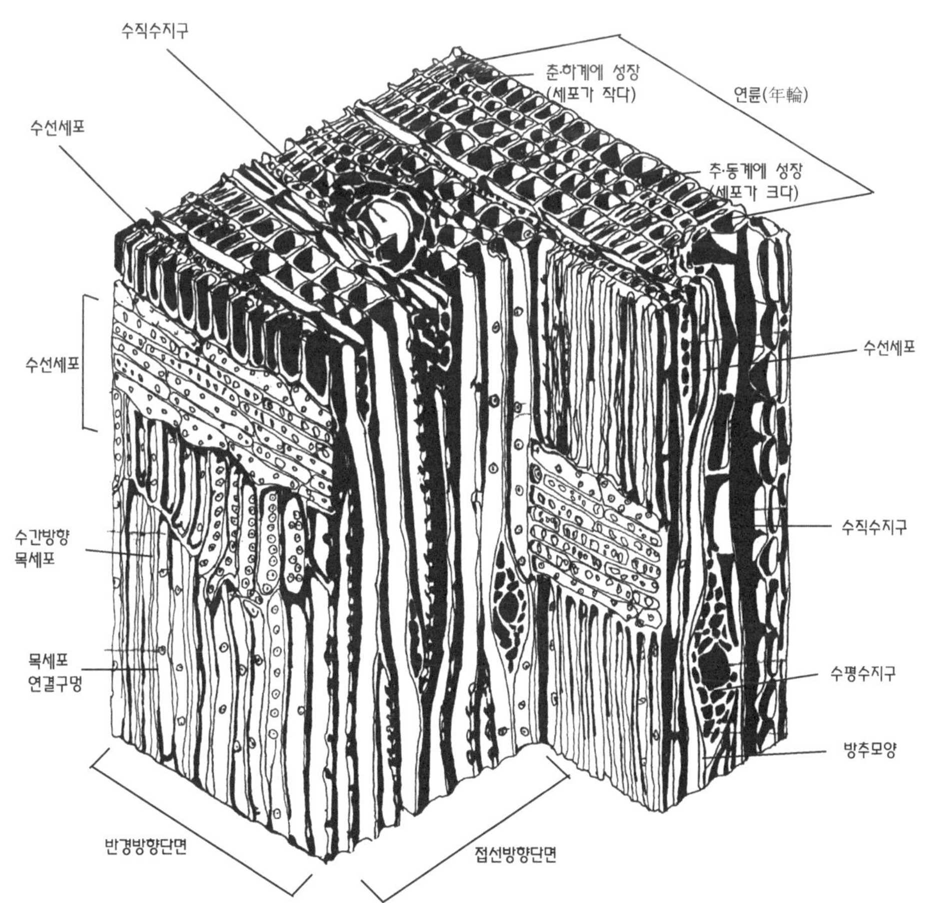

목재는 수목의 줄기를 쓰는데 외장수일 경우 수간방향에 평행으로 놓여 목질부에 견고성을 주는 목섬유가 30~70%를 점유한다. 목섬유를 구성하는 세장한 목세포는 가도관의 역할을 하며 침엽수에서는 1~4mm 길이로서 수목 전체적의 90~97%를 차지한다(그림 2.93).

목질부에서 수지가 흘러나오는 선을 수선이라 하는데 수선세포는 수액이 수평이동하는 곳으로서 수심에서 사방으로 뻗고 있다.

세포 사이의 수분을 자유수(유리수)라 하고, 세포막에 흡수되어 있는 수분을 결합수라 하는데, 자유수가 증발하고, 결합수만 존재하여 함수율이 30%/wt 정도인 상태를 섬유포화점이라 하는데 이 한계점을 기준으로 내구성, 강도, 가공성 등에서 재질 변화가 현저하게 차이나게 된다.(그림 2.94).

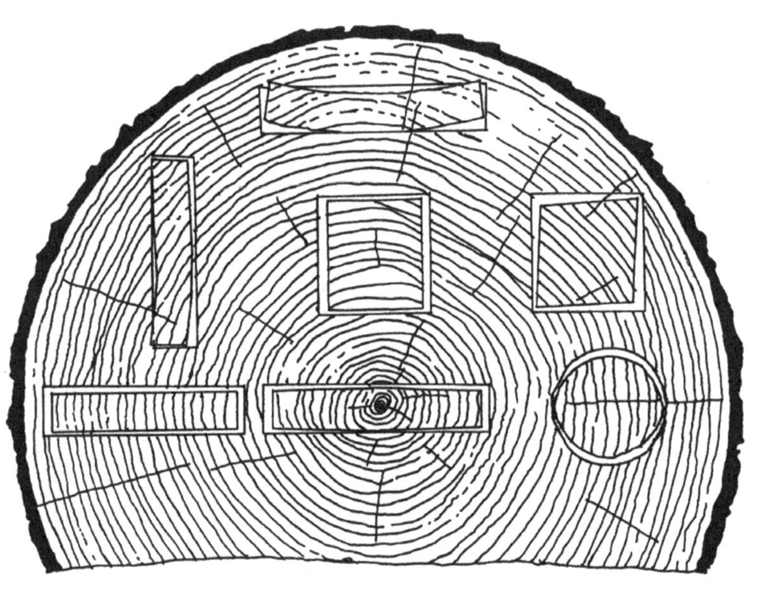

▸그림 2.94
목재의 건조수축

벌목은 계절적으로 수간 중에 수액이 적고 이동이 적을 때가 좋고, 수령은 전수령의 2/3 정도의 장목이 재적도 많고 재질도 견고하다. 봄, 여름철에 성장한 담색의 목질을 춘재라 하고, 가을, 겨울철에 성장한 세포막이 두껍고 견고한 목질을 추재라 한다. 춘재, 추재의 세포층으로 수간 횡단면상에 나타나는 동심원형이 연륜이며, 목재단면의 수심에 가까운 중앙부를 심재, 수피에 가까운 주변부를 변재라고 부른다.

심재는
① 다량의 수액을 포함하고, 비중이 크다.
② 신축성이 비교적 적고, 암색이다.
③ 내후성과 내구성이 좋고, 강도가 크다.
④ 노목일수록 심재의 폭이 넓다.
⑤ 사세포 안에 고무질과 탄닌 수지를 함유한다.

변재는
① 비중이 적다.
② 흡수성이 커서 신축이 크고, 담색이다.
③ 내후성과 내구성이 불량하고, 강도가 약하다.
④ 수령이 짧을수록 변재의 폭이 넓다.
⑤ 균열이나 수지공 등의 결점이 적다.

목재는 침엽수와 활엽수로 나누는데 침엽수는 연목으로 강도(표 2.34) 및 내구성이 커서 건물의 골조용으로 쓰이며, 활엽수는 경목으로 무늬 및 나뭇결이 좋아서 수장재, 가구재, 창호재로 쓰인다. 대나무, 야자나무 등은 내장수로서 외장수인 침엽수나 활엽수와 다르다. 나무는 종류에 따라 재질이 다르며, 외국산으로는 나왕, 미송, 티크, 마호가니, 자단, 흑단 등이 많이 사용된다.

▸표 2.34
각종 강도 사이의 관계

가력방향 / 응력의 종류	섬유에 평행	섬유에 직각
압축강도	100	10~20
인장강도	약 200	6~20
휨강도	약 150	10~20
전단강도	침엽수 16, 광엽수 19	–

(2) 제재 규격

취재율은 보통 침엽수 60~70%, 활엽수 40~60% 이상이 되도록 손실을 줄이고, 건조수축 및 용도에 따른 나뭇결과 무늬를 고려하여 제재한다(그림 2.95). 제재목의 치수는 구조재나 수장재의 경우 톱날두께(1~3mm)를 포함한 제재치수나 톱날두께를 공제한

제재 정치수를 사용한다. 창호재나 가구재의 경우는 톱날두께 및 대패질로 인한 감소(0.5~3mm)와 건조수축을 고려한 마무리 치수를 쓴다.

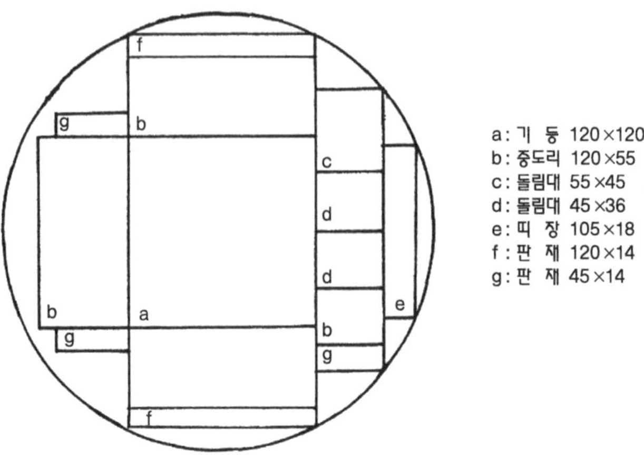

▸그림 2.95 취재의 일례

목재는 함수율에 따라 각종 성질에서 차이가 많이 나므로 함수율을 낮춘 목재를 사용해야만 소기의 목적을 달성할 수 있다.

대기건조를 하는 경우 수목의 지름 3cm당 1~3개월이 걸리는데 활엽수가 보통 침엽수보다 2배 가량 길며, 목재의 대기건조에서는 환적과 공기의 유통에 주의해야 한다. 기건상태의 함수율은 10~15%가 되는데 구조용 목재는 25% 이하, 치장재는 18~20% 이하, 건조실내의 세밀 가공용재는 15% 이하의 목재를 필요로 한다.

침수건조는 수중에 3~4주간 담가서 수액을 용실(溶失)시킨 후에 대기건조를 하는데 건조기간을 단축할 수 있고, 특히 청류수에 1~2년간 잠겨 두면 고온에서 건조해도 변형이 적고 흡수성이 아주 작아진다. 대기건조나 침수건조 등은 장기간이 소요되므로 단시간에 수분을 제거하기 위하여 인공건조를 하고 함수율을 측정한다. 솥을 이용하는 자비법, 열풍으로 변형이 우려되는 열기건조, 변색이 불가피한 훈연법, 감압을 해주는 진공건조, 온도와 습도를 변화시키며 건조하는 증기건조 외에도 전기법(고주파 건조법), 건조제법(약품건조법) 등이 있다.

제재목은 판재(널재)와 각재로 분류되며, 표준치수는 1cm두께(3푼 널)~10cm두께(3치 널)의 판재와 2cm각(7푼 각)~12cm각(4치 각)의 각재가 있고, 길이는 182cm(6자)~546cm(18자)가 있다.

목재의 재적단위인 전통건축의 1才(재)는 1치 각 12자이고, 서양의 1bf(보드 피트)는 1인치 두께 1평방 피트(1인치 각 12피트 각에 해당)이므로 1才=1.421bf이다(그림 2.96).

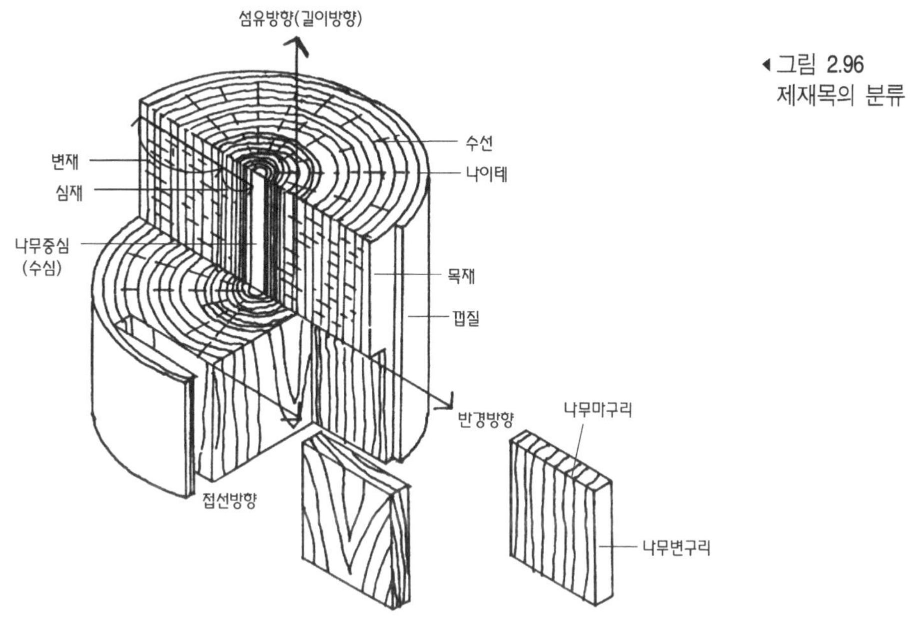

◀그림 2.96
제재목의 분류

(3) 가공목재

목재의 단면이 큰 재료를 천연산으로 구하려면 비용이 매우 고가이고 균질성을 보장하기가 어려우므로 적층재나 집성재라고 부르는 가공목재를 사용한다. 그림 2.97과 같이 판재로는 합판, 마루판, 섬유판 등이 있고, 각재로는 집성목재, 강화목재, 인조목재 등이 있다.

합판은 함수율 5~10%의 베니어판을 3겹 또는 5겹으로 섬유방향이 다르게 겹쳐서 압착한 판으로 비교적 가는 목재로도 넓은 판을 얻을 수 있고 곡면 가공이 가능하다. 교착이 잘된 것은 원목보다 강하고, 균열이나 찢어짐, 변형 등에 대한 저항이 크고, 습기에 의한 신축이 적고, 두께에 비해 강도가 크고, 보통판 보다 못과의 결속력이 크다.

마루판 중에서 바닥널(flooring board)은 폭이 9~15cm 정도의 긴널로서 두께는 1.5~2.1cm의 것을 많이 쓰고, 쪽매널 블록(floori g block)은 쪽매널을 4~5개 붙여서 25~30cm각으로 만든 것으로 근래에는 합판에 붙여 놓은 것이 있다. 쪽매마루판(parquetry)은 두께 0.6~1.5cm, 너비 6cm 정도의 무늬가 좋은 경목(硬木) 토막을 세로, 가로, 빗 방향으로 접합하여 깐다.

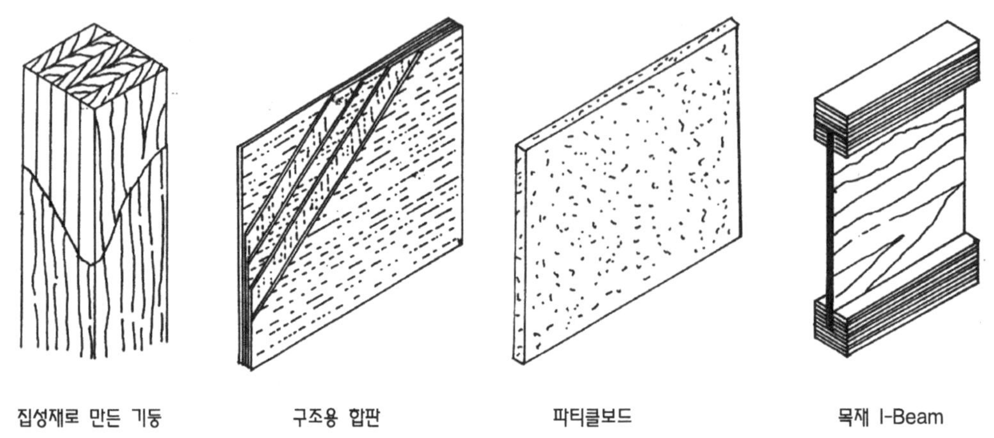

▲그림 2.97 가공목재의 종류

섬유판은 볏집, 톱밥, 파지, 파목 등 식물섬유질을 주원료로 섬유화, 펄프화하여 접착제를 섞어 압축 성형하여 판상으로 만든 텍스(tex)로서 연질(비중 0.4 미만), 반경질(0.4~0.8), 경질(0.8 이상)로 나눈다. 파티클 보드는 목재 또는 식물질을 작은 조각으로 절삭, 파쇄하여 건조시킨 후 접착제를 첨가 혼합하여 열압 성형한 판재로서 강도가 크다.

집성목재는 두께 1.5~3cm의 널을 섬유방향으로 겹쳐서 접착한 것으로 구조재료로 사용하는데 압축강도는 소재와 거의 같고 휨강도 및 탄성계수는 오히려 크며, 내구성도 소재와 비슷하다. 접착제의 내후성이 매우 중요하고, 소재의 결점이 외연부에 있으면 그 영향이 크므로 주의해야 한다.

강화목재는 목재에 수지류를 가압 침투시켜 그 강도를 향상시킨 것으로, 경목류에 페놀수지를 사용하여 만든 제품은 항공기 골조나 프로펠러도 이용할 수 있을 정도로 강하다.

인조목재는 원료로 톱밥, 대팻밥, 나무조각 등을 쓰며 섬유판이나 파티클 보드와는 달리 소재가 함유한 리그닌 단백질을 이용하여 고열압으로 목재섬유를 고착시켜 강한 널을 만든 것이다.

2.7.2 뼈대 세우기

(1) 목조구법

목조구법은 가구식, 벽식, 조적식으로 분류할 수 있다. 가구식은 하중을 지탱하는 기둥을 세우고 도리와 보로 연결하는 전통건축의 방법이다(그림 2.98). 벽식은 2″×4″구법 및 패널구법으로서 단면이 작은 부재들로 견고한 벽을 구축하는 구법이다. 조적식은 귀틀집 등에서 각재를 수평으로 쌓고 교차부를 견고하게 접합하는 구법이다.

전통건축에서 목조의 뼈대는 목재의 마름질, 먹매김, 바심질, 세우기(기둥－인방보－층도리－큰보)의 순서로 공사가 진행된다. 재래구법의 영향을 받은 절충식 목조에서는 세우기 완료 후 바로잡기 및 가새대기, 볼트 다시 조이기를 한 다음에 지붕하중을 걸어서 시공한다.

▾그림 2.98 전통목조구법

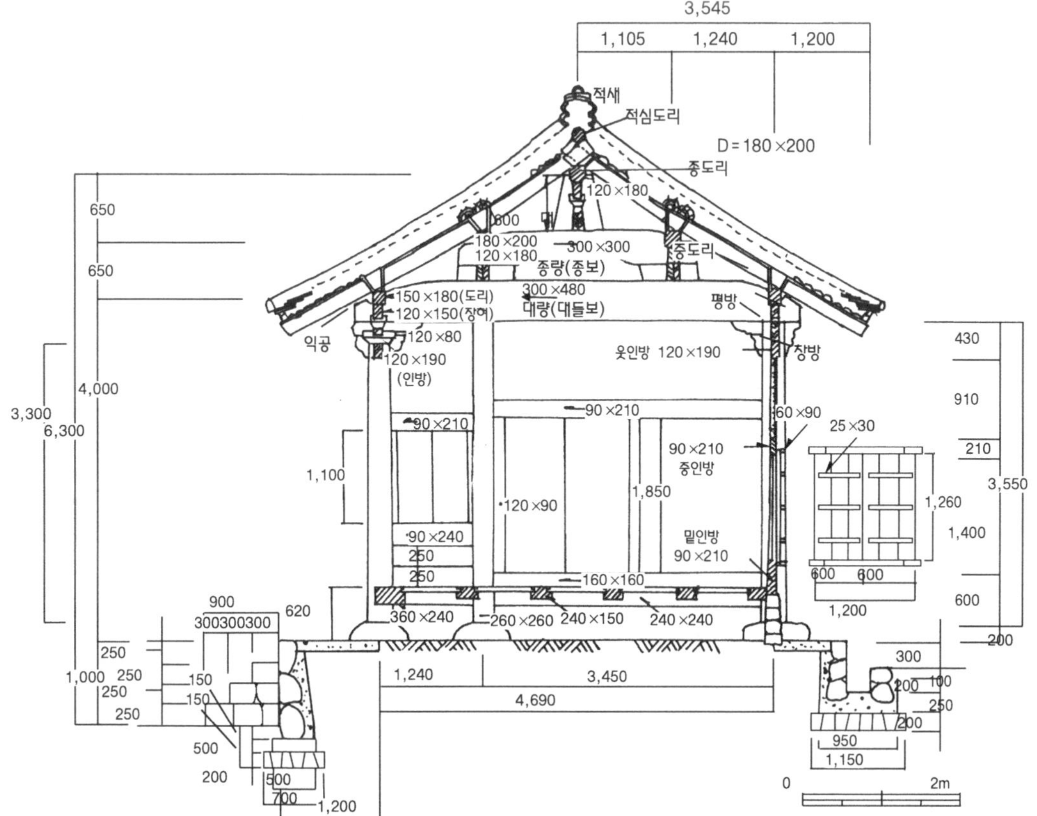

2) 목조 벽체

목조 벽체는 보통 토대, 기둥, 샛기둥, 층도리, 깔도리, 처마도리, 인방, 중깃, 꿸대, 가새 등으로 구성된다(그림 2.99).

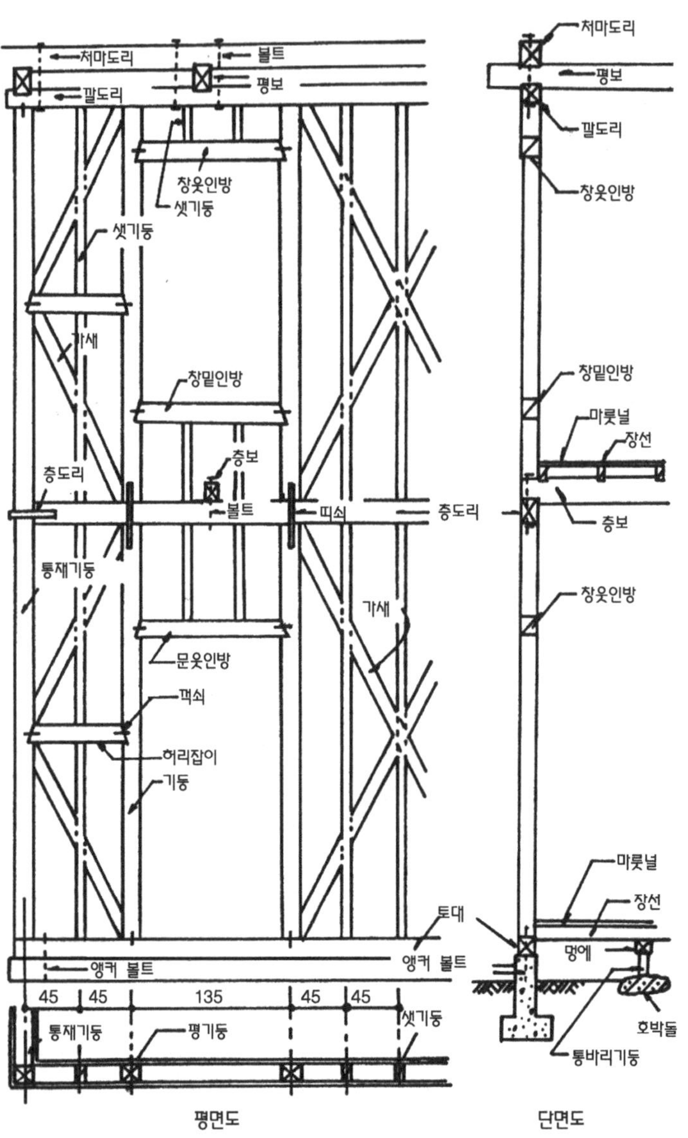

▸그림 2.99
벽체의 뼈대

토대(ground sill)는 기초 위에 가로 놓는 수평부재로서 기둥 등 상부의 하중을 기초에 전달하는 한편 기둥 밑을 고정시키고 벽을 치는 뼈대가 된다(그림 2.100).

줄기초에 놓는 토대는 D13 이상의 앵커 볼트를 2.7m 이내의 간격으로 25cm 이상 기초에 묻히게 설치하여 고정시킨다. 토대는 내습성과 내구성이 강한 낙엽송, 적송 등을 써서 습기로 썩지 않게 하고, 길이방향으로는 턱걸이 주먹장 이음 또는 메뚜기장 이음

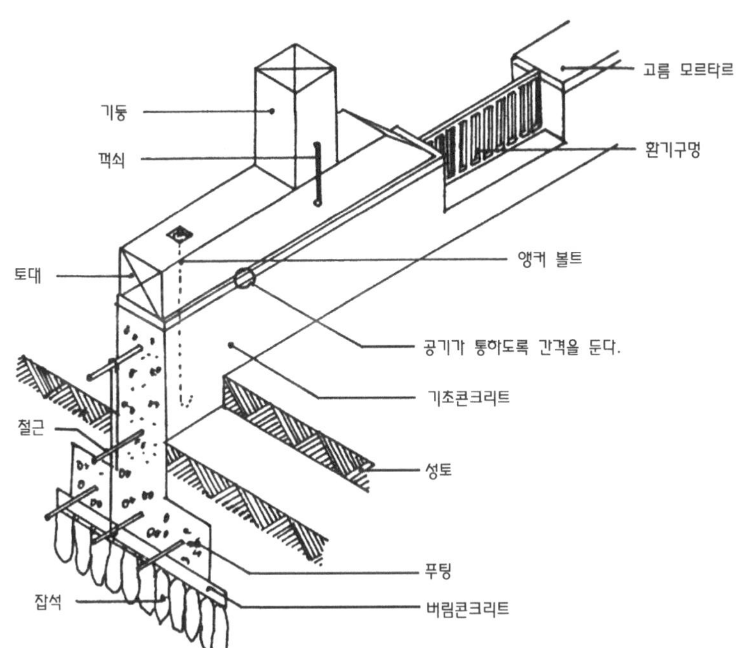

▸그림 2.100
줄기초 토대

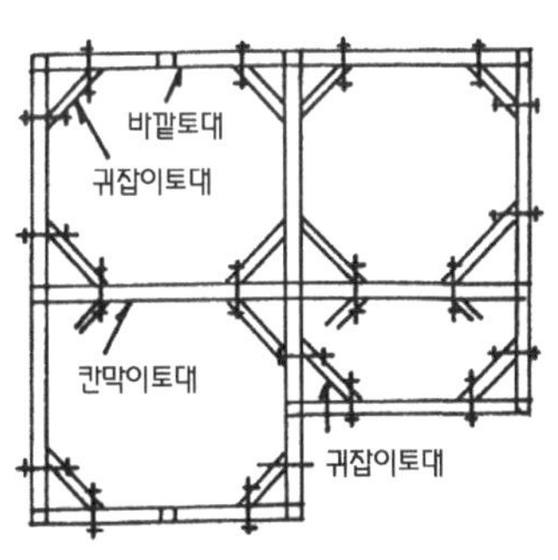

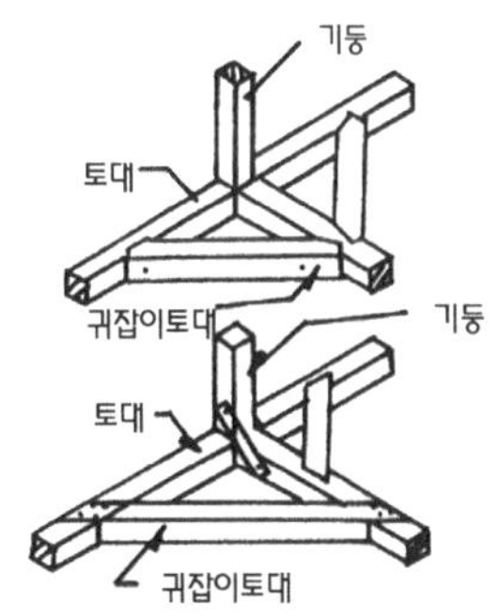

▸그림 2.101
토대의 이음, 맞춤

으로 한다. 모서리에서는 턱솔 넣은 장부맞춤으로 하고, 벌림 쐐기로 보강할 수 있으며, 칸막이 토대와의 맞춤은 통 넣은 주먹장 등으로 한다. 토대의 모서리 등 T자형, +자형으로 접합되는 장소는 사각형을 삼각형으로 만들어서 수평변형을 방지하도록 귀잡이 토대를 빗통 넣고, 짧은 장부맞춤 볼트 조임으로 한다(그림 2.101).

기둥은 상부의 하중을 받는 수직 구조재로서 건축물의 모서리와 벽체의 교차부 및 1.8m를 넘는 벽체의 중간에 세운다. 본기둥은 중요한 하중을 받고, 샛기둥은 벽체를 보강하고, 하중의 일부를 지지한다. 본기둥에는 통재기둥과 평기둥이 있다. 통재기둥은 밑층에서 윗층까지 1개의 통재로 상하층 기둥을 만든 것으로 모서리나 주요 교차부에 세운다. 평기둥은 가로재로 구분되는 한 층 높이의 기둥인데, 기둥의 간사이(span)는 가로재 사이의 기둥 길이를 뜻한다(그림 2.102).

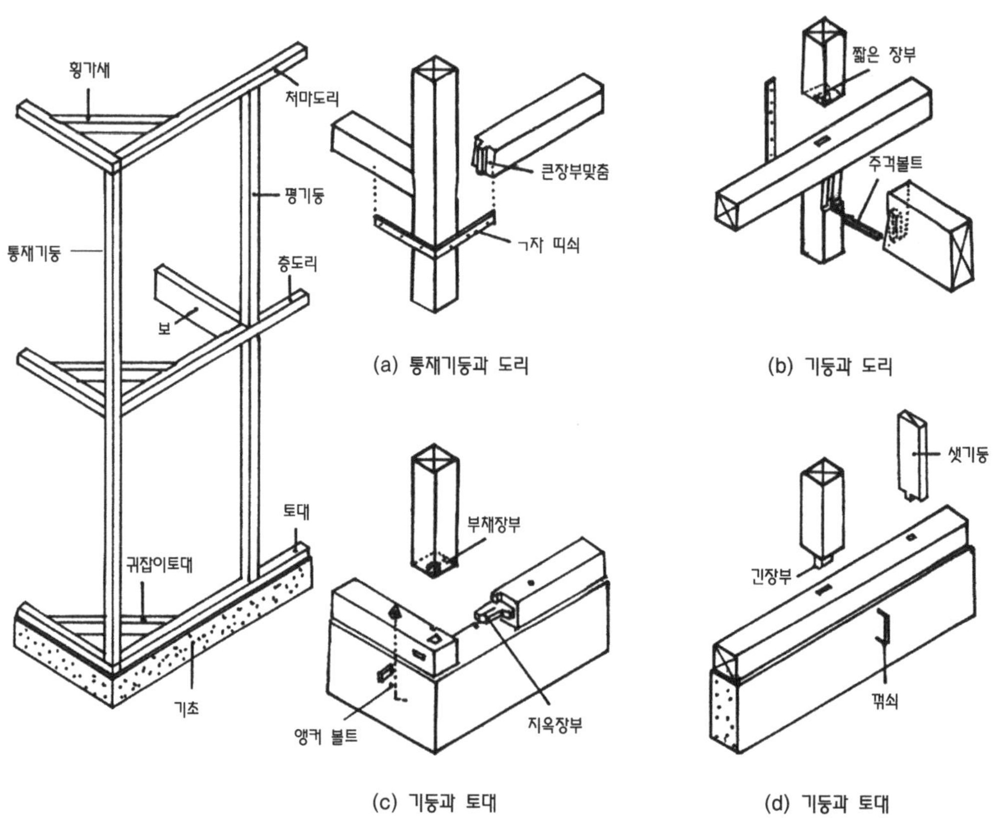

▼그림 2.102
기둥과 가로재 맞춤

본기둥은 짜세울 때 규준재(guide)의 역할을 하지만, 가로재와의 접합부는 많이 따내지 말고, 적당한 철물로 보강해야 튼튼하다. 기둥과 가로재와의 맞춤은 내다지장부 산지치기로도 하지만 짧은 장부와 꺾쇠, 띠쇠, 주걱볼트(그림 2.103) 등으로 보강하는 것이 더 좋다. 기둥 위나 기둥 밑에 버팀대를 대면 횡력에 유리하지만 버팀대의 압력이 과대하면 기둥이 손상될 우려가 있다. 가로재의 쭈그러짐을 막으려면 나무쪽을 대고 꺾쇠를 치거나, 산지와 볼트 조임을 이용한다. 독립기초에서는 띠쇠 등의 보강철물을 기초에 묻어 두고 볼트로 죄는데 기둥 밑을 따내거나 해서 면을 기초에 바로 맞춘다.

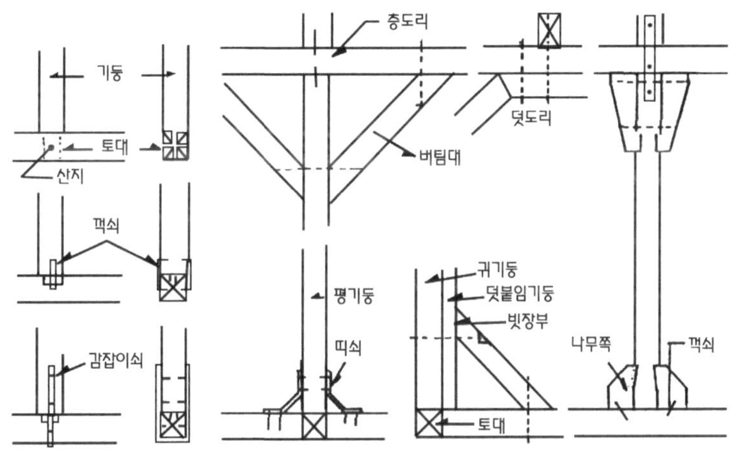

▶ 그림 2.103 기둥고정 및 보강방법

▼표 2.35 기둥의 작은 지름의 기둥길이에 대한 비

기둥 / 건축물	기둥길이 10m 이상 이거나 [주](1)의 용도			왼쪽 사항에 해당하지 않는 경우		
	최상층 또는 단층 건물	최상층 바로 밑의 층	기타의 기둥	최상층 또는 단층 건물	최상층 바로 밑의 층	기타의 기둥
지정하는 다설구조, [주] (2)의 목골구조	1/22	1/20	1/18	1/25	1/22	1/20
위에 해당없고, [주] (3)의 지붕으로 됨	1/30	1/25	1/22	1/35	1/30	1/25
위의 두가지 경우에 해당없는 건물	1/25	1/22	1/20	1/30	1/25	1/22

[주] (1) 학교, 병원, 극장, 영화관, 연예장, 관람장, 공회장, 집회장, 백화점, 공중목욕탕, 기숙사
(2) 목골벽돌조, 목골석조, 목골흙벽(토담)조, 기타 이와 유사한 벽으로 된 중량이 큰 건물
(3) 금속판, 천연슬레이트, 석면시멘트판, 널(木板) 또는 이와 유사한 경량의 지붕 재료
(4) 이 표에 의하여 정한 기둥의 단면을 1/3 이상 따낼 때에는 그 부근을 보강한다.

기둥의 크기는 하중에 대한 강도계산으로 산정되지만 기둥의 간사이에 따라서 기둥의 작은 지름을 비례로 표시한 표 2.35와 간단한 건물의 표준을 제시한 표 2.36을 참고로 정할 수 있다.

▸표 2.36
주택, 사무실 용도의 목조기와지붕 건물의 기둥 치수(단위 : cm)

층수 \ 기둥길이	270cm일 때	300cm일 때	360cm일 때
최상층	9×9	10×10	12×12
2층	10.8×10.8	12×12	14.4×14.4
1층	12.3×12.3	13.65×13.65	16.4×16.4

그림 2.105와 같은 조립기둥(built－up column)은 공장 등의 큰 건물에서 강도계산에 의하여 2개 또는 4개의 기둥재를 조립하여 쓰는 것이다. 샛기둥(stud)은 본기둥 사이에 세우며, 벽체의 뼈대가 되고 가새의 옆휨을 막는데 유효하다. 샛기둥의 크기는 본기둥의 반쪽 또는 1/3쪽으로 하며, 간격은 45(40～60)cm 정도로 하고, 상하는 가로재에 짧은 장부맞춤 못치기로 한다(그림 2.104).

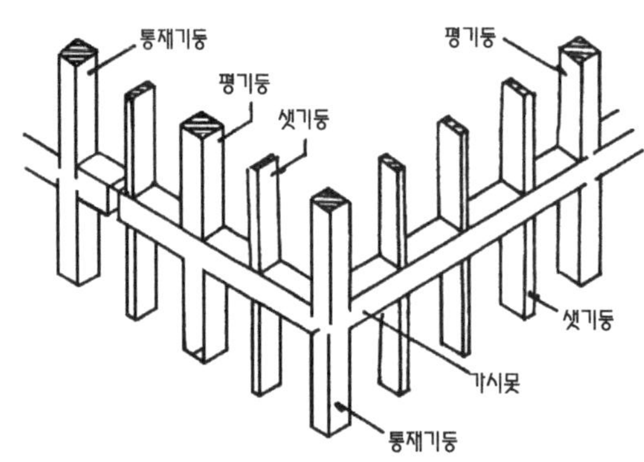

▸그림 2.104
기둥의 종류

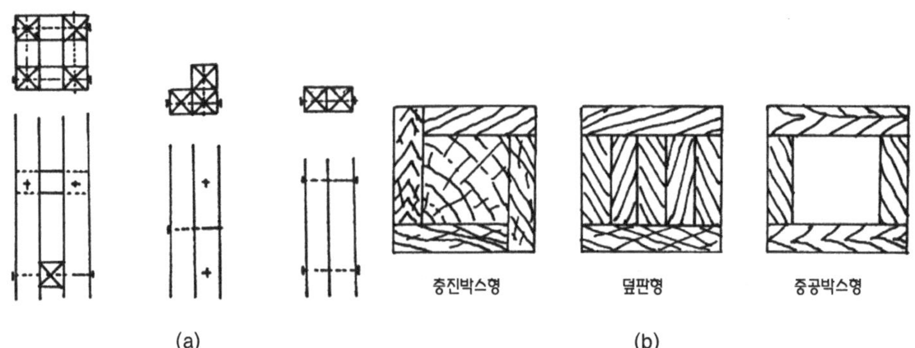

▾그림 2.105
조립기둥

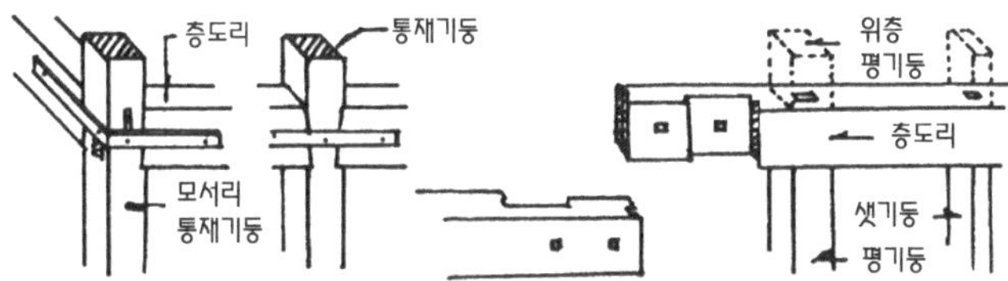

▸그림 2.106
층도리

층도리는 위아래층 중간에 쓰는 가로재로서 기둥을 연결하는 한편, 샛기둥받이나 보받이의 역할을 한다(그림 2.106). 깔도리는 기둥 맨 위 처마부분에 쓰는 가로재로서 기둥머리를 고정하고, 지붕틀을 받아 기둥에 전달한다. 층도리나 깔도리의 크기는 기둥과 같거나 춤이 약간 커야 하며, 이음은 엇걸이 산지이음으로 하고, 맞춤은 빗턱을 넣고, 장부맞춤으로 한다. 서양식 목조에서는 깔도리 위에 지붕틀의 평보가 오고 그 위에 깔도리와 같은 방향으로 처마도리를 걸쳐 대는데, 한식이나 일본식에서는 처마도리가 깔도리를 겸한다. 처마도리와 깔도리를 평보 옆이나 기둥 옆에서 주걱볼트 등으로 상호 조립한다.(그림 2.107).

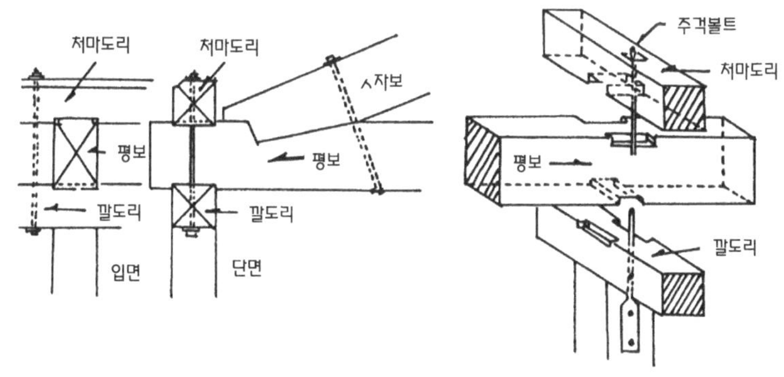

▸그림 2.107
깔도리 및 처마도리

인방은 기둥 사이에 가로대어 창문틀을 끼워대는 뼈대가 된다. 상부에 있는 것을 웃인방(lintel), 중간에 있으면 중인방 또는 중방, 하부에 있는 것을 밑인방 또는 하방, 지방이라고 부르며, 창밑의 것은 창대(window sill), 문밑의 것을 문지방(door sill)이라고 한다. 한식 또는 절충식 구조에서 인방 자체가 창문틀로 쓰이는데 이를 홈대라고 부르며, 윗홈대, 중간홈대, 밑홈대 외에도 이중창, 덧문 등을 달기 위하여 덧대는 덧홈대가 있다. 인방의 크기는 기둥 간격이 1.8m까지는 기둥의 2/3 정도로 하고, 그 이상이면 기둥과 같은 크기로 하거나 중간에 달대공을 넣던지 트러스를 짠다. 양끝은 기둥에 빗턱통을 넣고 장부맞춤, 꺾쇠 또는 띠쇠 등으로 보강한다.

중깃은 흙벽을 치는 외를 엮어대기 위한 가는 수직재이고, 그 두께는 중방 두께의 반 정도이며, 40~60cm 간격으로 세워댄다. 꿸대는 절충식 심벽의 뼈대로서 기둥과 기둥 사이에 가로 꿰뚫어 넣는 수평재인데 외를 엮어 대는 힘살이 된다. 토대에서 도리까지의 사이에 10×2cm 정도의 것 3~5개를 수평으로 대는데 기둥 간격이 넓으면 세로 꿸대를 덧대기도 한다. 맞춤은 기둥에 내림맞춤, 내림메뚜기장, 메뚜기장 등으로 한다.

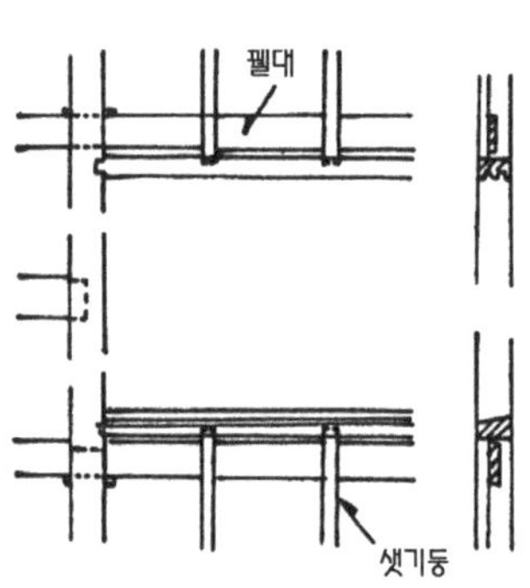

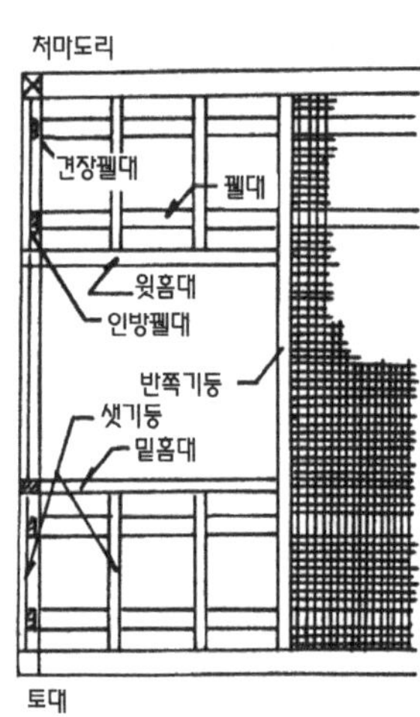

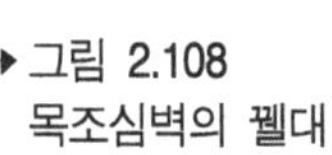
▶그림 2.108 목조심벽의 꿸대

목조 벽체를 수평력에 견디게 하고, 안정된 구조로 하기 위한 가새(diagonal bracing)는 버팀대보다 수평력에 강한 구조를 형성한다. 가새를 댈 수 없을 때 그 모서리에 짧게 수평으로 빗댄 것을 귀잡이(horizontal bracing angle tie)라 하고, 수직으로 빗댄 것을 버팀대(knee brace, batter brace)라 한다.

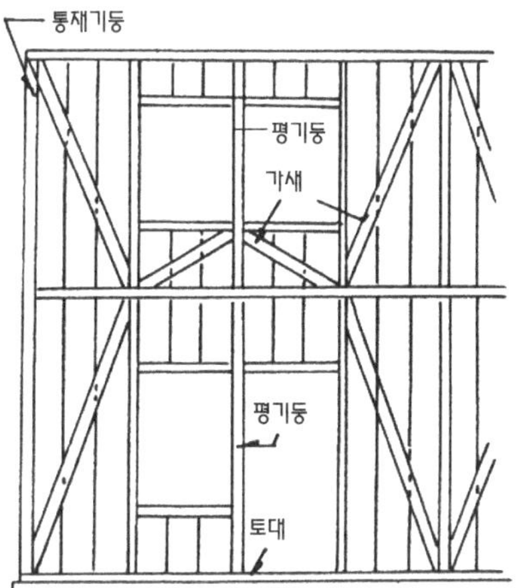

▸그림 2.109
안심벽, 밖평벽의 꿸대

▸그림 2.110
가새

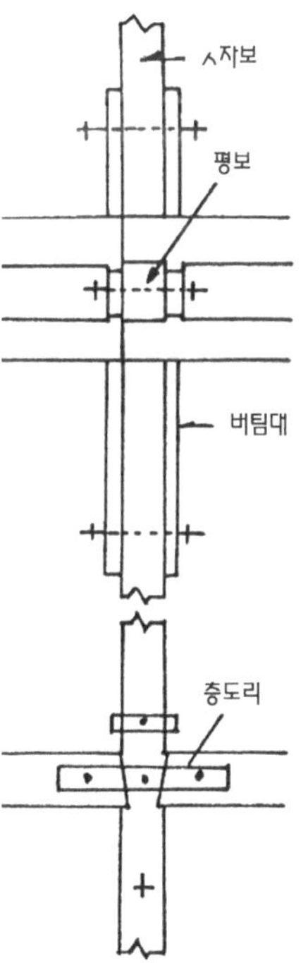

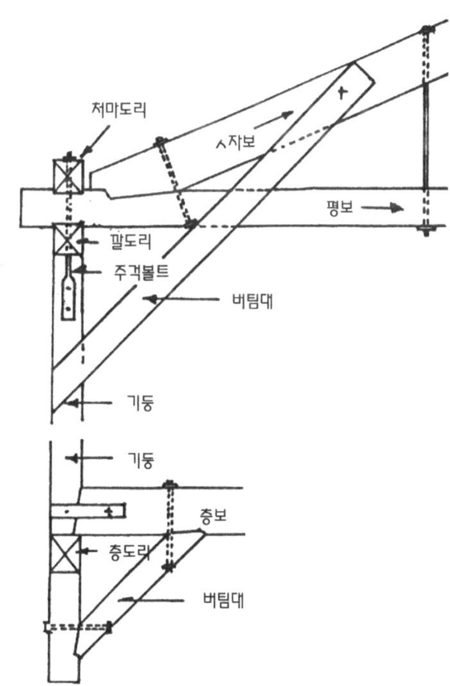

▸그림 2.111
버팀대

2.7.3 지붕틀

(1) 지붕틀 종류와 용도

지붕은 건축물의 형태를 결정하는 중요한 역할을 하며, 이를 형성하는 뼈대를 지붕틀이라 하며, 지붕의 하중을 지탱한다. 건축물의 크기, 용도, 기후와 풍토 및 전통에 따라 모양과 재료가 다양한데 보통 쓰는 모양은 외쪽지붕, 박공지붕, 모임지붕, 합각지붕, 평지붕, 꺾인지붕 등(그림 2.112)이 있다.

▼그림 2.112 지붕의 모양

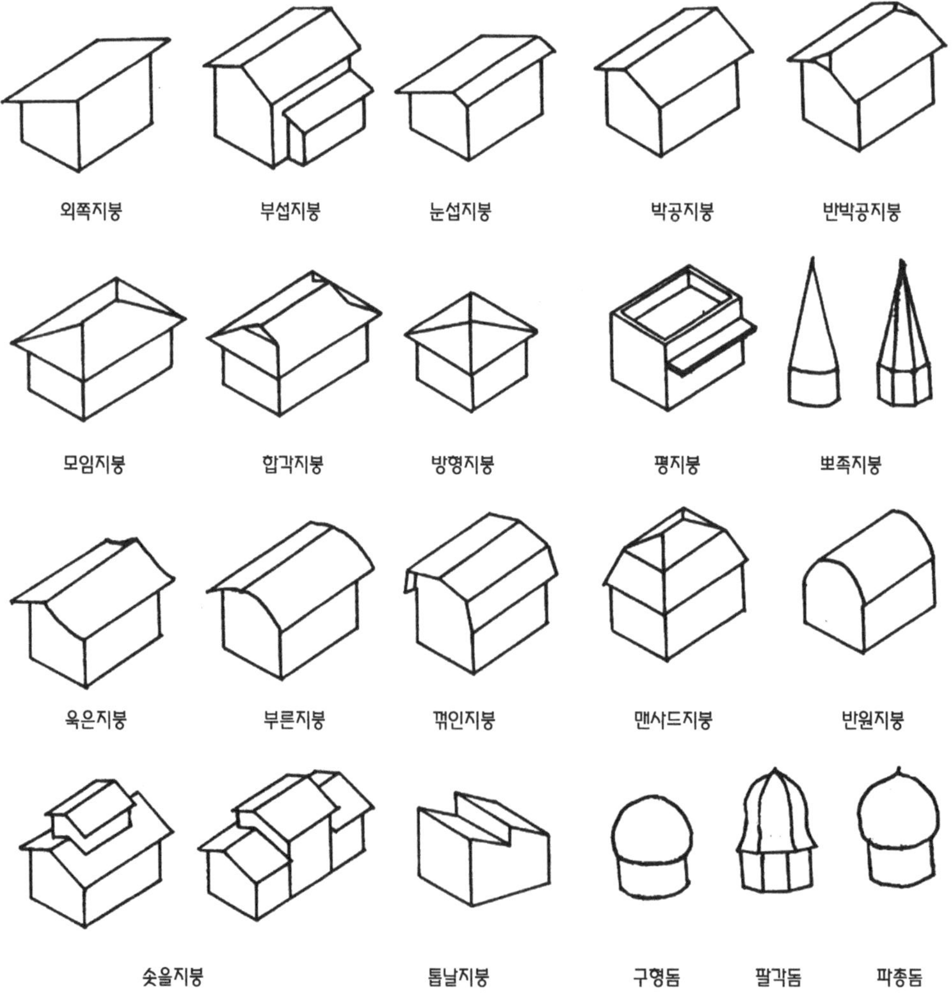

지붕의 물매는 지역별 강우량의 다소 및 지붕재료의 성질이나 잇는 방식과 지붕 흐름면의 길이에 따라서 다르다. 물매는 수평거리 10cm에 대한 직각삼각형의 수직높이로 나타내어 3cm 물매, 4cm 물매 등으로 부르고, 10cm 물매(45° 경사)를 되물매라 하고, 그보다 크면 된물매라고 한다. 5cm 물매를 5/10 경사 또는 5 : 10 물매라고도 하며, 서양에서는 간사이와 용마루 높이의 비로 나타내고, 피치(pitch)라고도 부른다. 지붕 각면의 물매는 동일하게 만들어 비가 안새고, 수평지붕골이 생기지 않도록 하며, 경사지붕골은 짧게 되도록 지붕의 모양을 구성한다.

(2) 양식지붕틀

작고 간단한 건물은 간사이가 작으므로 외쪽지붕틀과 맞댄지붕틀 같은 약식지붕틀이 채용된다(그림 2.113).

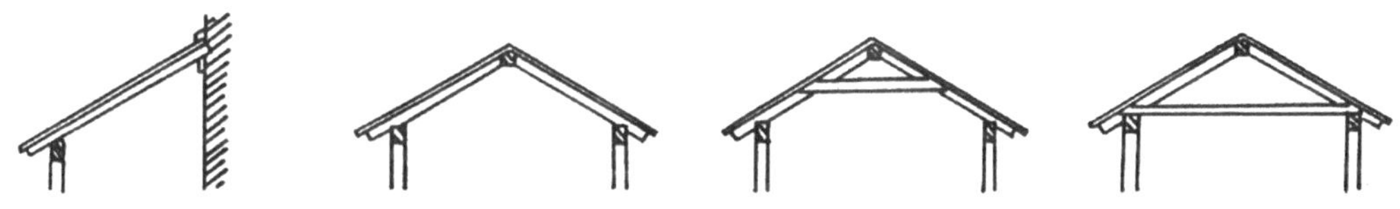

▲그림 2.113
약식지붕틀

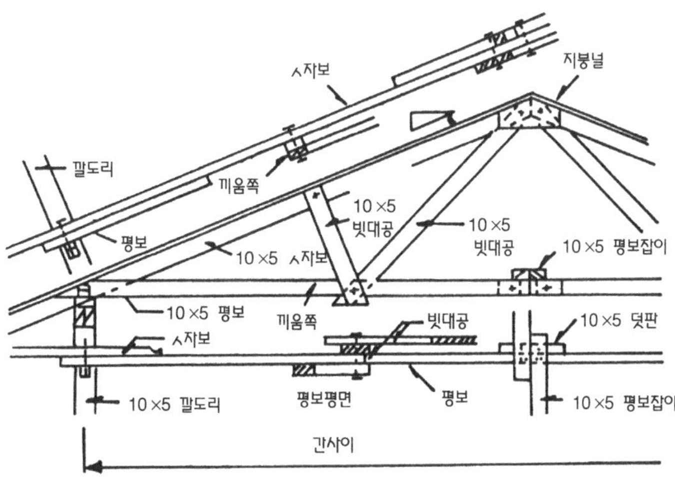

▶그림 2.114
경골지붕틀

ㅅ자보는 10×5cm각 정도를 쓰고, 마룻대나 도리에 물림자리를 따내어 큰못으로 고정한다. 경골지붕틀은 표준치수의 부재를 모두 엎대어 못이나 볼트로 죈 것으로 필요하면 목제 덧판이나 끼움쪽을 대고, 철제의 꺾쇠로 보강한다(그림 2.114). 이 트러스는 간격 60cm 또는 90cm 이내로 하고, 직접 지붕널을 덮지만, 큰 간사이에 이용하려면 부재를 여러 개 합쳐 쓰고, 듀벨과 볼트를 써야 한다.

양식지붕틀 중에 가장 많이 쓰이는 왕대공지붕틀(king post truss)은 간사이가 20m 정도까지 가능하지만 보통 10m 정도의 간사이를 가진 지붕틀이 많이 쓰이고, 지붕틀을 설치하는 간격은 2~3m로 한다(그림 2.115). 지붕틀의 설계는 각 구조부재에 가해지는 응력으로 부재 크기를 산정하고 이음 및 맞춤부분은 철물로 보강한다. 지붕틀은 전체를 나무로 짜는 것이 보통이지만 압축재는 나무로 하고, 인장재는 철재를 써서 짜는 목철합성트러스도 있다.

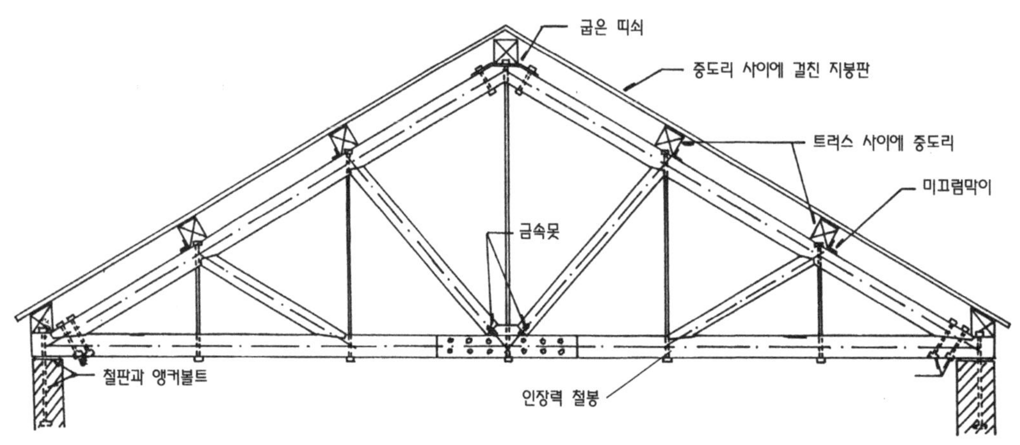

▲그림 2.115
왕대공지붕틀 및 부재의 응력

쌍대공지붕틀(queen post truss)은 지붕 속의 보꾹방(attic room)을 이용하거나 꺾인 지붕으로 외관을 꾸밀 때 쓰이며 간사이는 10~15m가 적당하고, 간격은 1.8m 정도로 한다. 부재의 구성은 ㅅ자보, 평보, 종량, 쌍대공, 달대공, 빗대공 등으로 이음과 맞춤은 왕대공지붕틀과 같으나, 네모꼴 부분은 버팀대나 가새를 사용하여 안정한 세모꼴 구조로 만든다. 종보의 윗부분은 ㅅ자보를 쓰거나 또는 서까래만을 써서 마룻대까지 내쳐대기도 하지만 재래식으로도 한다(그림 2.116).

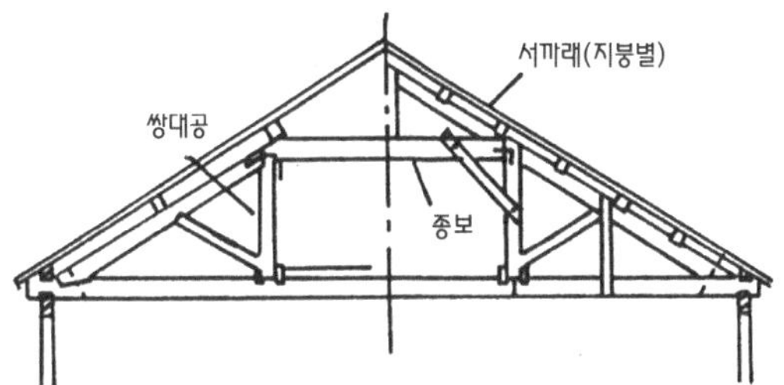

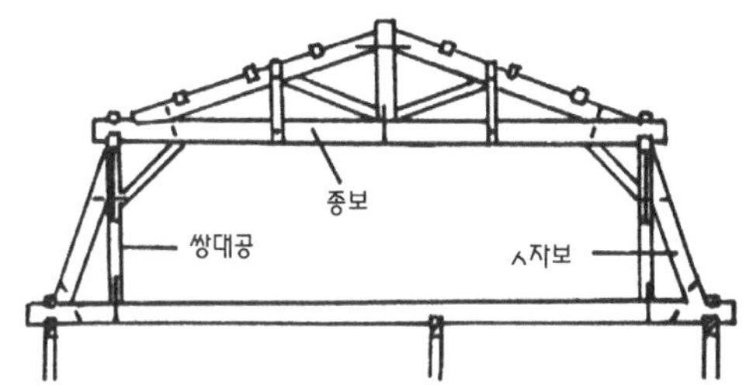

▲그림 2.116
쌍대공지붕틀

왕대공의 상부는 ㅅ자보와 빗턱통 넣기, 장부맞춤으로 맞추고 띠쇠를 볼트 및 가시못으로 조이고, 하부는 빗(버팀)대공과 빗턱통 넣고 짧은 장부맞춤하여 양면꺾쇠치기를 한다. 평보에는 짧은 장부맞춤에 감잡이쇠를 감아대고, 왕대공에 쐐기를 쳐넣고 평보에 가시못을 치며, 마룻대와의 맞춤은 가름장 장부맞춤 벌림쐐기치기 또는 가름장 걸침턱 못치기로 한다.

ㅅ자보의 아래 평보와 접합부는 안장맞춤(가름장맞춤) 또는 빗턱통 넣고, 장부맞춤으로 하고 볼트로 조인다. 평보는 깔도리 위에 걸침턱으로 접합하고, 처마도리는 평보 위에 걸침턱으로 물리고, 평보 한 옆이나 양쪽에서 처마도리와 깔도리를 볼트로 조이거나 기둥까지 주걱볼트로 연결한다. 평보는 단일재(통재)로 하는 것이 원칙이지만 이을 때는 왕대공 가까이서 십자형 턱솔넣기로 맞대고 덧판 산지이음 볼트조임을 한다.

버팀대공은 빗대공이라고도 부르는데 압축재로서 ㅅ자보, 평보, 왕대공에 빗턱장부맞춤 또는 가름장 빗턱맞춤으로 하고, 양면꺽쇠치기, 또는 띠쇠를 대고 가시못치기로 한다. 달대공은 인장재로서 길이가 긴 볼트를 쓰기도 하는데, 목재로 짧은 장부맞춤을 할 때는 감잡이쇠와 띠쇠를 쓰지만, 보통은 평보 및 ㅅ자보의 양옆에 수직으로 대고 볼트조임으로 하고 때로는 걸침턱을 따기도 한다.

지붕틀과 도리의 귀에 45°로 보강한 것을 귀잡이보라고 하는데, 지붕틀 하나 걸름으로 또는 벽체의 모서리나 중간 요소에 배치한다. 처마도리와 깔도리 사이에 끼워 귀잡이보 심에서 세 부재를 볼트로 조이고, 평보의 양면에 대어 짧은 장부 볼트조임으로 한다. 지붕틀이나 평보의 옆휨을 막고, 지붕틀 상호간의 연결을 견고하게 만들기 위하여 보잡이(옆휨막이 또는 대공밑둥잡이)를 이용한다. 평보에 걸침턱으로 대공 옆에 대고 볼트로 조이는데 양옆에 두 줄로 대거나 한옆에 번갈아 대는 방법이 있고, 두 줄일 경우는 대공심에서 반턱이음 볼트조임을 한다. 대공가새는 대공 상호간에 V자나 X자로 연결시키는 가새인데 대공에 걸침턱 볼트조임으로 하고, 수평가새(하늘가새)는 평보 밑에 길고 두꺼운 널이나 철근 띠쇠 등으로 연결함으로서 지붕틀 전체를 튼튼하게 만든다. 버팀대는 지붕틀과 기둥을 견고하게 연결하기 위하여 평보의 중간에 빗장부맞춤 볼트조임으로 하거나 또는 기둥에 평보맞이 따내기를 하고 볼트를 조이는데 ㅅ자보까지 함께 연결할 수도 있다.

중도리는 ㅅ자보 위에 약 90cm 간격으로 걸어서 그 위의 서까래를 받아 지붕의 하중을 지붕틀에 전한다. 지붕틀 간격이 1.8m일 경우 보통 10~12cm 각재를 쓰는데 걸침턱맞춤으로 하고 큰못치기 또는 엇꺾쇠양면치기로 하고 ㅅ자보에 구름받이(cleat)를 박아 보강한다.

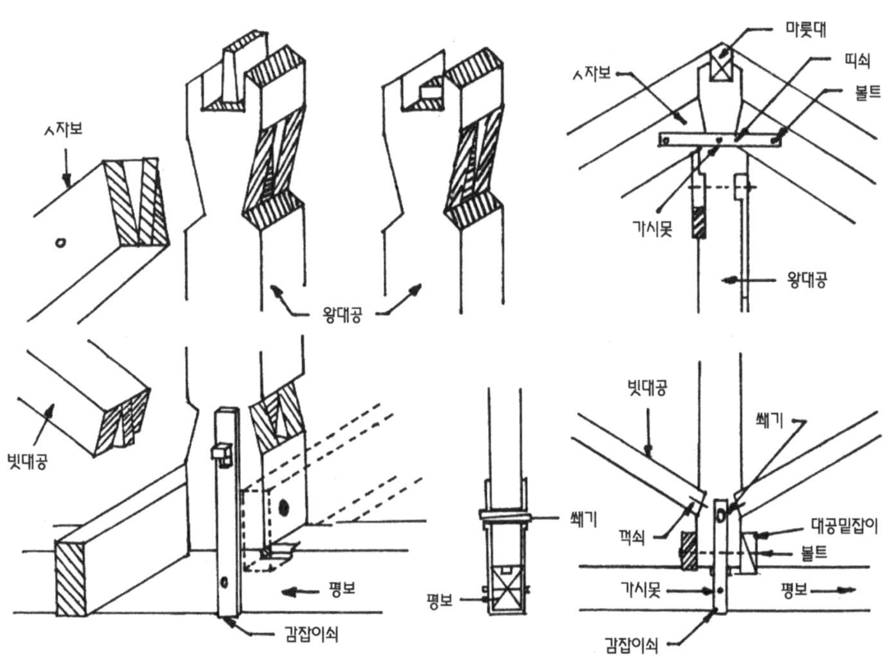

▾그림 2.117 왕대공, ㅅ자보, 평보의 맞춤

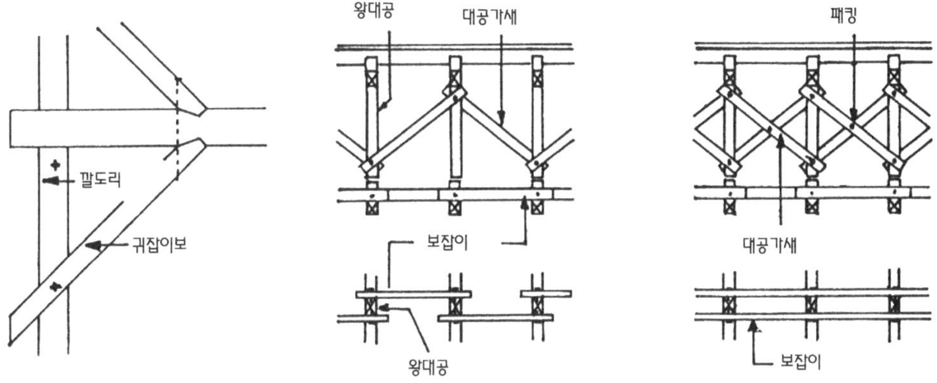

▲그림 2.118
귀잡이보, 보잡이, 대공가새

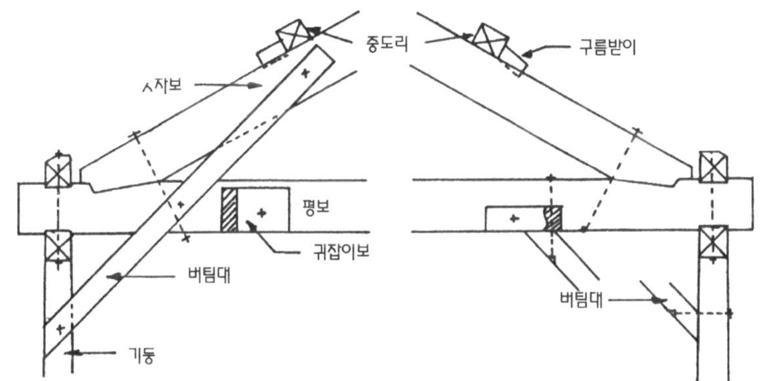

◀그림 2.119
버팀대

지붕귀의 구조는 모임지붕 일반트러스법, 모임지붕 평행현트러스법, 회첨지붕 트러스 등을 이용한다. 지붕의 하부 끝이 처마도리에서 내민 서까래의 끝은 연직으로 자르고, 처마돌림을 대고, 처마반자가 벽체와 닿는 곳에는 반자돌림대를 갓돌림한다. 박공처마도 벽에서 50cm 정도 중도리를 내밀고, 두께 1.8~3.0cm, 너비 15~30cm 정도의 박공널을 대고, 박공머리가 맞닿는 자리에는 지내철 등의 박공장식으로 보강한다.

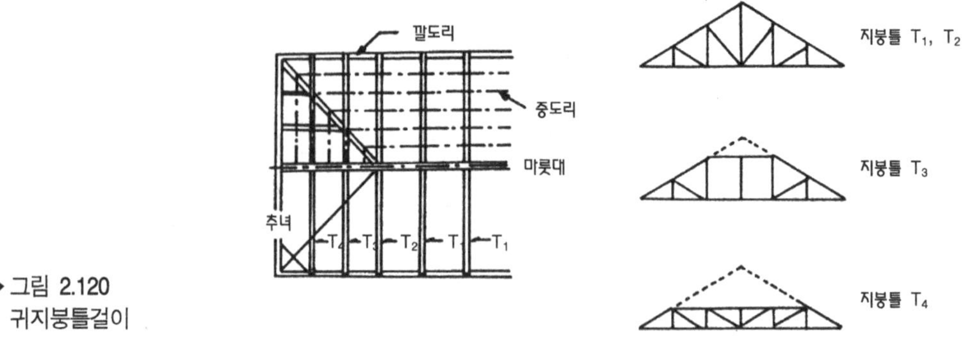

▸그림 2.120
귀지붕틀걸이

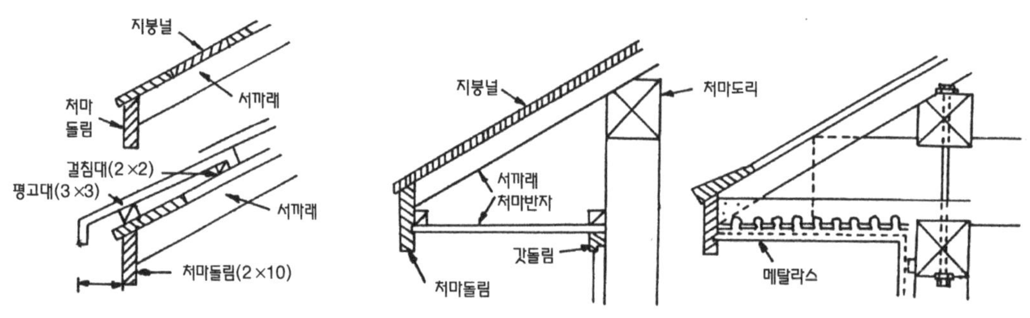

▴그림 2.121
처마끝 마무리

(3) 재래식 지붕틀

한식과 일본식의 절충식 지붕틀로서 보를 걸고, 그 위에 동자기둥이나 대공을 세워 지붕을 받는 도리를 건너대는 형식을 말한다(그림 2.122). 지붕보는 벽체 위에 약 1.8m 간격으로 걸쳐 대는데 일반적인 부재의 끝마구리 지름의 크기는 간사이 3~4.5m에서 12~15cm, 6m에서 20cm 정도의 통나무를 쓴다. 동자기둥(대공)은 보 위에 세워 중도리 마룻대(棟木)를 받는 짧은 기둥인데 상하는 짧은 장부맞춤으로 한다. 중도리는 서까래를 받도록 서까래맞이를 따내거나 빗반깎기를 하고, 이음은 엇걸이이음 산지치기나 주먹장 심이음으로 하고, 동자기둥이나 대공에 긴장부 산지치기 또는 짧은장부 꺾쇠치기로 맞춘다. 서까래는 보통 5cm 각재를 45cm 간격으로 배치하여 도리에 큰 못질하고, 이음은 도리 위에서 맞댄이음하여 큰 못질한다.

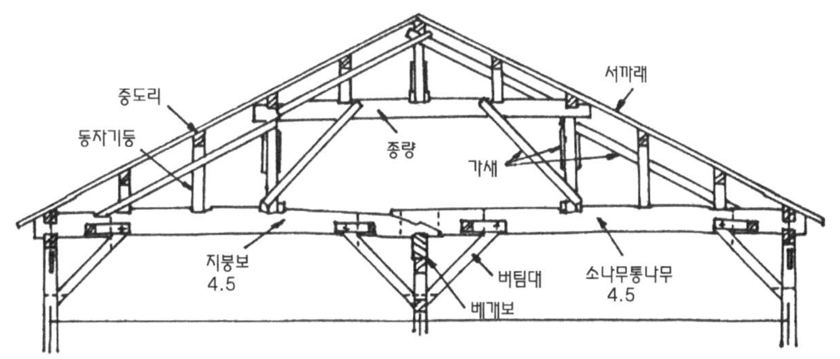

◀그림 2.122
재래식 지붕틀

지붕귀에서는 중도리 마룻대를 받치는 동자기둥, 대공을 세울 수 있도록 지붕보를 배치하는데 우미량을 쓸 경우는 지붕보에 촉을 꽂고 주먹장 걸침 또는 걸침턱 볼트조임으로 한다. 추녀는 중도리가 서로 직각으로 만나는 곳으로서 모서리의 귀추녀와 회첨에 오는 골추녀가 있는데 처마 끝에서 마루까지 추녀를 걸고, 서까래를 받게 한다. 귀의 도리는 서로 빗반턱맞춤하고, 도리 윗면은 추녀자리 따내기를 하여 기둥장부가 추녀에 끼게 만든다. 추녀의 윗면은 지붕경사에 맞추어 반깎기를 하고, 도리보다 서까래 춤만큼 높이 올려 직교하는 도리귀에 맞추어 넣고, 서까래를 추녀 옆에 붙게 한다. 귀서까래를 거는 방법은 평서까래에 평행인 평행서까래, 방사형으로 댄 말굽서까래 및 부채꼴서까래가 쓰인다(그림 2.123).

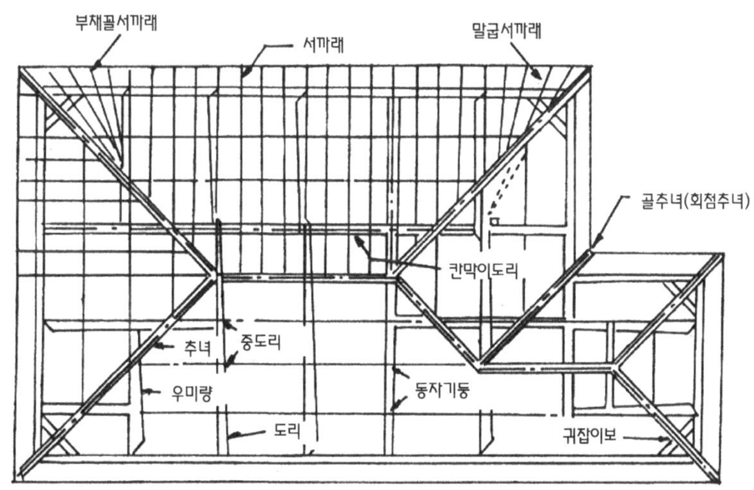

◀그림 2.123
지붕틀 평면도

2.7.4 바닥구조

(1) 1층 마루(바닥마루)

1층 마루에서는 방습과 방부를 위하여 환기공과 방습층이 필요하고, 주택이나 학교 등에서는 위생상 지반 위 45cm 이상을 높여야 한다. 외벽의 마룻바닥 밑 부분에는 벽의 길이 5m 이내마다 면적 300cm^2 이상의 환기구멍을 만들고, 쥐의 침입을 막는 망을 설치한다.

흔히 쓰는 동바리마루는 동바리돌 위에 동바리를 세우고, 그 위에 멍에를 걸고, 또 그 위에 장선을 걸쳐서 마룻널을 받는다. 납작마루는 간단한 창고, 공장, 기타 임시적 건물의 마루를 낮게 설치할 때 바닥에 10~12cm 정도의 장선 만을 45~50cm 간격으로 배치하고, 마룻널을 까는 것이다. 습기가 차서 썩기 쉬우므로 내식(蝕)성이 강한 재료를 쓰는 것이 좋고, 장선이나 멍에는 방부제를 칠하도록 한다.

(2) 2층 마루(층마루)

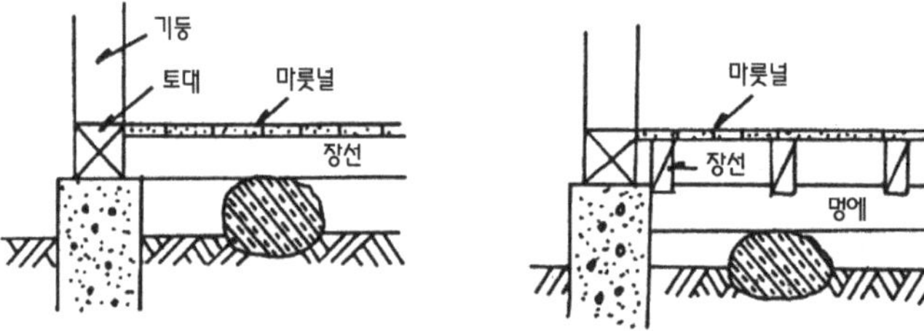

▸그림 2.124
납작마루

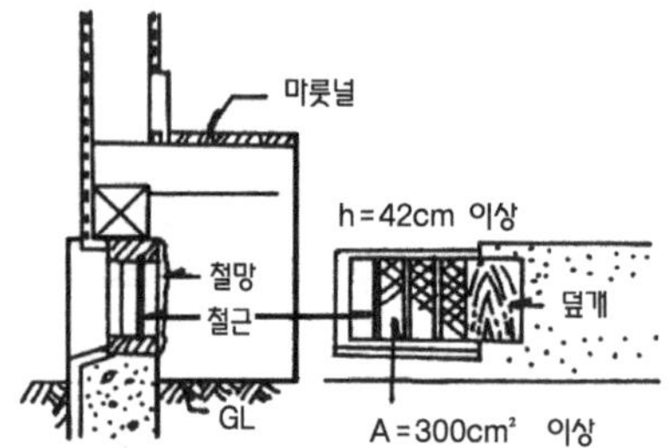

▸그림 2.125
마루 밑 방습, 방부

2층 마루틀은 충도리 또는 기둥 위에 층보를 걸고, 그 위에 장선을 걸치고, 마룻널을 까는데 홑마루틀, 보마루틀, 짠마루틀이 있다. 장선은 대체로 45cm 간격으로 걸치는데 간사이가 2.5m 이상일 때는 보를 2m 간격으로 걸어 장선을 받치고, 간사이가 6.4m 이상일 때는 큰 보를 2.7~3.6m 간격으로 걸고, 그 위에 작은 보를 놓아서 장선을 받친다.

▾그림 2.126
층마루틀의 종류

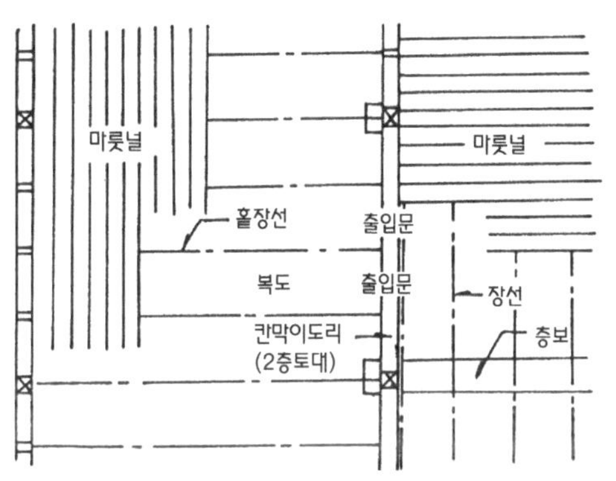

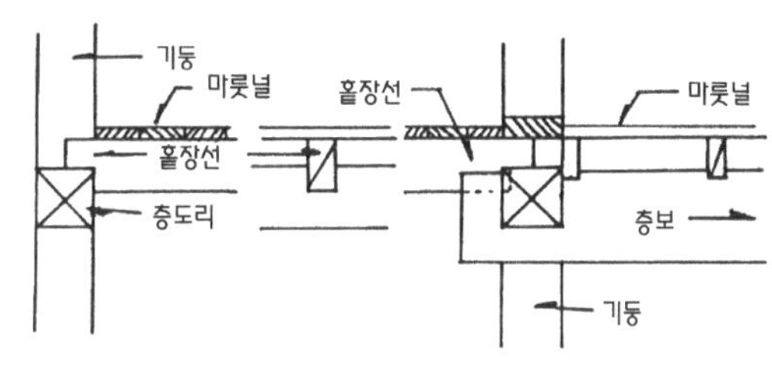

2.7.5 부재의 접합

(1) 이음 및 맞춤

목조의 접합법은 부재의 단부를 가공하여 잇거나 맞추는데 위치에 따라서 여러 가지 힘의 작용이 다르므로 적절한 접합법을 사용한다. 이음 및 맞춤은 가공이 용이하고, 힘의 전달이 확실한 것으로 하되 필요에 따라 철물로 보강하여 시공하는데 이음 및 맞춤의 모양은 간단한 것이 유리하다.

이음의 종류는 많지만 따낸이음에 흔히 쓰이는 것은 주먹장이음이고, 엇걸이 산지이음, 엇걸이 홈이음 및 엇걸이 촉이음은 가장 강력한 이음이며, 이음의 길이는 재춤의 3배 정도이다(그림 2.127). 맞춤에는 장부맞춤이 흔히 쓰여서 견고한 접합부를 만드는데, 장부의 끝머리를 크게 한 주먹장맞춤은 그리 튼튼한 맞춤은 아니다(그림 2.128). 널의 쪽매는 제혀쪽매, 딴혀쪽매, 반턱쪽매, 빗쪽매,

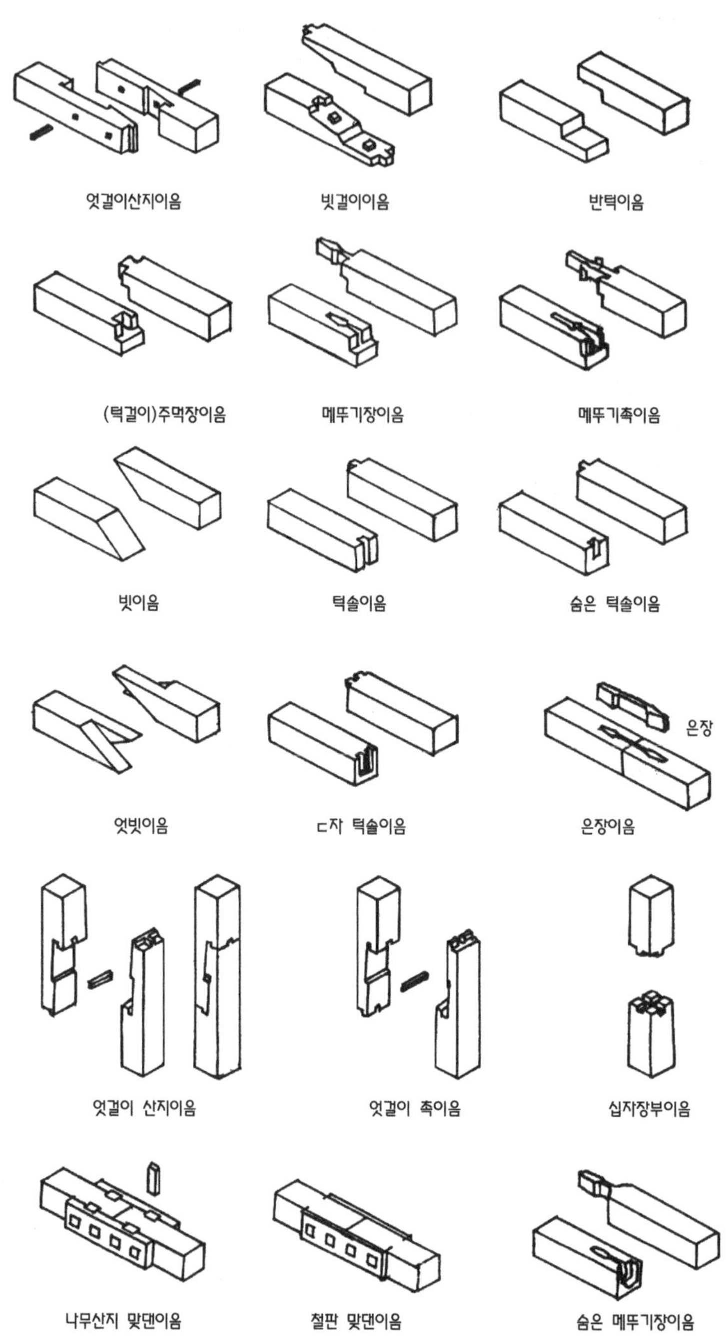

▸그림 2.127
이음의 종류

오늬쪽매, 틈막이대 쪽매, 맞댄쪽매 등의 방법으로 시공한다(그림 2.128).

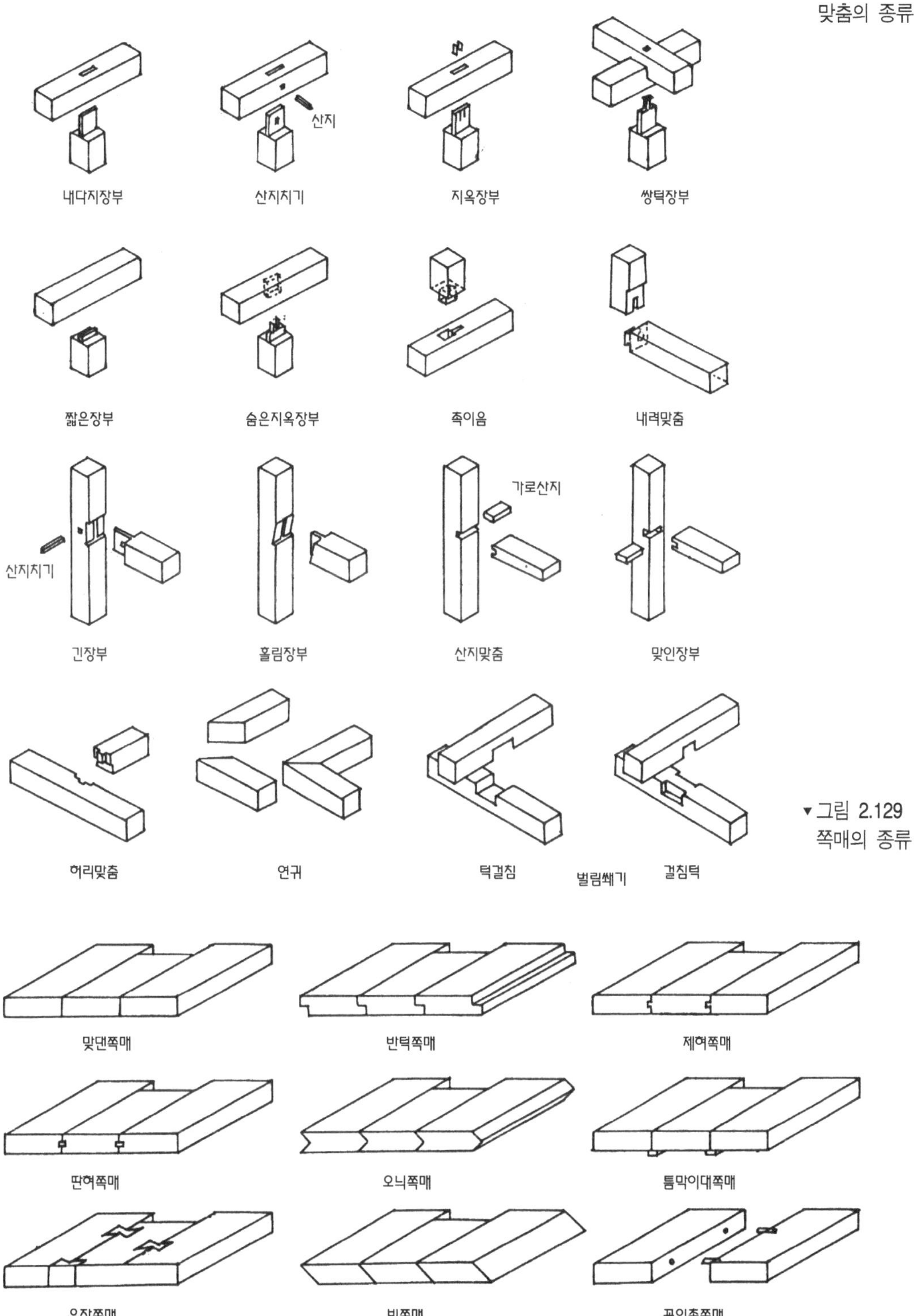

◀그림 2.128 맞춤의 종류

▼그림 2.129 쪽매의 종류

(2) 보강철물

일반적으로 못의 길이는 박아대는 두께의 2.5배 이상으로 하고, 마구리 등에 박는 것은 3.0배 이상으로 한다. 보통 쓰이는 못은 철제 둥근못이지만 동제나 스테인리스제도 있고, 모양도 둥근머리못, 평머리못, 넓은머리못, 가시못, 갈구리못, 플랫못, 양끝못, 거푸집용 못, 지붕못, 슬레이트못 등이 있다.

볼트는 너트 및 와셔와 세트를 이루어 두 부재를 당겨 죄는데 쓰이고, 보통볼트 외에도 양나사볼트, 주걱볼트, 앵커볼트 등이 있으며, 심한 변형이 예상되는 큰 휨모멘트를 받는 구조부에는 사용하지 못한다.

▾표 2.37 못의 전단허용내력

못의 종류			장기하중에 대한 값(kg/1개)		단기하중에 대한 값(kg/1개)		널 두께(mm)	비 고
호칭	지름(d) (mm)	길이 (mm)	소나무	삼나무	소나무	삼나무		
N 40	2.0	40	9	7	장기하중에 대한 값의 3배		15	1. 이 표의 단기하중에 대한 허용내력치는 변위 2mm를 표준으로 한다. 2. 장기하중에 대한 허용내력치는 다음 식에 의한다. 소나무 $650d^2/3$ 삼나무 $500d^2/3$ d=못의 지름(mm)
N 45	2.3	45	12	9			18, 15	
N 50	2.3	50	12	9			18, 15	
N 65	2.6	65	15	11			24, 21, 18	
N 75	3.2	75	22	17			30, 24, 21	
N 90	3.5	90	27	20			30, 24, 21	
N100	4.0	100	35	27			40, 30, 24	
N130	4.5	110	44	34			45, 40, 30	
N150	5.0	120	54	42			60, 55, 45, 40	

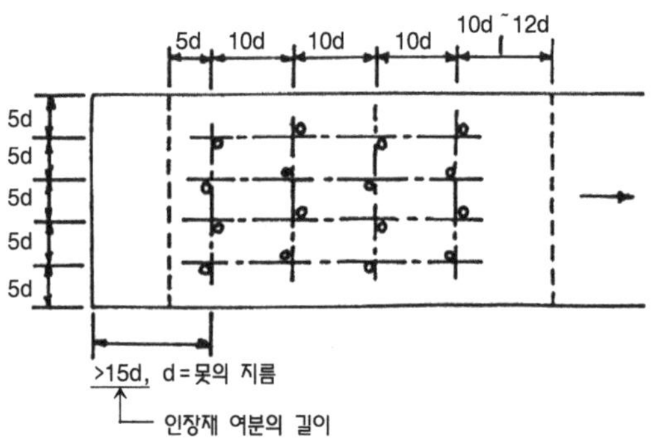

▸그림 2.130
못 배치의 간격

꺾쇠는 두 부재를 얽어매는 간단한 수단으로 옛부터 이용해 온 것으로 보통꺾쇠, 엇꺾쇠, 주걱꺾쇠 등이 있으며, 몸통의 단면에 따라 각꺾쇠, 원형꺾쇠, 평꺾쇠로 구분한다. 녹막이칠을 2회 이상 하거나 콜타르를 발라서 사용하며, 달굼칠을 하고, 주걱꺾쇠 못치기는 나사못으로 한다. 띠쇠, ㄱ자쇠, 감잡이쇠, 안장쇠 등의 보강철물은 두께가 2~6mm 정도, 길이가 20~60mm 정도인 것을 사용한다. 고정을 위하여 감잡이쇠의 구멍에는 쐐기를 사용하고 띠쇠 등에는 가시못을 박거나 볼트를 사용한다.

듀벨은 일종의 산지로서 전단력을 보강하는 용도로 쓰인다. 보강철물 또는 볼트의 구멍지름은 볼트지름보다 1.5~3mm 크게 한다. 꺾쇠 및 볼트 등은 하중이 걸린 다음에 다시 조이기를 한다.

◀표 2.38
인장을 받는 볼트의 허용내력과 와셔의 크기

<table>
<tr><th>볼트의 종류</th><th>와셔의 크기(mm)</th><th>장기하중에 대한 값(kg)</th><th>단기하중에 대한 값(kg)</th></tr>
<tr><td>B 13 (1/2″)</td><td>50×50×6</td><td>1,000</td><td rowspan="4">장기하중에 대한 값의 2배</td></tr>
<tr><td>B 16 (5/8″)</td><td>65×65×9</td><td>1,600</td></tr>
<tr><td>B 19 (3/4″)</td><td>75×75×9</td><td>2,300</td></tr>
<tr><td>B 22 (7/8″)</td><td>90×90×12</td><td>3,100</td></tr>
</table>

◀표 2.39
구부림을 받는 볼트의 허용응력

<table>
<tr><th colspan="2" rowspan="2">이음형식</th><th colspan="2">장기하중에 대한 값(kg)</th><th colspan="2">단기하중에 대한 값(kg)</th></tr>
<tr><th>소 나 무</th><th>삼 나 무</th><th>소 나 무</th><th>삼 나 무</th></tr>
<tr><td>복전단접합</td><td>복전단
t, d, t_1, t_2
$t_1+t_2=t$</td><td>75dt
또는
<300d²</td><td>50dt
또는
<260d²</td><td colspan="2" rowspan="2">장기하중에 대한 값의 2배

【주기】
① 직각이음일 때의 허용내력은 1/3로 한다.
② 덧판을 철판으로 할 때에는 이 표의 내력을 15% 증가한다.
③ d : 볼트지름
t : 중간재의 두께(단전단에서는 얇은 재의 두께 cm)</td></tr>
<tr><td>단전단접합</td><td>단전단
t<t′</td><td colspan="2">위의 값의 1/3
단, 이 형식의 이음은 경미한 것에 한하여 사용한다.</td></tr>
</table>

기계볼트
래그볼트
접시머리볼트
둥근머리 스토브볼트

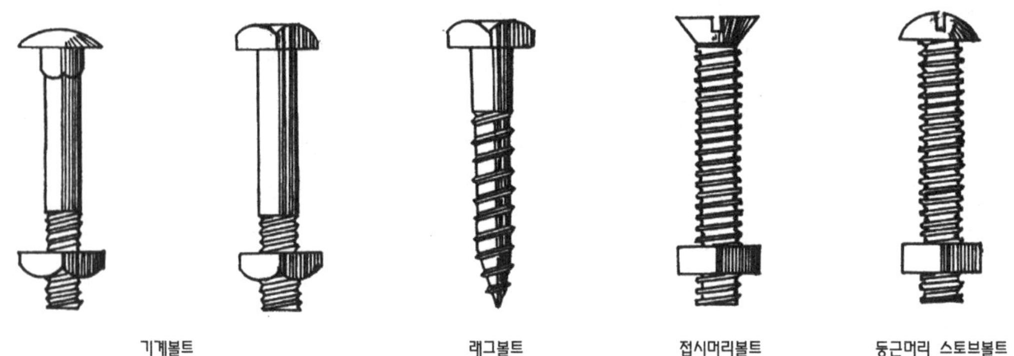

▲그림 2.131
볼 트

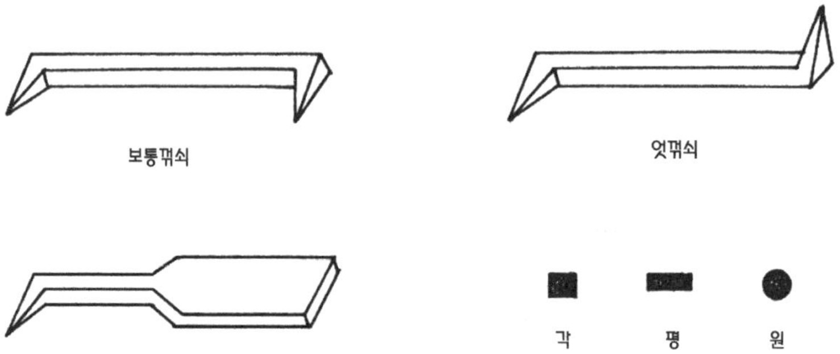

보통꺾쇠
엇꺾쇠
주걱꺾쇠
각
평
원
단면형

▶그림 2.132
꺾쇠

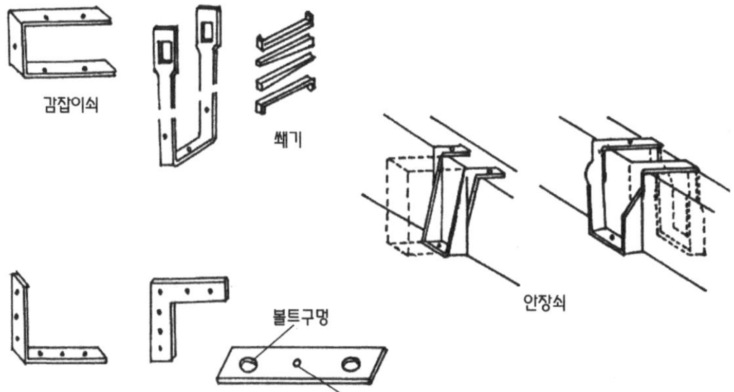

감잡이쇠
쐐기
안장쇠
볼트구멍
ㄱ자쇠
띠쇠
가시못구멍

▶그림 2.133
기타 철물

2.7.6 재래구법의 시공

(1) 부재의 선정

부재의 단면산정은 법규의 규정에 따른 최저기준을 지키면서 설계자가 안전을 고려하여 선정한다. 일반적으로 단층 한옥에서 통용되는 목조의 부재단면과 설치간격은 기둥을 3치 5푼×3치 5푼 단면으로 6자 간격으로 세우고, 중도리를 1치 7푼×3치 5푼 단면으로 3자 간격으로 설치한다. 또 다른 예를 들면 서까래는 1치 7푼×1치 7푼 단면과 1.5자 간격으로 보내고, 문틀두께는 마감치수로 1치 1푼을 잡는다. 이런 치수는 2층 건물에서는 5푼, 공공건물에서는 1푼을 더한 단면치수를 채용한다.

재래식 목조에서는 거의 일정하게 통용되는 단면 크기가 정해져 있는데 지붕틀과 마루를 중심으로 기술하면 다음과 같다.

서까래는 45×45mm 단면의 부재를 450mm 이하의 간격으로 배치하고, 중도리는 90×90mm 단면의 부재를 900mm 간격으로 배치한다. 마루대는 중도리와 같은 단면 크기 이상으로 하고, 동자기둥(대공)은 중도리와 같은 단면의 부재를 쓴다. 지붕보의 끝마구리 직경 크기는 스팬이 6자(1.8m)면 105mm, 9자(2.7m)이면 120mm, 12자(3.6m)이면 150mm가 표준이다.

장선은 지지재의 간격이 900mm 정도면 40×45mm 단면의 부재를 쓰고, 1,800mm 정도면 45×105mm 단면을 쓴다. 장선의 간격은 합판을 바닥재로 얹는 경우 300mm로 한다. 멍에는 90×90mm 이상의 부재를 쓰고, 보통은 900mm 간격으로 배치하고, 900mm 간격으로 지지한다.

보의 강도는 충분해도 처짐이 크면 안되므로 지지재의 중심거리가 1일 때 1/300 또는 20mm 보다 작게 하고, 중도리는 1/200을 한도로 한다. 스팬이 큰 경우 단면 산정에 주의를 요하고, 특히 1층이 큰 스팬이거나 개구부가 있어서 기둥 없이 보를 걸고, 그 위에 기둥을 세울 경우는 구조계산이 필요하다.

(2) 시공의 요령

$100m^2$ 정도의 주택으로 100~150일의 기간이 필요한 공정의 예를 보면 다음 그림 2.134와 같다. 우선 수평보기를 하고, 흙파기와 기초공사를 진행하면서 뼈대에 소요되는 부재를 준비하여 현장에 반입한다. 기초가 완료되면 토대를 깔아 놓은 후 준비한 뼈대를 하루만에 조립하여 세우는 것이 보통이다. 계속하여 지붕틀 공사와 샛기둥 및 가새를 설치하고, 지붕을 씌운 후에 구조체가 하중을 모두 받아 충분히 가라앉은 후에 마루를 시공한다. 그 후에 마감을 위한 바탕이 되는 공사, 마감공사, 설비의 배관 및 배선, 기기의 설치공사 등을 진행하여 건물을 완성한다.

▾그림 2.134 재래구법에 의한 목조 주택의 공정

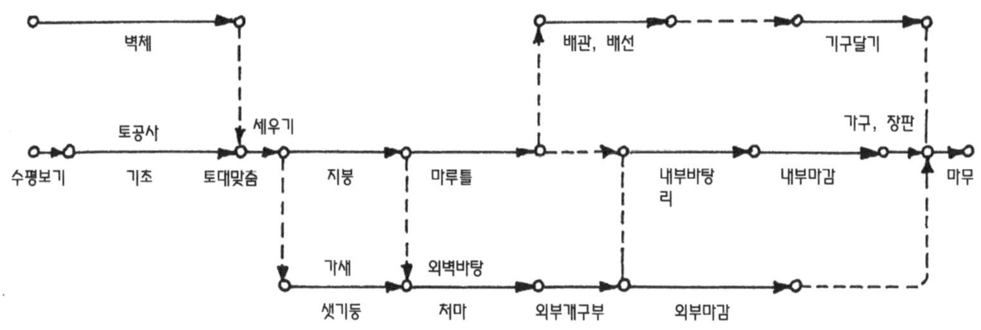

2.7.7 기타 목조구법

(1) 2×4(two by four) 구법

2″×4″ 단면을 가진 목재를 주요한 구조재로 쓰는 구법으로 19세기에 미국에서 발전한 구법이다. 수직재를 2층까지 연속하여 설치하는 경골구조(balloon construction)와 1층 위에 강한 마루틀을 설치하는 플랫폼구조(platform construction)가 대표적으로 쓰인다.

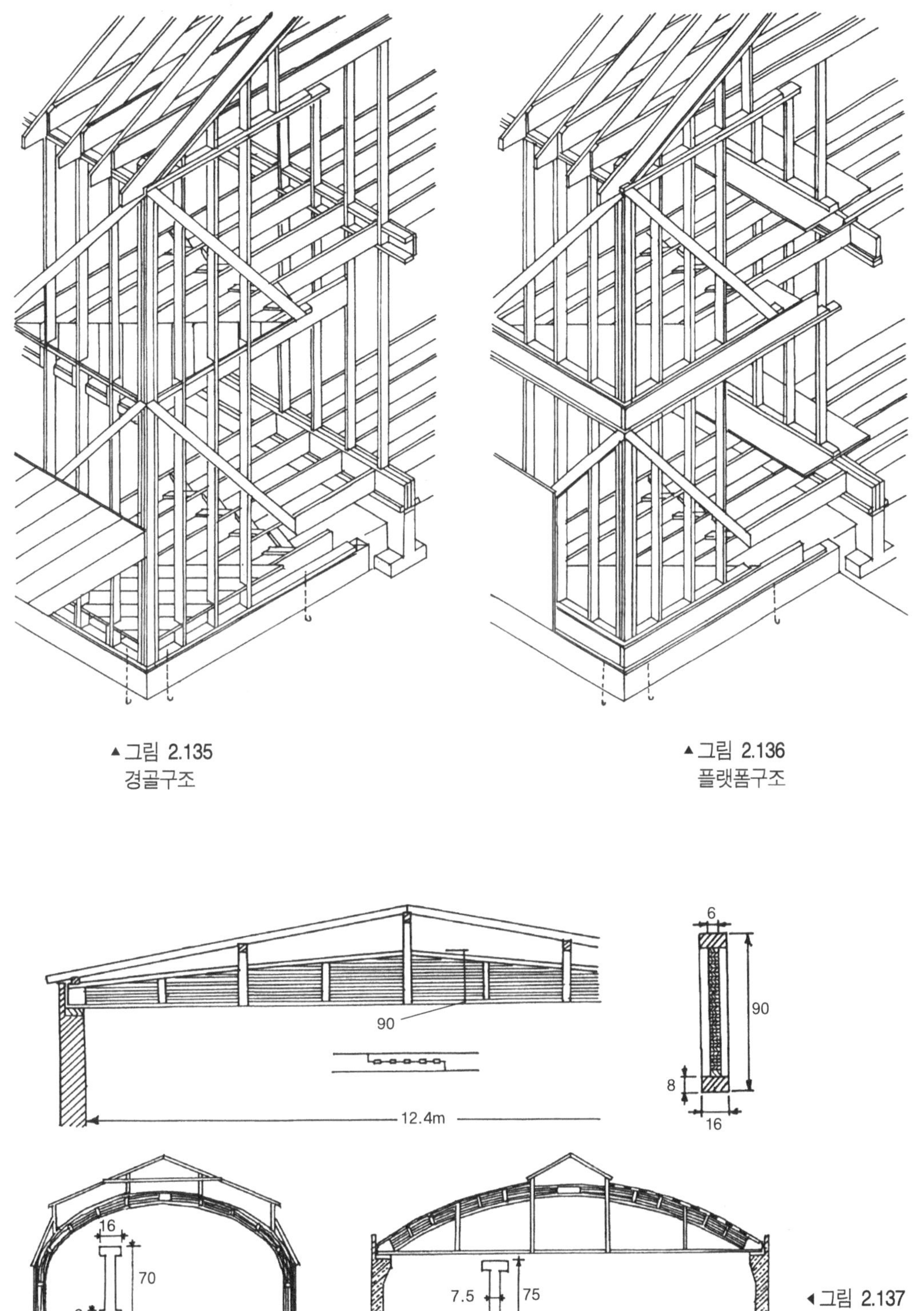

▲그림 2.135
경골구조

▲그림 2.136
플랫폼구조

◀그림 2.137
큰 간사이
나무구조

(2) 큰 간사이 나무구조

볼트로 접합하는 경우 볼트구멍의 여유로 인하여 생기는 변위를 막기 어려운 결점을 해결하는 방법으로는 듀벨과 볼트를 병용한 것과 못과 교착제를 병용한 것의 두 가지가 있다. 그러나 새로운 건축자재의 개발과 불연재료의 요청으로 큰 간사이 목조건축의 수요는 극도로 한정된 실정이고, 철골구조 등으로 대치되고 있다.

(3) 기타 나무구조

1) 귀틀집 구조(log cabin, log house)

방틀집 또는 통나무집이라고도 하며, 통나무나 각재를 가로 포개 쌓아올려 우물정(井)자로 짜서 외벽을 구성하는 구법으로서 모서리 부분을 보강하기 위하여 꽂임촉이나 볼트로 일체화시키기도 한다.

2) 건식 구조(dry construction)

목조의 벽을 석면판, 함석판, 텍스판, 합판 등을 붙여 꾸미고 물을 쓰는 공사방식을 피하는 것이다. 진흙, 모르타르, 회반죽 바르기보다 공사비가 저렴하고, 공기가 단축되는 이점이 있다.

3) 목골 구조(wood framework)

나무로 벽체의 뼈대를 구성하고, 돌 또는 벽돌로 쌓아 만든 구조로 방화에 유리하다. 횡력에 약하므로 연결을 튼튼히 해야되고, 나무는 방부처리가 필요하다.

4) 집성재 구조

얇은 판을 섬유방향으로 평행하게 접합하여 구성한 합성목재로 기둥·보 등의 골조용 직선재와 아치 등에 쓰는 곡선재가 있다. 큰 간사이 구조에 3핀 접합 아치(pin arch) 등으로 풍부한 공간연출에 적용하는 수도 있다.

120
150
30
125
190
60
150

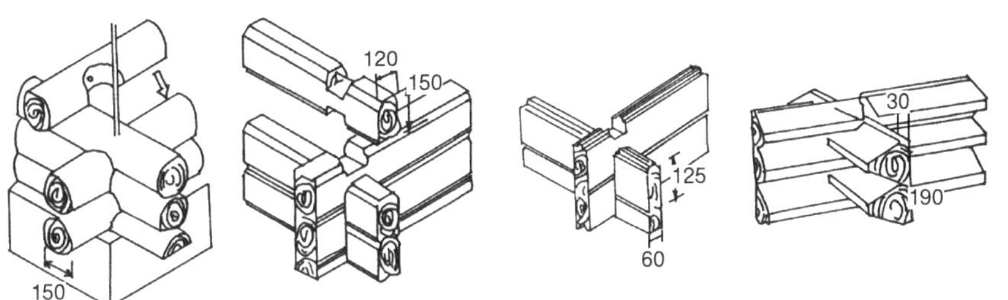

◂그림 2.138
귀틀집 구조

▾그림 2.139
집성재 아치

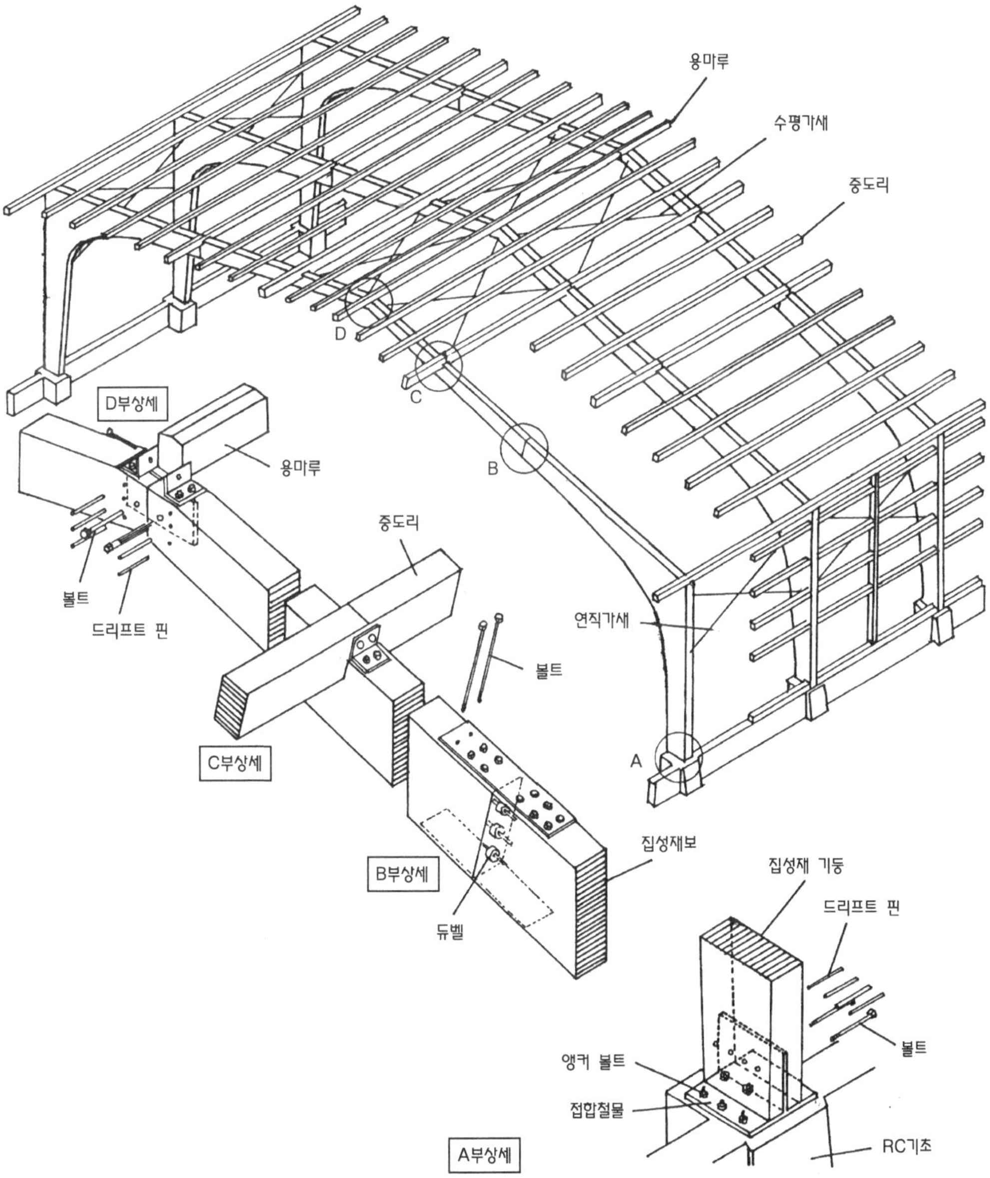

용마루
수평가새
중도리
D
C
B
A
D부상세
용마루
볼트
드리프트 핀
중도리
연직가새
볼트
C부상세
B부상세
듀벨
집성재보
집성재 기둥
드리프트 핀
볼트
앵커 볼트
접합철물
RC기초
A부상세

2.8 고층 구조물의 구조형식

고층 구조물은 일반적인 건축물과는 달리 수평하중인 바람과 지진하중의 영향을 많이 받게 되며, 특히 초고층이 될수록 바람하중에 저항하는 구조형식을 추구하게 된다.

(1) 코어 구조(core structure)

주거용 건물의 경우 벽체의 배치가 용이하나 사무실이나 기타 상업용 건물의 경우 고정된 벽체보다는 공간 분할의 유연성을 부여하기 위하여 큰 공간이 필요하여 벽체의 배치가 어려워진다. 이 경우 수직동선과 에너지 분배를 담당하는 부분(엘리베이터, 계단, 화장실, 설비 샤프트 등)을 코어에 모아 횡력을 부담하는 구조체로 이용하게 된다. 코어를 활용하면 경제적이고, 적절한 고층 구조물의 내력구조형식이 된다.

구조계획 단계에서 코어 벽면의 개구부가 입면의 30%를 넘지 않으면 개구부 효과를 무시하고, 설계해도 무방하다. 또한 개구부가 가능한 한 연직선상으로 연결되지 않도록 하는 것이 유리하다. 이처럼 연직선상으로 연결되지 않은 벽체를 병렬 전단벽이라고 하며 병렬 전단벽의 개구부를 연결하는 보(coupled beam)의 강성에 의해 구조물 전체의 거동이 달라지므로 연결보의 강성부여 및 상세에 유의해야 한다.

횡력에 대한 코어의 구조적 특성은 평면형태, 강성의 정도, 횡력의 방향 등에 따라 달라지며, 코어의 형태가 열린 형태이거나 비대칭일 경우 코어 구조가 비틀리게 된다. 이러한 비틀림은 횡력에 의한 전단력과 함께 작용하므로 이러한 비틀림을 제어할 수 있는 방법의 선택이 대단히 중요하다.

코어의 종류를 위치, 숫자, 배치 등에 따라 분류하면 다음과 같다(그림 2.140).

① **코어 위치에 따른 분류** : 내부 코어, 외부 코어, 주변 코어

② 코어 숫자에 따른 분류 : 단일 코어, 다중 코어(multiple core)
③ 코어 배치에 따른 분류 : 대칭 코어, 편심 코어 등

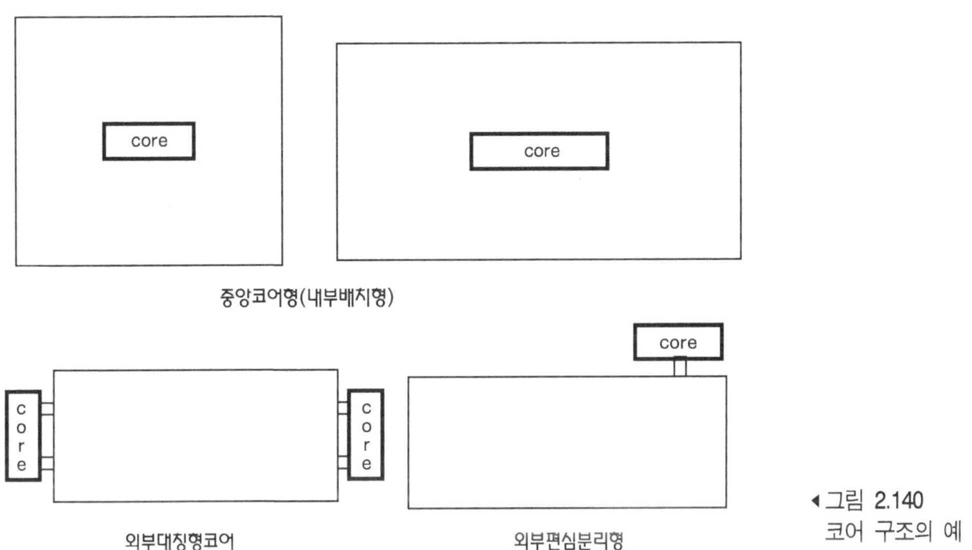

◀그림 2.140
코어 구조의 예

(2) 튜브 구조(Tube structure)

건물의 외부 벽체에 최소한의 개구부를 둠으로써 건물에 작용하는 횡하중에 대하여 건물이 튜브 형태로 저항할 수 있도록 계획하는 구조 시스템이다(그림 2.141).

튜브 구조 형식은 골조튜브, 이중튜브, 다중튜브 등으로 분류할 수 있다.

현재 세계에서 가장 높은 건물 5개중 4개인 John Hancock Center, Sears Tower, Standard Oil Building, World Trade Center가 이 구조방식이며, 국내에서는 LG Twin Building이 대표적인 예이다.

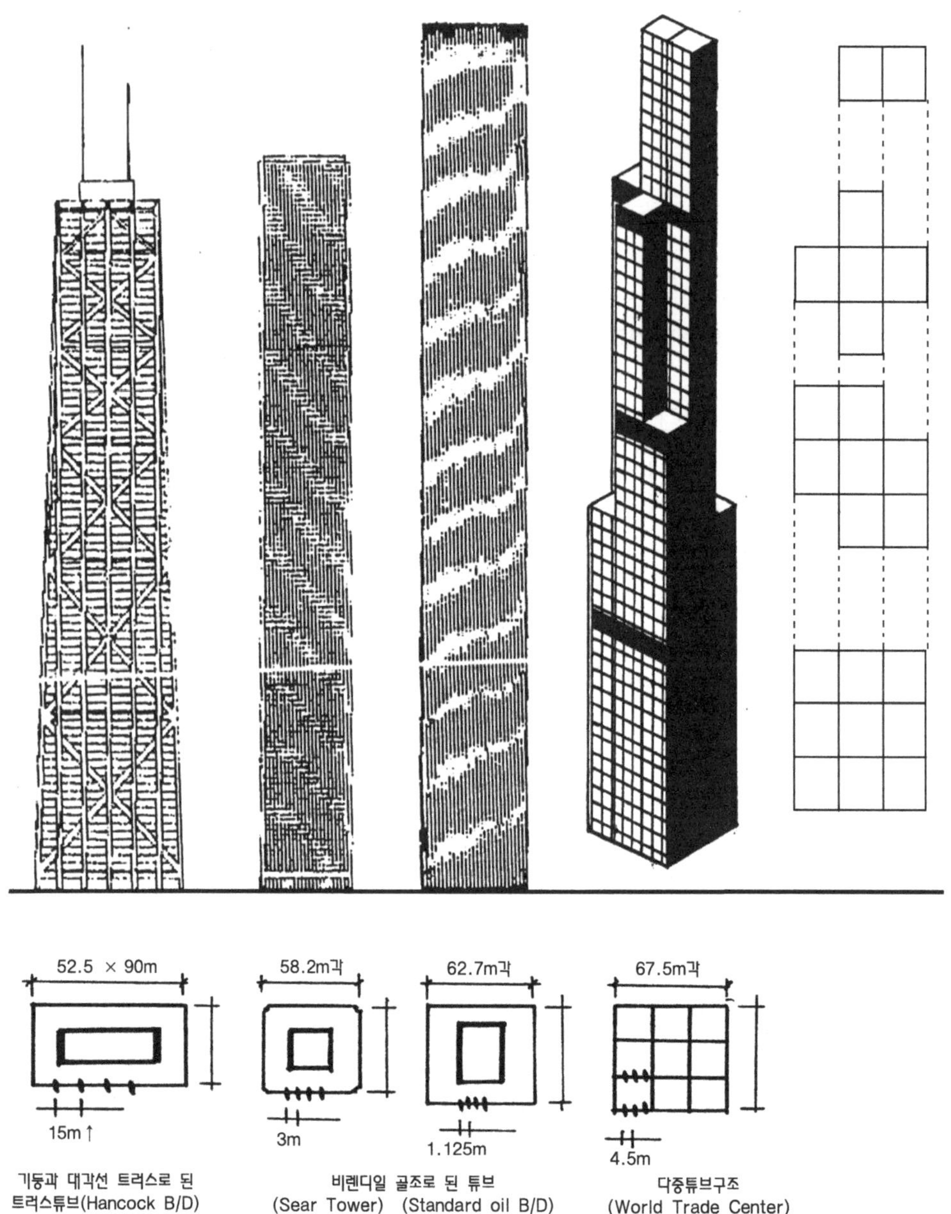

▲그림 2.141
튜브 구조의
최고층 건물 예

3. 각 부 구법

3.1 지정, 기초
3.2 벽
3.3 개구부, 창호
3.4 바닥
3.5 계단
3.6 천장
3.7 지붕

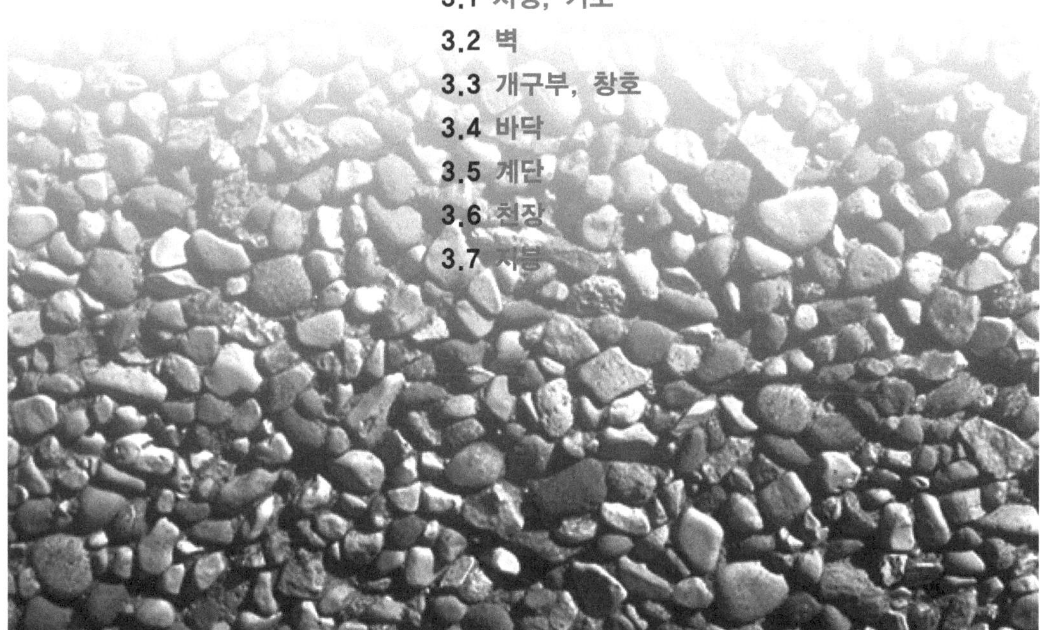

3.1 지정, 기초

3.1.1 지 정

(1) 지정의 기능과 종류

건축물 상부구조의 하중은 기초를 통하여 지반에 전달된다. 이런 지반부분이 기초를 효과적으로 지지할 수 있도록 하는 것을 지정이라 한다. 지반은 자연적으로 만들어진 것으로 균질하지 못하며, 상부구조에 따른 역학적 성질을 받아들이기 쉬운 것은 아니다.

충분한 지지력을 확보하고, 침하를 허용량 내에서 억제하기 위해 지정이 필요한 경우가 많으며, 지정계획에서는 부동침하가 일어나지 않도록 주의해야 한다. 지정에는 간단히 주로 사용하는 잡석지정과 하중이 클 경우에 일반적으로 사용하는 말뚝지정, 큰 하중을 지지할 수 있는 피어지정과 그리고 지반개량법 등이 있다. 지정의 선택은 상부구조의 종류, 건물의 평면이나 입면 형상과 지반의 상태에 따라 결정된다.

(2) 지반조사

지반을 구성하는 지층의 상태를 파악하기 위하여 시굴, 보링 등의 지반조사가 행해진다. 보링은 지반에 깊은 구멍을 뚫어 샘플러로 시료를 채취하여 지층의 구성을 조사하는 방법이다(그림 3.1). 보링과 병행하여 일정규격의 채취기를 타격하여 30cm 관입 시키는데 소요되는 타격횟수(N값)를 기록하는 경우가 많다. 이것을 표준관입시험이라 하며, 지반의 특성 지표로서 이용된다.

(3) 잡석지정

20~30cm 정도의 잡석을 종방향으로 세워놓고, 잡석 사이에 모래를 섞은 자갈을 채워넣어 지표면을 견고하게 하는 방법을 잡석

지정이라 한다. 일반적으로 잡석지정 위에 버림콘크리트를 타설하여 기초의 바닥면으로 사용하며, 말뚝지정과 병행하여 사용하기도 한다. 터파기 바닥이 양호한 경우에 잡석지정을 하게되면 오히려 지내력이 감소되는 경우도 있으므로 항상 잡석지정이 필요한 것은 아니다.

▾그림 3.1 시추주상도

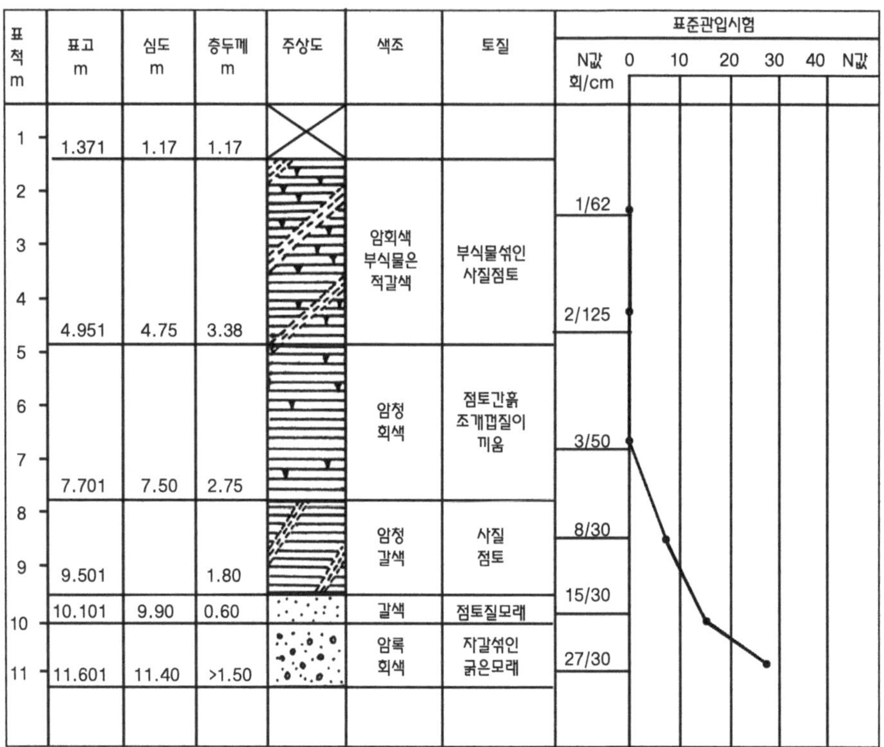

표척 m	표고 m	심도 m	층두께 m	주상도	색조	토질	표준관입시험 N값 회/cm
1	1.371	1.17	1.17				
2–4	4.951	4.75	3.38		암회색 부식물은 적갈색	부식물섞인 사질점토	1/62, 2/125
5–7	7.701	7.50	2.75		암청 회색	점토간흙 조개껍질이 끼움	3/50
8–9	9.501		1.80		암청 갈색	사질 점토	8/30
10	10.101	9.90	0.60		갈색	점토질모래	15/30
11	11.601	11.40	>1.50		암록 회색	자갈섞인 굵은모래	27/30

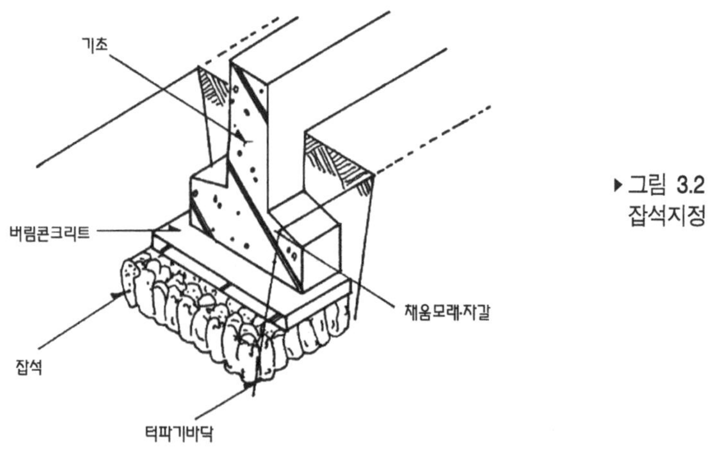

▸그림 3.2 잡석지정

(4) 말뚝지정

기초가 접하는 지반면에서 필요한 지내력을 얻을 수 없는 경우에는 말뚝지정을 이용한다. 말뚝은 재료에 따라 나무말뚝, 콘크리트말뚝, 강재말뚝으로 분류된다. 콘크리트말뚝은 공장에서 생산된 기성콘크리트말뚝과 현장타설 콘크리트말뚝으로 나누며, 하중의 전달형식에 따라 경질지반에 직접 하중을 전달하는 선단지지말뚝과 주변 토사의 마찰력을 이용한 마찰말뚝으로 분류된다.

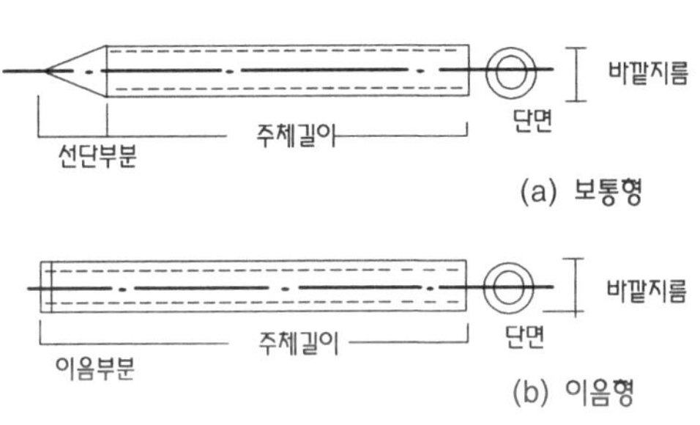

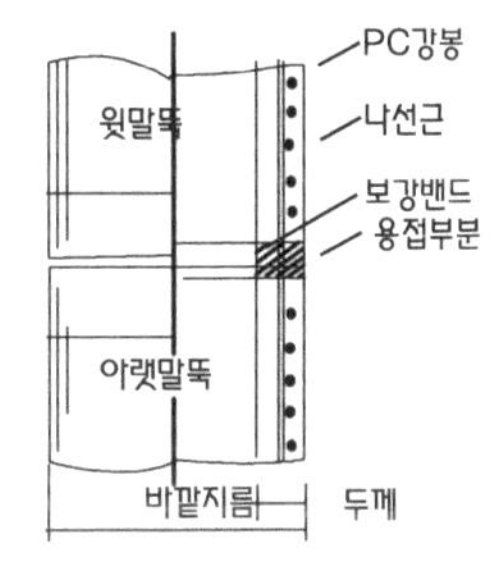

◂그림 3.3 기성콘크리트 말뚝의 형상과 이음

나무말뚝은 육송 또는 낙엽송을 주로 사용하며, 부식을 방지하기 위하여 지하상수위 아래까지 박아야 한다. 기성콘크리트말뚝은 품질이 안정되고, 부식의 우려가 없으며, 원심력을 이용하여 공장에서 제작한다. 길이는 15M 이하로 생산되고, 연결하여 사용할 수 있으며, 최근 들어서는 기성 콘크리트말뚝의 대부분에 프리스트레스를 적용한 PC말뚝이 채용되고 있으며, 고강도 기성 콘크리트 말뚝이 개발되어 강재말뚝을 대신하고 있다.

강재말뚝은 강관말뚝, H형강말뚝 등이 있으며, 용접으로 연결하면 소요 길이를 확보할 수 있으므로 깊은 말뚝의 사용이 가능하다. 강재의 두께는 부식을 고려하여 결정하여야 한다.

기성말뚝은 설치시 소음으로 문제가 발생하는데 그 대책으로 어스오가(earth auger) 혹은 굴착기로 구멍을 만드는 프리보링공법, 중심부가 비어있는 말뚝을 케이싱처럼 사용하는 중굴공법, 그리고 고압의 물을 분사하여 말뚝을 압입하는 제트공법 등이 있다(그림 3.4).

현장타설 콘크리트말뚝은 지반에 구멍을 내어 콘크리트를 타설하는 방법으로 길이를 자유로 할 수 있다. 타입하는 말뚝에 비하여 단면 상태와 품질을 확인할 수 없는 것이 단점이나 소음이 적고, 굴착시에는 지반의 붕괴에 주의하여야 한다.

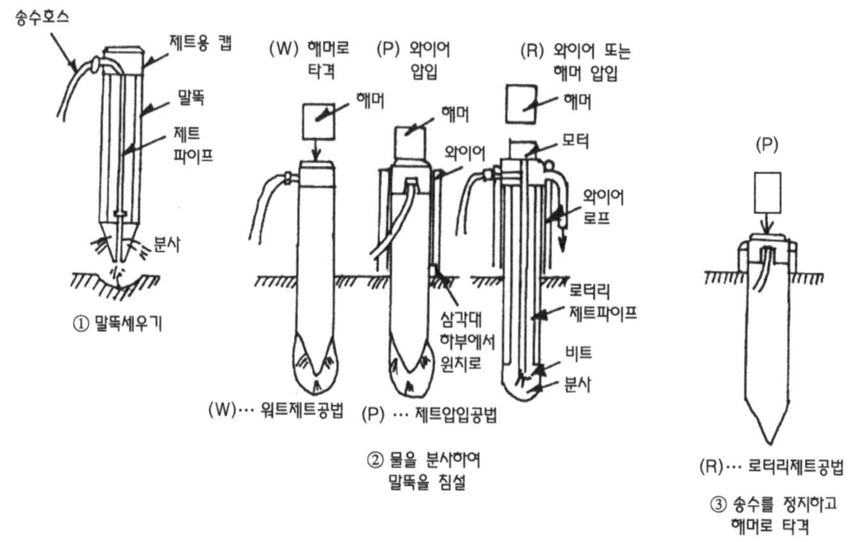

(a) 수사법

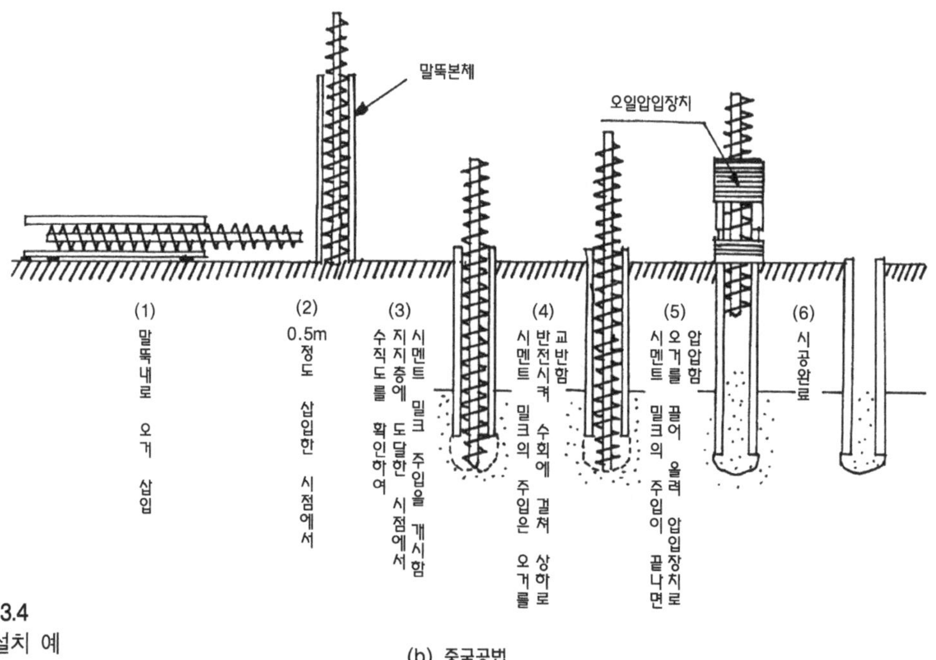

(b) 중굴공법

▸그림 3.4
말뚝설치 예

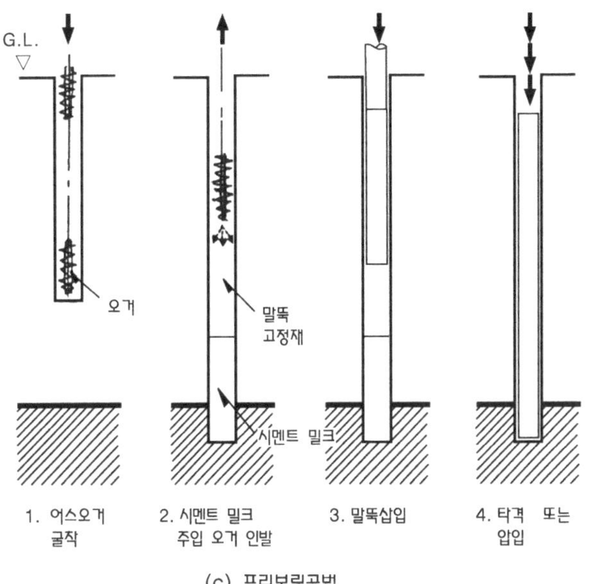

(c) 프리보링공법

◀그림 3.4 말뚝설치 예 (계속)

개발되어 있는 기계화공법에는 케이싱을 이용하여 굴착면이 무너지지 않게 굴착하는 베노토공법(그림 3.5), 표층부분만 케이싱을 이용하는 어스드릴공법(그림 3.6), 구멍에 물을 채워 굴삭하여 토사를 순환수와 같이 배출하는 리버스서큐레이션공법(그림 3.7) 등이 사용되고 있다.

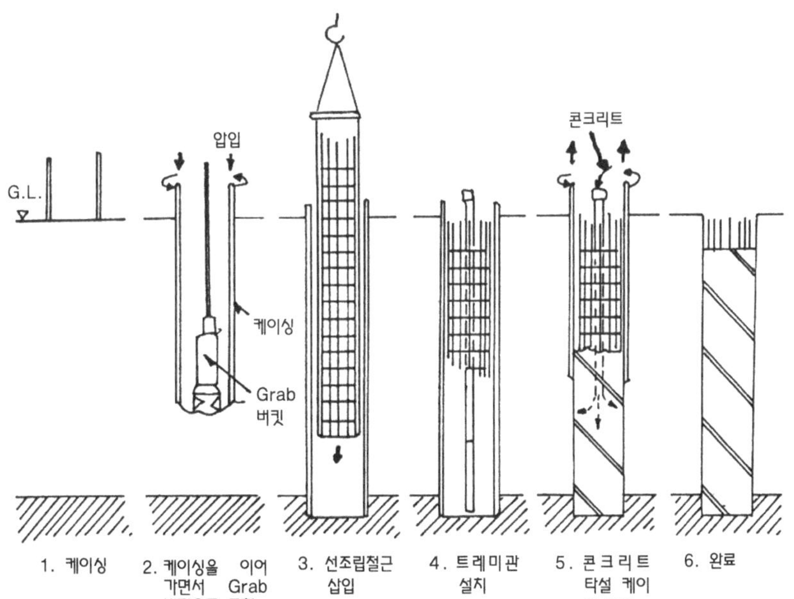

◀그림 3.5 베노토공법

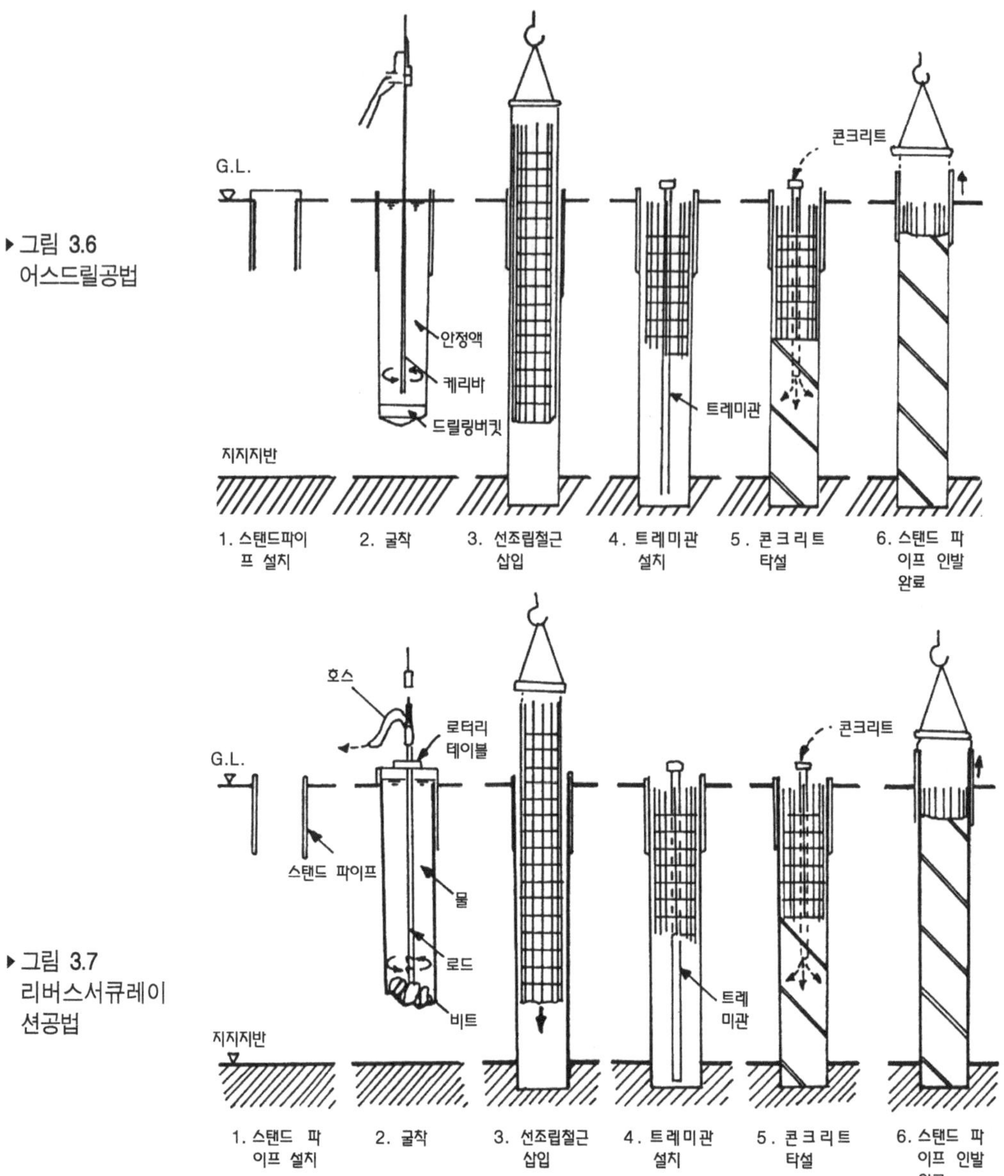

▶그림 3.6 어스드릴공법

▶그림 3.7 리버스서큐레이션공법

길이에 비해 직경의 비율이 큰 현장타설 콘크리트말뚝을 피어라고 한다. 굴삭 장소에 사람이 들어가 작업하고 콘크리트를 타설하는 말뚝을 심초공법(그림 3.8)이라 하는데 지지지반의 확인이 가능하나 작업상 안전에 각별한 주의가 요구된다.

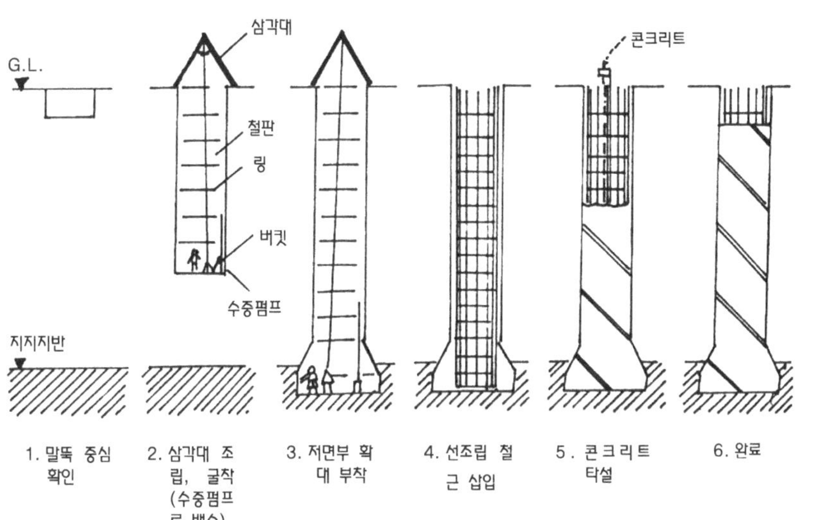

◂그림 3.8 심초공법

(5) 지반개량공법

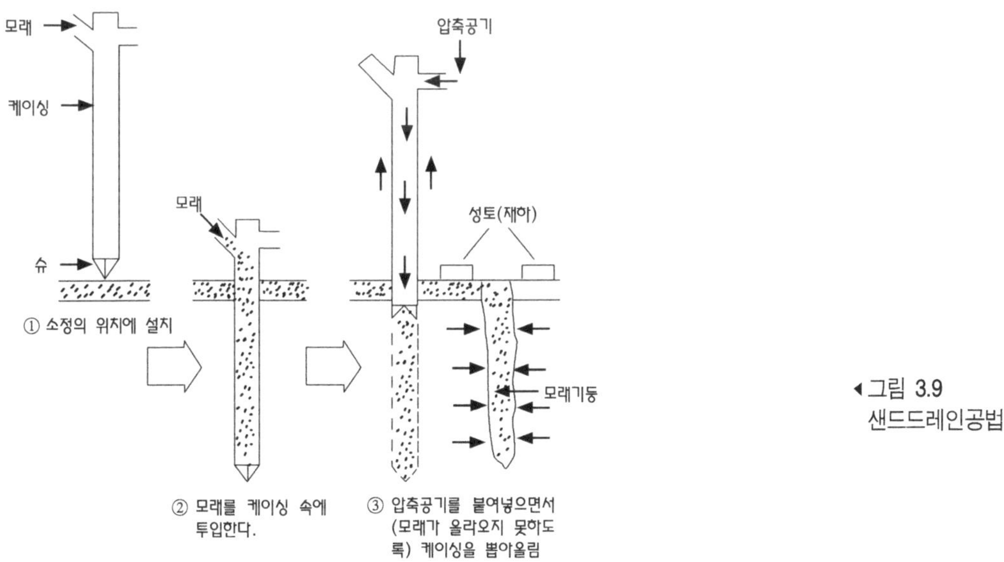

◂그림 3.9 샌드드레인공법

지반의 지지력을 증가시킬 목적으로 연약지반의 지질을 개량하는 공법을 지반개량이라 한다. 사질지반에 진동을 주어 간극을 치밀하게 다져주는 바이브로 프로테이션공법, 모래로 말뚝을 만들어 설치하는 샌드파일공법, 점토 내부의 간극수를 단기간에 제거하기 위하여 모래말뚝을 형성하여 물을 빼내는 샌드드레인공법(그림 3.9) 등이 있다. 시멘트나 약품을 주입하여 직접강도를 향상시키는 공법도 있다.

3.1.2 기 초

(1) 기초의 기능과 종류

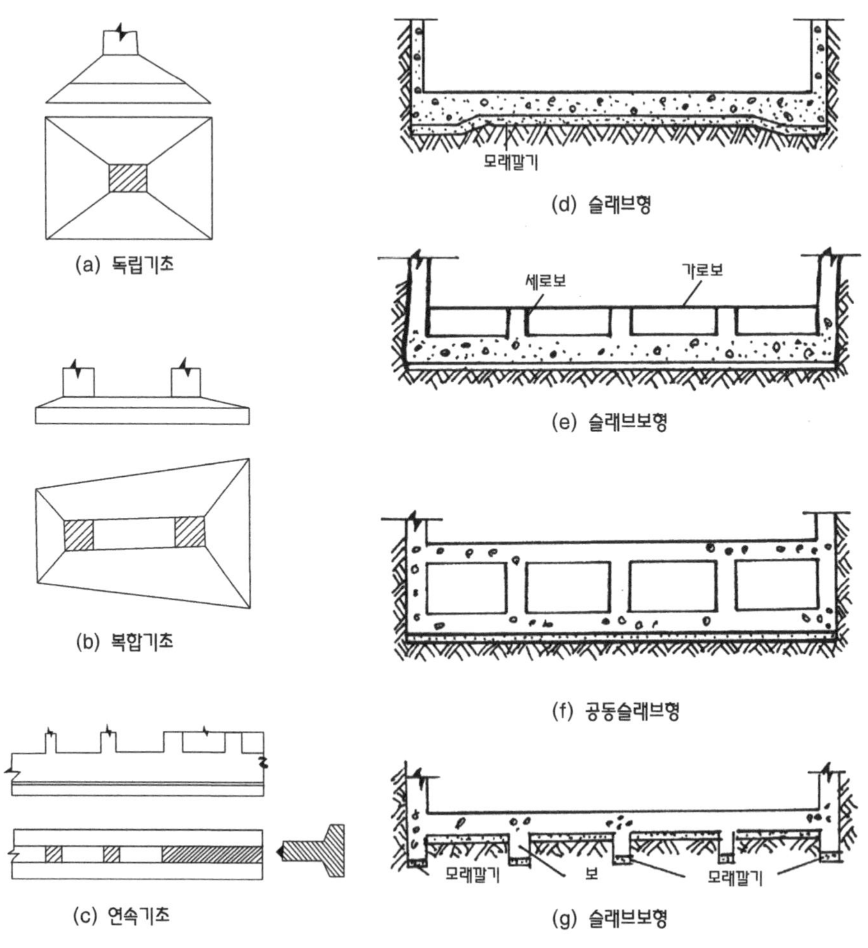

▸그림 3.10
기초의 종류

기초는 상부구조의 하중을 지정 또는 지반에 전달하는 역할을 하는 것으 로 부동침하 등이 일어나지 않도록 신중한 설계가 필요하다. 철근콘크리트로 만드는 것이 일반적이며, 지중보로 상호 연결된다. 기초의 종류에는 독립기초, 복합기초, 연속기초, 온통기초 등이 있다(그림 3.10). 기초는 하중을 분산시켜 넓은 면적의 지반면에 전달할 수 있도록 기둥이나 내력벽 하부부분을 넓게 한 것으로 하중과 지내력을 고려하여 크기를 결정한다.

목조주택은 하중이 적으므로 하부가 넓지 않은 독립기초나 줄기초가 주로 사용된다.

독립기초는 기둥의 하부에 설치되는 것으로 사각형의 모양이 많으며, 기둥간격이 좁은 경우에는 2개의 기둥을 복합하여 형성하는 복합기초를 사용하기도 하고, 기둥의 하중이 상이할 경우에는 기초의 형상이 사다리꼴 모양이 된다. 특히, 부지경계선에서 독립기초를 사용할 경우에 기초 중앙에 기둥이 위치하기가 불가능하여 편심형태가 되어 안쪽의 기둥과 일체의 기초로서 복합기초를 사용하기도 한다. 연속기초는 철근콘크리트 벽식구조와 목조주택 등의 기초로 많이 사용되며, 또한 기초면이 넓어져 바닥전면에 설치되는 온통기초는 연약지반이나 하중이 큰 경우에 사용된다. 온통기초의 경우에 지중보 구간에는 별도의 공간형성이 가능하여 보의 춤이 높을 경우 이 공간을 활용하여 저수조, 축열조 등으로 이용할 수 있다.

(2) 기초의 시공법

기초를 시공하기 위해서는 우선 터파기를 해야 하는데 지반을 굴착하여 배출하는 공사로 여러 종류의 건설장비가 이용된다. 대규모의 건축물에서는 터파기 측면에 토류벽이 설치된다. 토류벽은 토류판과 시트파일, 현장타설 콘크리트 등이 사용되며, 철재띠장과 수평버팀대로 지보공을 설치하여 토압을 지지한다. 터파기 바닥에 잡석지정을 시공하고, 버림콘크리트를 타설하는데 이 콘크리트는 하중을 부담하는 것 뿐만이 아니라 기초공사를 수행하는 기본바닥이 되는 것이다. 이 표면에 먹줄로 기초부분을 표시하고, 철근을 배근하며, 거푸집을 세우게 된다.

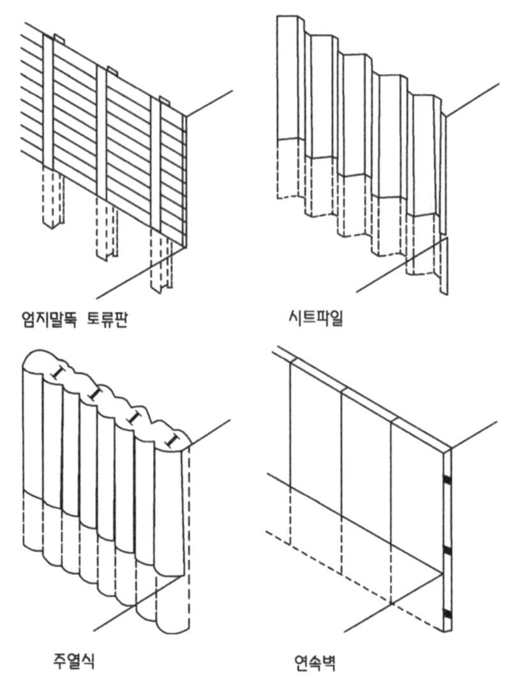

▲그림 3.11
흙막이공법

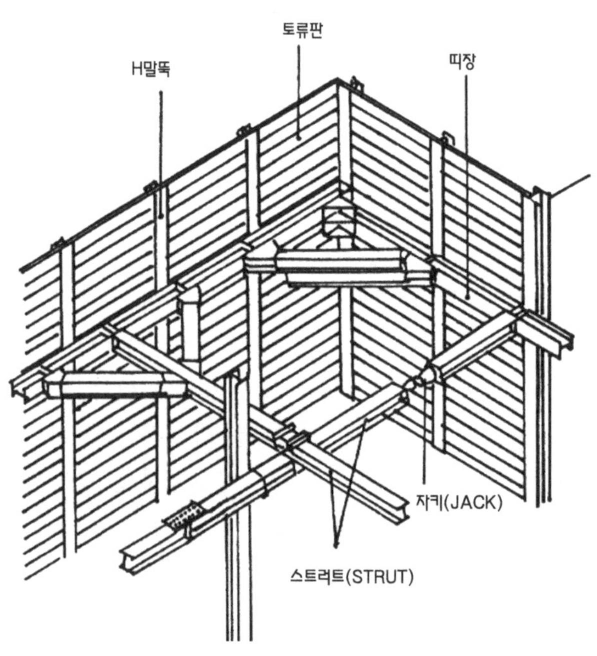

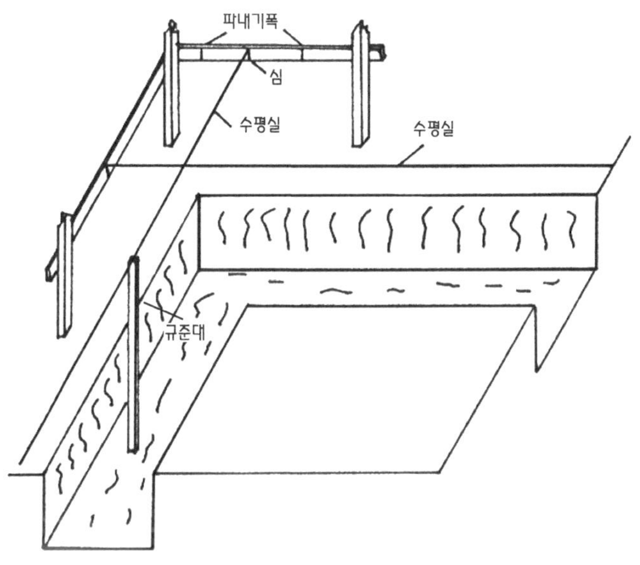

◂그림 3.12
터파기 규준틀

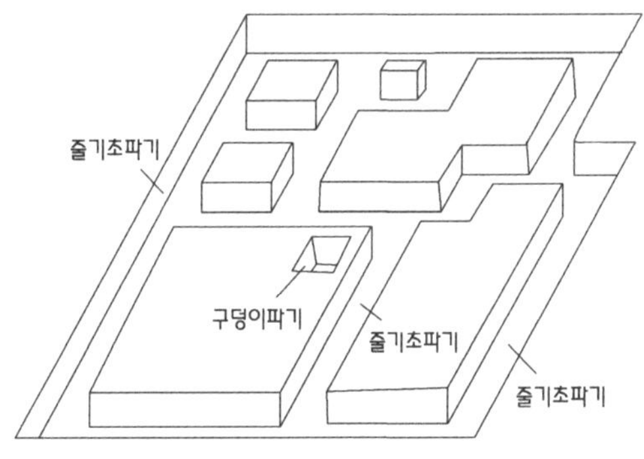

◂그림 3.13
터파기

(3) 기초와 말뚝의 연결

말뚝은 주로 기초로부터 압축력을 받는다. 말뚝과 기초를 결합하는 경우에 콘크리트말뚝의 경우에는 말뚝의 콘크리트를 절단하여 철근을 꺼내 기초콘크리트를 타설할 때 기초 속으로 매립하여 정착하고, 강재말뚝은 용접으로 기초의 철근과 접합한다(그림 3.14).

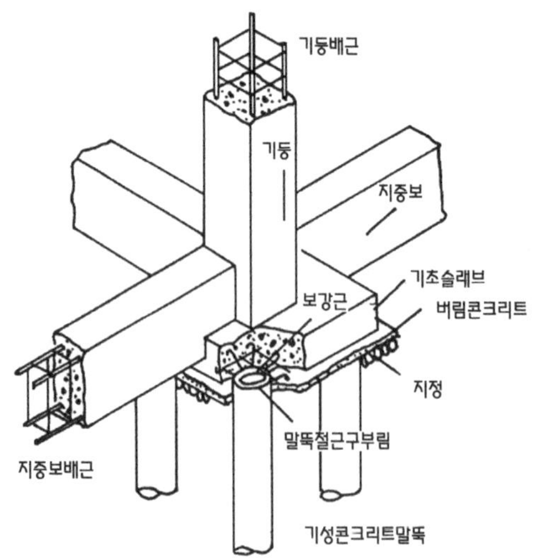

▶그림 3.14
말뚝과 기초의 연결

(4) 지하실

지하실을 설계할 때에는 외벽에 방수가 필요하게 된다. 철근콘크리트벽의 외측에 방수층을 설치하는 경우와 내측에 방수층을 설치하는 경우가 있는데 외벽의 안쪽에 블록으로 2중벽을 만들어 그 2중벽 내부에서 침투수를 처리하는 형식이 많이 쓰인다(그림 3.15).

▼그림 3.15
지하실의 방수

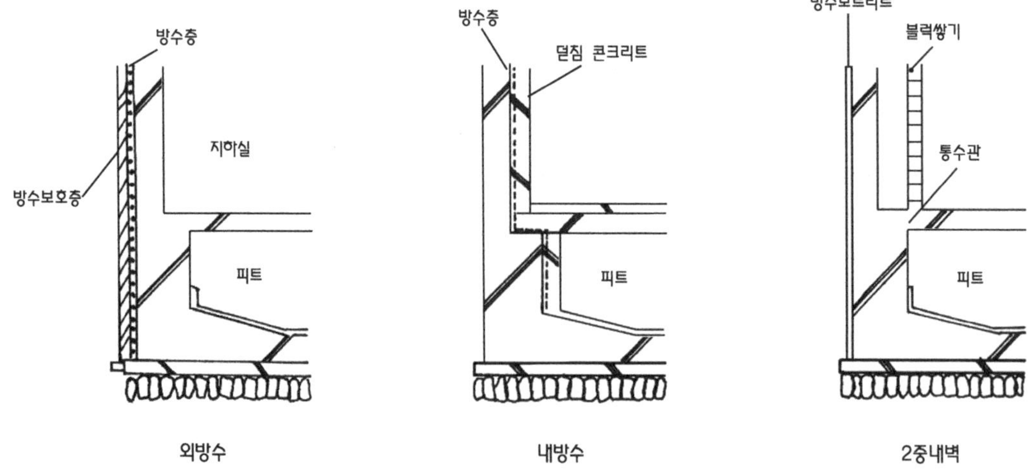

3.2 벽

3.2.1 벽의 종류와 기능

(1) 벽의 종류와 명칭

벽은 위치에 따라 몇 가지로 분류할 수 있으며, 요구되는 조건도 각각 상이하다. 실내와 실외를 구분하는 외주벽과 실내의 방들을 구분하는 칸벽이 있다. 이 두 가지에는 커다란 기능의 차이점이 있는데 서로 다른 구법을 사용하는 경우가 많으며, 외주벽의 실내측을 보면 칸벽의 다른쪽 면과 같은 구성으로 이루어진다(그림 3.16). 이와 같이 벽의 구법에 관해서는 벽의 전체를 취급하는 경우와 한쪽 면만을 생각하는 경우가 있으며, 마감을 고려해서는 후자를 선택하는 것이 좋다.

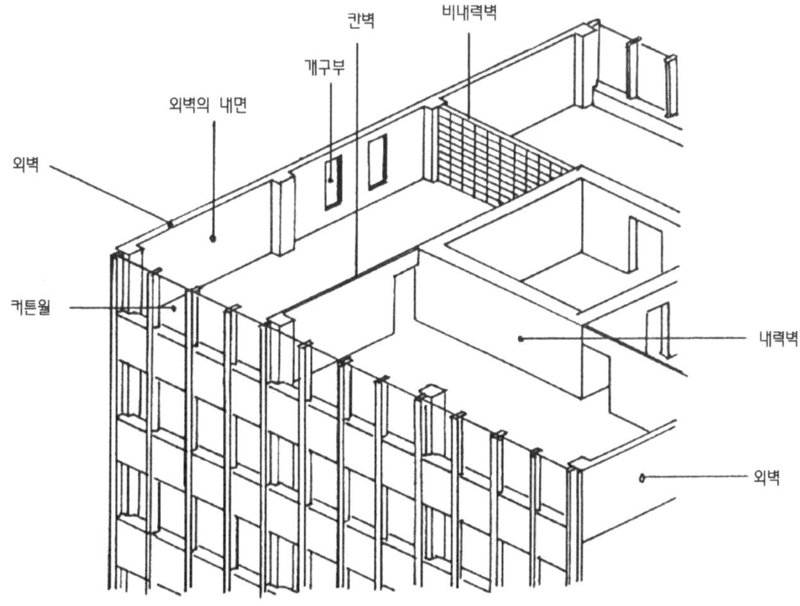

◂그림 3.16 벽의 명칭

벽은 주체구조와 관계가 있는지의 여부에 따라 크게 2가지로 나눌 수 있다. 벽식구조나 조적조의 벽과 같이 지붕이나 상층의 벽과 바닥을 지지하는 벽과 라멘조에서 외력을 부담하지 않는 벽으로 나누어 생각할 수 있다. 전자를 내력벽, 후자를 비내력벽, 장막벽, 커튼월이라 부르는데 커튼월은 특히 고층건물 등에 쓰여지는 외주벽을 지칭하여 쓰이기도 한다.

(2) 기능과 성능

벽의 기능으로는 벽에 작용하는 여러 가지 인자를 차단하는 것이 중요하며, 특히 외주벽은 실내와 실외를 구분하고, 쾌적한 실내환경을 만들기 위하여 열, 빛, 공기, 음 등을 차단하는 중요한 부

분이다. 인간 그리고 우수의 침투를 막아내야 하는데 빛, 공기, 동물은 비교적 쉽게 막아낼 수 있으나 열, 음에 관해서는 구법에 따라 성능이 다르게 나타난다. 방화성능도 벽의 기능으로 중요하며 외벽의 연소방지를 위해 환경에 대응하는 방화성이 요구된다. 내벽면에 대해서도 불연재의 사용이 필요하며, 건축물의 규모, 방의 용도별로 적용되는 법규에 따라 사용재료가 한정된다. 우수에 대해서도 우천시 실내로 새어 들어 와서는 안되며, 장기적인 비바람과 자외선에 노출되어도 성능이 저하되지 않아야 한다.

3.2.2 벽의 구성방법

(1) 벽체의 마감

벽의 구성은 강성을 가진 면의 구성방법에 따라 다음과 같은 형식으로 나눌 수 있다(그림 3.17).

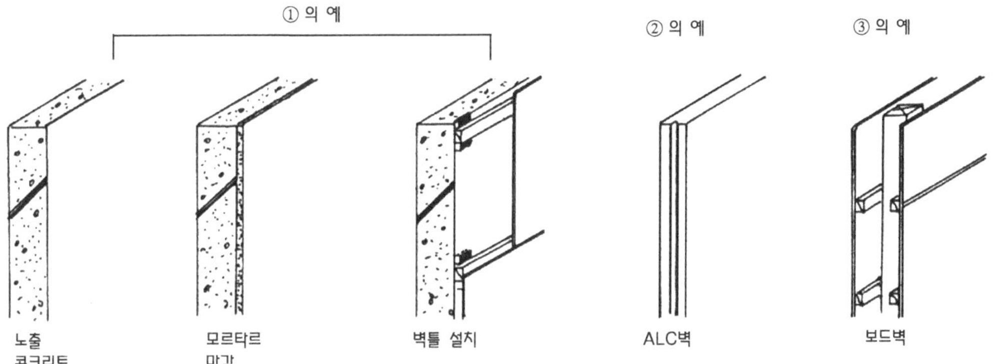

① 주변의 기둥, 보와 동시에 형성되는 것.
② 주변의 기둥, 보 사이에 블록을 쌓거나 패널로 막아 형성되는 것.
③ 주변의 기둥, 보 사이에 벽틀을 만들어 보드 등으로 붙여 형성되는 것.

▲그림 3.17 벽체의 마감

벽의 구법은 시공방법에 따라 습식공법(물을 포함한 부정형의 재료를 이용하여 미장면을 형성하고 건조시키는 공법)과 건식공법(패널, 보드판 등을 이용하여 못, 접착제, 볼트로 접착하는 공법)으로 분류할 수 있다.

(2) 평벽과 심벽

기둥과 보 사이에 설치되는 벽에는 기둥과 벽의 두께 및 면의 위치에 따라 여러 가지 경우가 있다(그림 3.18). 철근콘크리트의 경우에는 그림 3.18 ①이 표준이나, ②와 같이 한쪽면의 보와 벽이 평면을 이루는 경우, ③과 같이 기둥과 보와 벽이 평면을 이루는 경우가 있다. 목조구법에서는 벽 두께가 얇아 기둥보다 벽이 들어가 보이는 경우와 벽이 기둥보다 두꺼워 마감재료로 기둥을 가리는 경우가 대표적이다. 전자를 심벽 (④), 후자를 평벽 (⑤)이라 한다.

심벽 구법에서는 기둥이 공기에 노출되기 때문에 방식상으로는 좋으나 가새를 넣기 어려운 문제가 있다. 평벽은 기둥이 감춰지기 때문에 시공이 간편하나 벽체내의 결로 등에 주의하여야 한다.

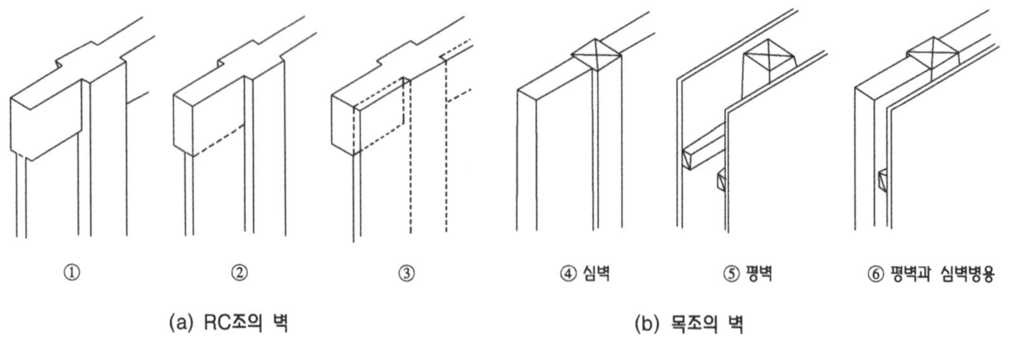

▲그림 3.18
기둥과 벽의 관계

3.2.3 바름벽

(1) 바름벽의 종류

바름벽 공법은 이음줄눈 없이 넓은 면을 만들 수 있으며 두께의 조절이 용이하다. 그러나 시공에 숙련을 요하고 건조에 시간이 소요되며 수축균열이 발생하기 쉬운 결점이 있다.

재료로서는 모르타르, 플라스터, 진흙 등이 쓰이며 시공방법에는 쇠흙손으로 바르는 방법과 뿌리는 방법, 긁어내기 방법 등이 있다.

1) 시멘트모르타르 바름

가장 보편적이며 많이 쓰이는 방법으로 두께는 15~24mm 정도로 한다.

2) 한식벽

진흙을 주재료로 하여 짚여물, 모래 등을 물로 반죽하여 바름하는 것으로 재벌로 바르고, 회반죽을 정벌로 발라 마감하기도 한다.

3) 회반죽

소석회를 주원료로 여물을 섞어 바른다.

(2) 바름벽의 바탕

철근콘크리트 벽과 블록 벽의 표면은 그대로 모르타르를 바르는 바탕이 되는데 별도의 바탕을 만들지 않아도 된다. 강재형틀을 이용한 콘크리트 표면은 너무 평활하여 좋지 않고, 또한 너무 요철이 많은 바탕은 많은 양의 모르타르가 발라지므로 좋지 않다.

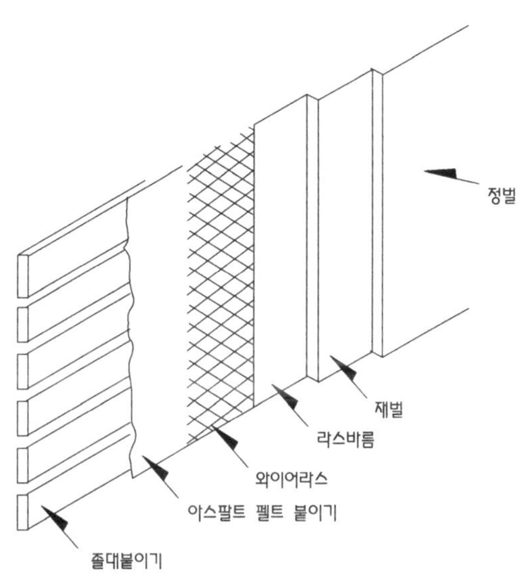

◂그림 3.19 라스모르타르

콘크리트벽이 아닌 부분을 모르타르 벽으로 할 경우에는 바탕면을 만들어야 한다. 주택의 외부에는 폭 10~12cm 정도의 판을 기둥과 사이기둥에 간격을 두어 붙이고, 그 위에 메탈라스 또는 와이어라스를 고정시킨다(그림 3.19). 라스는 모르타르를 고정시키고, 균열을 방지시키는 역할을 하는데 목모시멘트판과 같이 바탕면을 구성하는 재료의 표면이 모르타르를 잘 고정시킬 수 있으면 필요가 없다. 예를 들면 목모시멘트판, 경질목편 시멘트판 등의 바탕재는 직접 모르타르를 바르는 것이 가능하다.

나무벽돌은 조적조와 콘크리트조의 벽에서 바탕틀을 고정시키기 위하여 40×50mm 정도의 나무벽돌을 쐐기형태로 만들어 구조체 속에 매립하여 사용한다.

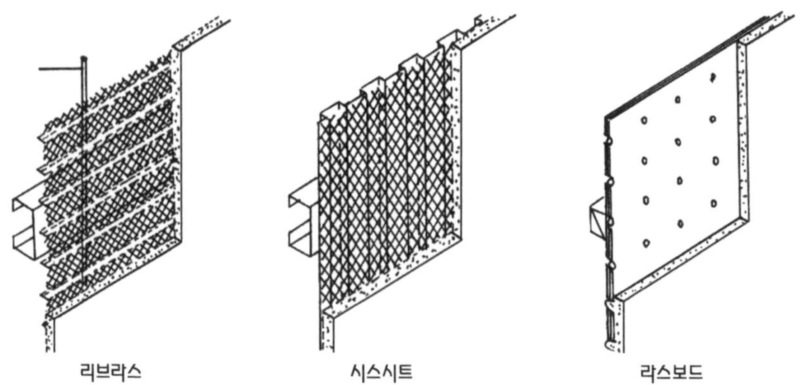

▸그림 3.20
바름벽 바탕

3.2.4 판 벽

(1) 판벽의 종류

주로 외부벽으로 사용되며, 종류로는 가로판벽과 세로판벽이 있으며, 화재에 위험하므로 불연 및 내화처리를 하여 사용해야한다.

1) 가로판벽

널판재를 기둥과 샛기둥에 수평으로 못을 박아 고정한 것으로 빗물이 흘러내리도록 겹쳐서 이음 하거나 이음쪽매를 가공하여 사용한다(그림 3.21~22).

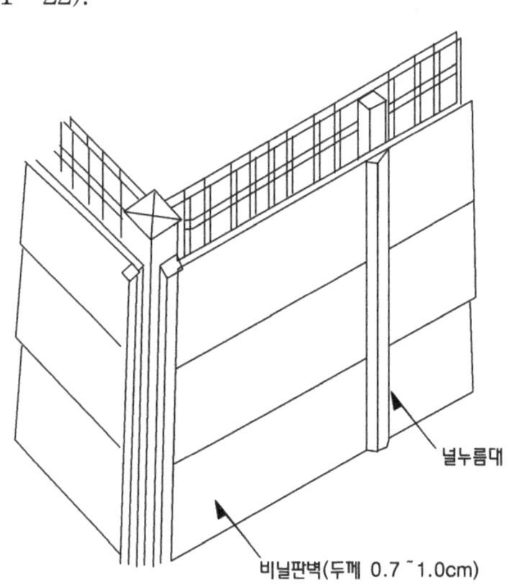

▸그림 3.21
가로판벽

◂그림 3.21
가로판벽

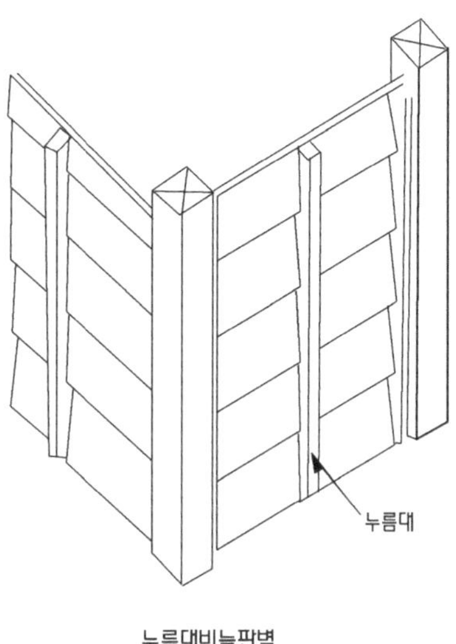

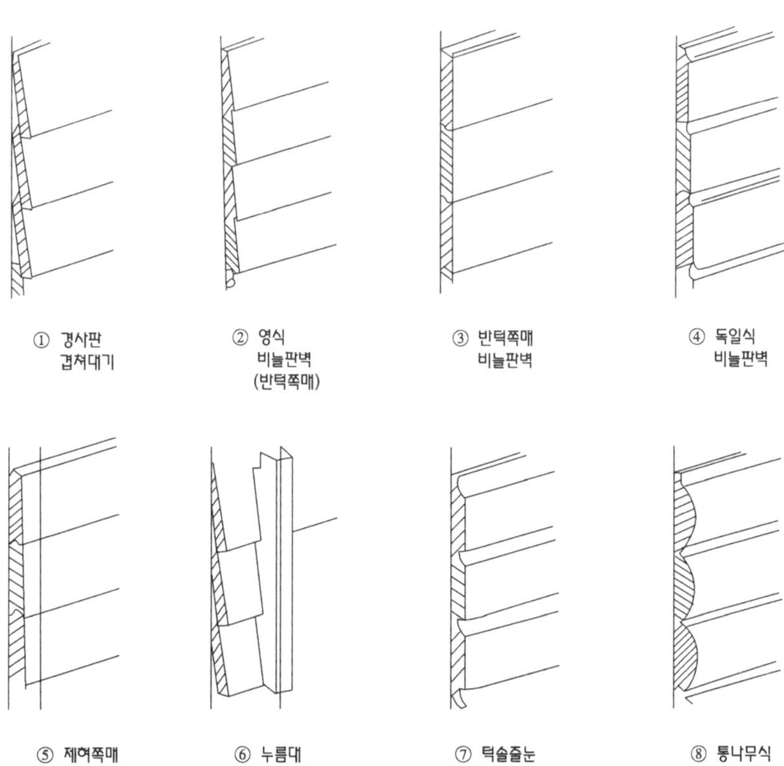

◂그림 3.22
각종 비늘판벽

2) 세로판벽

기둥과 샛기둥 또는 띠장을 댄 조적벽에 여러 가지 쪽매형식으로 박아댄 것으로 빗물이 침투하기가 쉬우므로 주의해야 한다(그림 3.23).

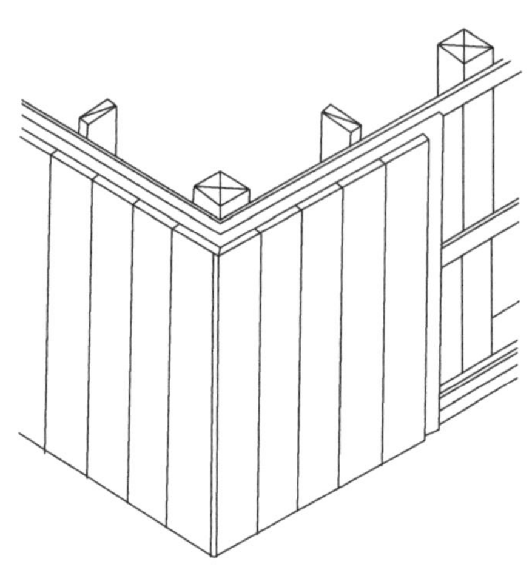

◂그림 3.23 세로판벽

3) 코펜하겐리브

▾그림 3.24 코펜하겐리브

방송국, 콘서트 홀 내부벽 등에서 음향효과를 내기 위하여 벽에 설치하는 특수한 단면의 목판으로 의장효과를 내기 위해서 사용하는 경우도 있다(그림 3.24).

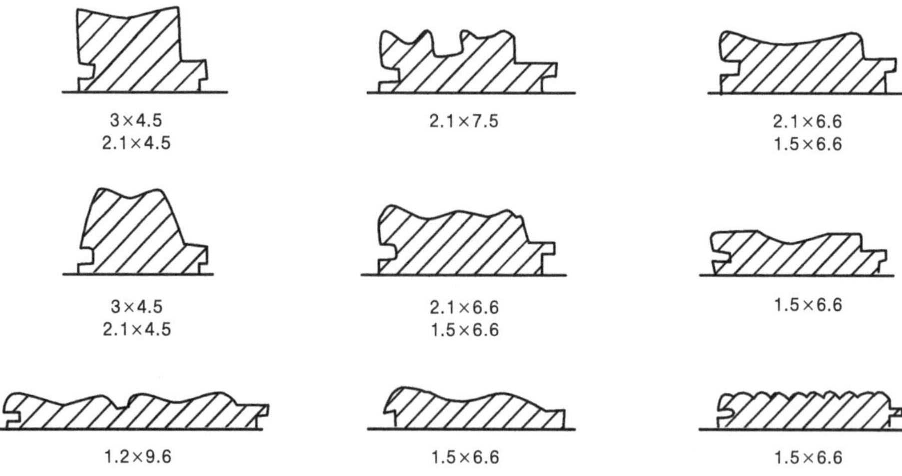

4) 경량칸막이벽

사무실과 같이 칸막이벽의 이동이 많은 장소에서 설치와 해체가 용이하고, 경량인 재료로 만들어 설치하는 것으로 경량 철골틀에 석고보드를 양면으로 부착하는 구조와 단판 한 장씩을 끼우는 구조가 있다. 화장실과 같이 물과 습기가 많은 장소에 설치할 수 있도록 만든 조립식 경량칸막이도 여러 종류가 개발되어 사용되고 있다(그림 3.25~26).

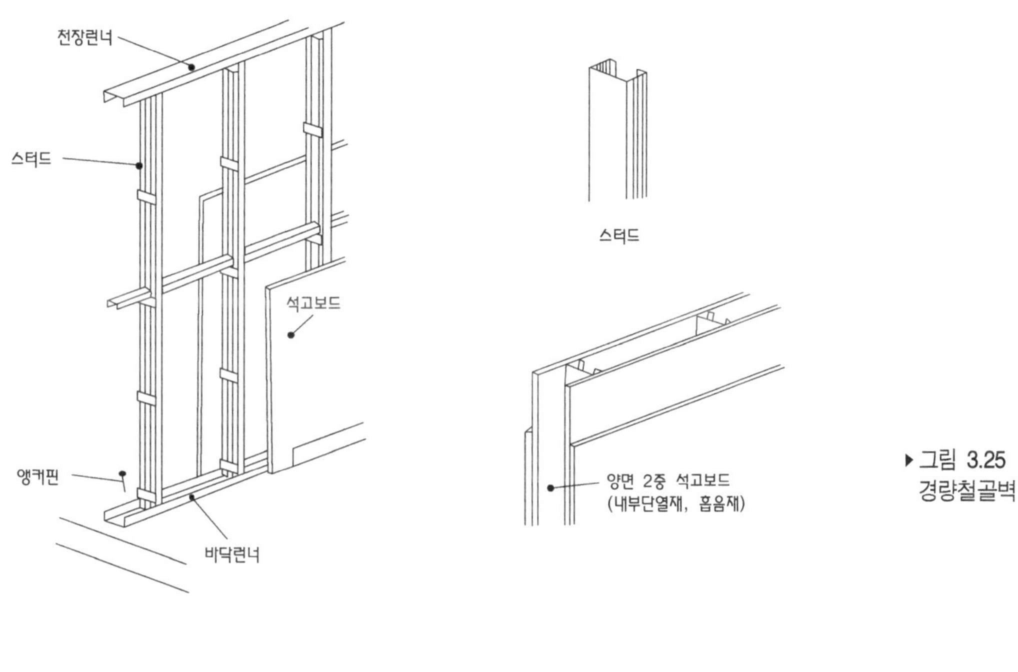

▸그림 3.25 경량철골벽

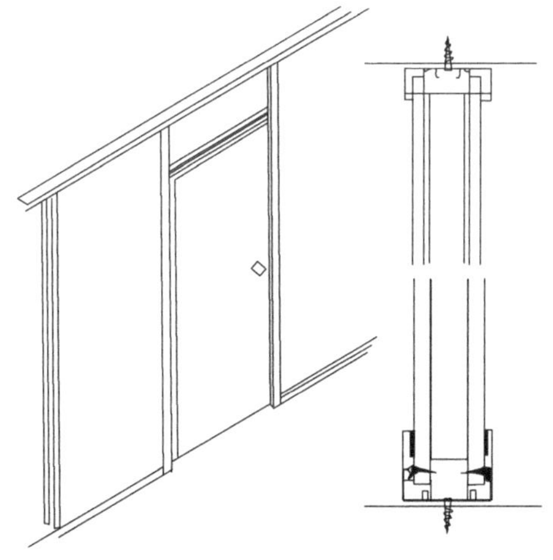

▸그림 3.26 단판설치 경량 칸막이

5) 기타 칸막이벽

전술한 칸막이벽 이외에는 그림 3.27~28과 같은 것이 있다.

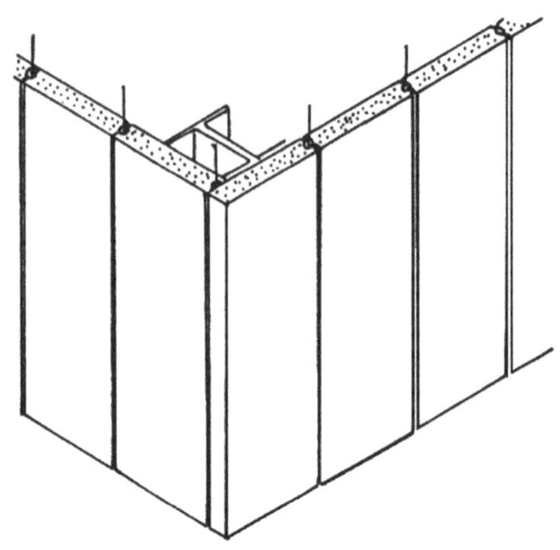

▸그림 3.27 ALC판벽

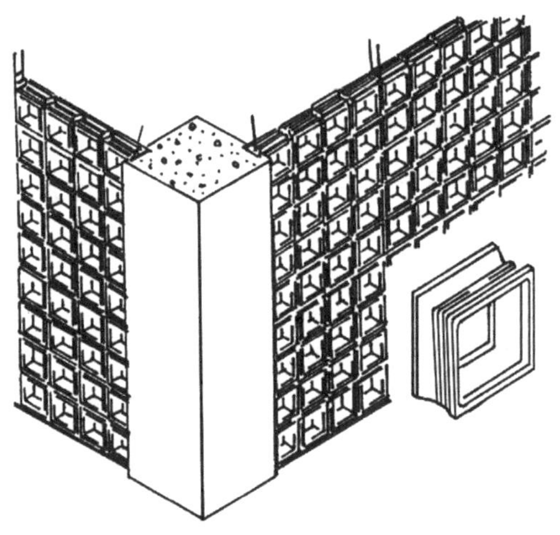

▸그림 3.28 유리블록벽

3.2.5 붙임벽

(1) 석고보드벽

석고보드는 2장의 두꺼운 종이 사이에 석고를 충전시켜 만든 것으로 모르타르 바름벽의 단점인 동계공사의 곤란, 평활도 불량

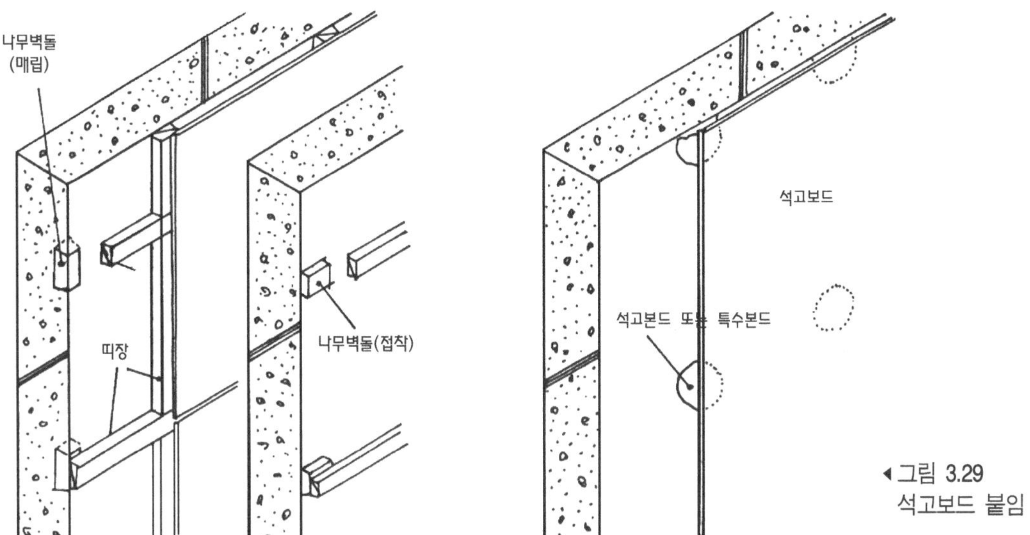

◀그림 3.29
석고보드 붙임

등을 개선하기 위하여 합판크기의 석고보드를 조적벽이나 목재틀 위에 붙이는 공법으로 본드 등을 사용한다(그림 3.29).

(2) 석재 붙임벽

바탕이 콘크리트조, 조적조의 경우 두께 24mm 정도의 석재판을 모르타르로 직접 붙이거나 앵커철물을 이용하여 고정하며 철재틀을 설치하여 그 위에 석재판을 고정시키기도 한다(그림 3.30).

▼그림 3.30
석재 붙임공법

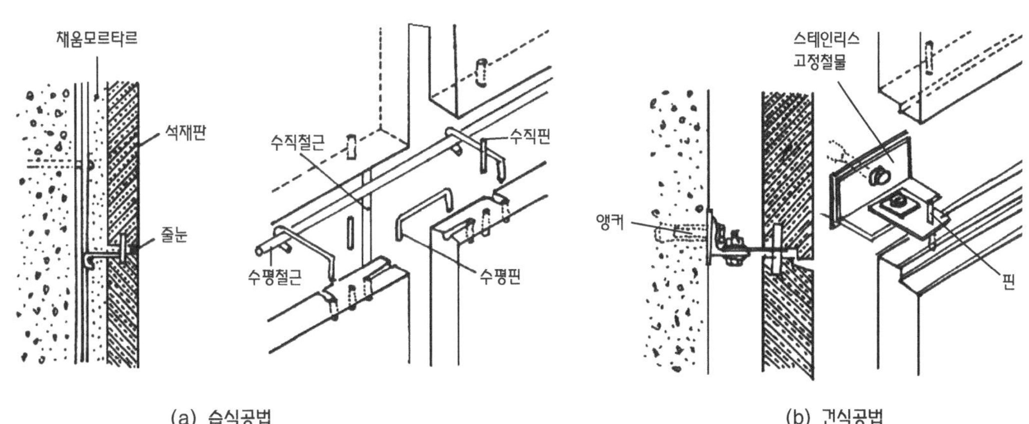

(3) 타일 붙임벽

타일은 외부용과 내부용이 구분되어 사용되고, 콘크리트 바탕면은 너무 미끄러워 시멘트 모르타르로는 잘 붙지 않으므로 타일시멘트를 사용하기도 하며, 석고보드 바탕에 타일을 붙일 경우에는 타일본드를 사용하여 접착한다.

(4) 섬유시멘트판 붙임벽

무기질섬유와 시멘트 등을 섞어 고압으로 눌러만든 것으로 불연성과 내식성 등이 양호하며, 주로 목재틀에 못으로 고정 설치한다.

(5) 금속판 붙임벽

알루미늄판, 동판, 스테인리스판, 철판 등을 가공하여 벽에 붙이는 것으로 녹이 슬거나 누수가 되지 않도록 주의해야 한다. 특히 각각의 금속판에 구멍을 뚫거나 구부려 의장효과를 내는 부분에 주로 사용한다.

3.2.6 커튼월(Curtaim Wall)

(1) 개 요

건물의 외벽을 가볍고 얇은 대형의 패널로 만들어 조립, 설치하는 벽구조이다.

일반적으로 라멘구조에서 건물의 하중을 부담하지 않고 공간을 구분하는 비내력벽을 장막벽 또는 커튼월이라 부르기도 한다.

(2) 커튼월의 형식

1) 스펜드럴방식(spandrel type)

상하층의 창개구부 사이에 스팬드럴 벽판을 테두리보나 슬래브 또는 외부기둥과 기둥사이에 수평방향으로 고정하고 그사이에 창을 설치하는 방식이다.

2) 선대방식(mullion type)

구조체인 외부보나 슬래브에 수직지지재를 붙여 세우고 거기에 패널을 부착시키는 방법이다. 수직지지재를 선대(mullion)라 부르며 건물의 상부에서 하부까지 수직으로 선대가 보이게 된다.

3) 격자방식(grid type)

선대방식의 선대에 가로띠장을 설치하여 지지재를 격자형식으로 구성하여 패널을 설치하는 방식이며, 외관상 수직, 수평선이 뚜렷하게 나타난다.

4) 피복방식(sheathed type)

패널의 고정, 지지재를 사용하지만 외부로는 노출되지 않고, 외벽전체를 패널로 덮어버리는 방식이다.

▾그림 3.31 커튼월 구성형식

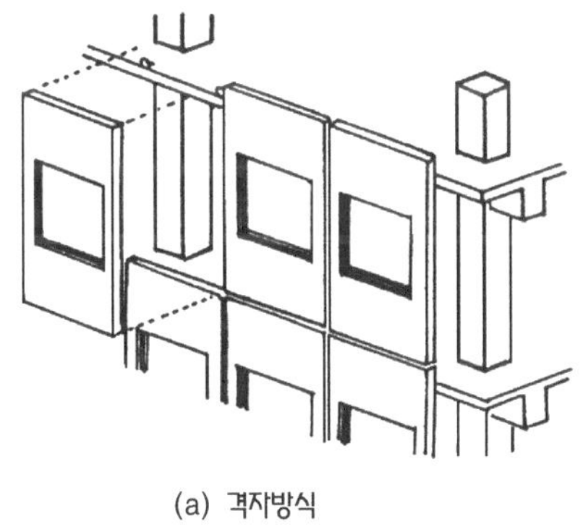
(a) 격자방식

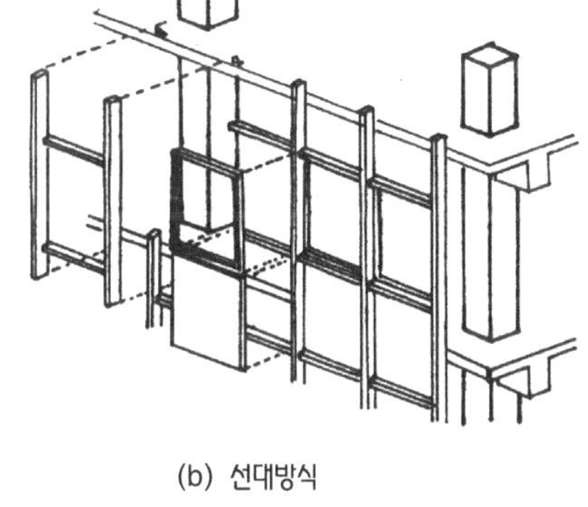
(b) 선대방식

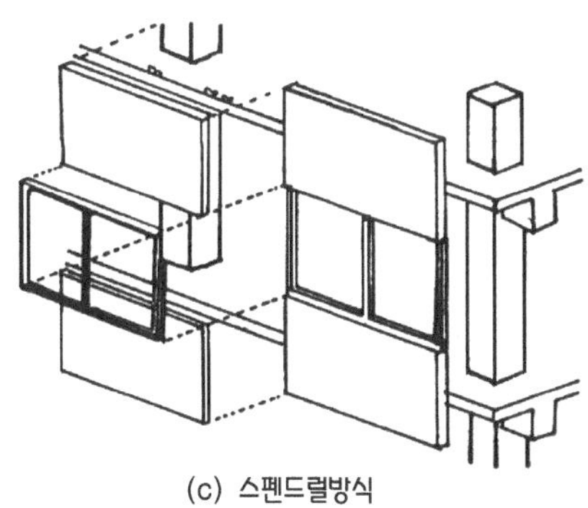
(c) 스팬드럴방식

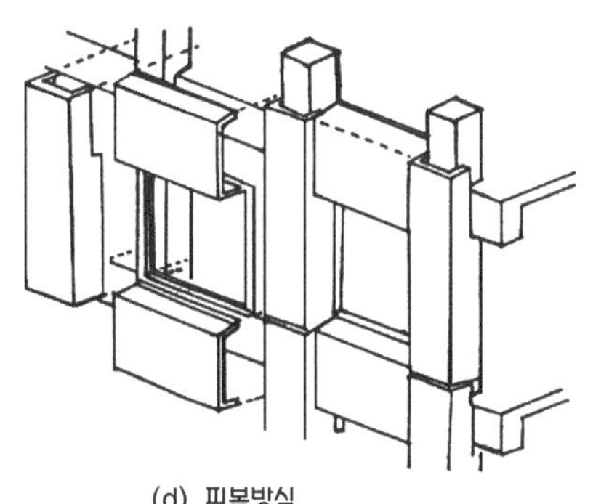
(d) 피복방식

(3) 패널의 종류

1) 금속패널

알루미늄, 강판, 스테인리스 등이 주로 사용되며, 이것을 보통 1개 층의 높이로 제작하여 설치하며, 창틀과 유리를 일체로 조립하여 1개의 유닛으로 생산하기도 한다.

2) PC패널

일반적으로 PC공장에서 보통콘크리트로 제작하는데 경량콘크리트나 특수콘크리트를 사용하여 제작하기도 한다. 표면의 마무리 종류에 따라 다음과 같이 나눈다.

① 마감재 붙임 : 타일, 석재판 등
② 도 장 마 감 : 일반도장, 특수도장, 수지도장 등
③ 제치장 마감 : 제치장콘크리트, 잔다듬갈기 등

3) 유리패널

알루미늄이나 금속틀에 유리를 끼워 패널로 사용하거나 외벽면 전체를 유리만 보이게하는 방법이 있다.

(4) 패널의 고정

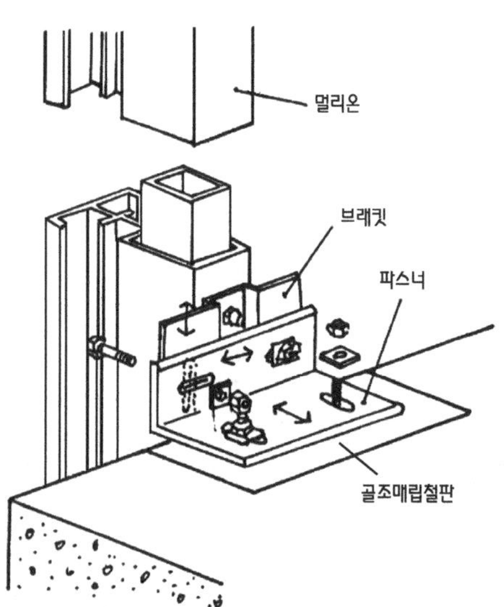

◂그림 3.32
파스너(멀리언 고정)

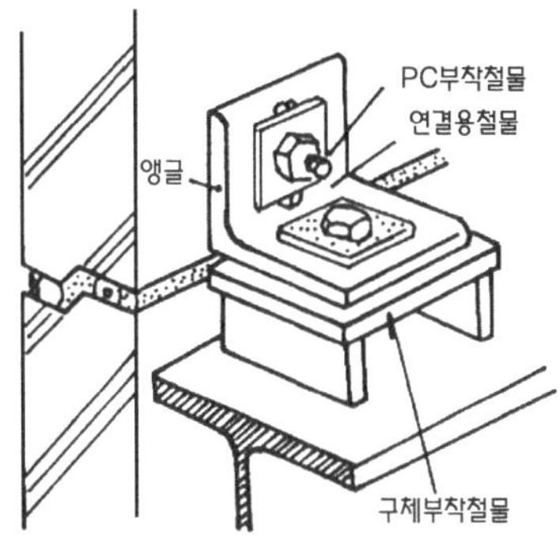

▸그림 3.33
파스너(PC판 고정)

커튼월구조에서 패널을 구조체나 지지재에 고정시키는데 사용하는 부품을 파스너(fastener)라고 하는데 내구성이 강한 스테인리스가 주로 사용되며 2개 이상을 조합하여 사용할 수 있다. 파스너의 구비조건으로는 커튼월의 중량, 풍하중 등 기타의 외력에 견디는 강도를 가지고 있어야하며 시공성, 시공오차, 층간변위 등을 감안하여 조정이 가능해야 한다(그림 3.32~33).

3.3 개구부, 창호

3.3.1 개구부, 창호의 명칭

벽, 바닥, 지붕 등이 차단기능을 갖는데 비하여, 개구부는 선택적으로 통과시키는 것을 목적으로 건물에 부분적으로 설치된다. 출입구의 문은 열면 물체가 통과할 수 있고, 유리창은 빛을 통과시키고, 공기는 막는 선택적 투과성이 있다. 창은 통풍과 청소를 위하여 열 수 있는 구조로 하지만 붙박이창은 열리지는 않고, 빛만 통하는 개구부이다.

재료에 따라 분류하면 목제창호, 금속제창호, 합성수지제 창호가 있다. 목제창호는 문짝과 문틀을 별도로 제작하고, 문틀은 대목이 맡고, 문짝은 창호공이 분담하는 것이 보통이다. 금속제 창호는 문틀과 문짝을 일체로 제작하는 경우가 많으며, 합성수지 창호는 한랭지나 염해 피해가 우려되는 해안 인접지역에서 많이 채용된다. 창호는 개폐방법이나, 특히 높이에 따라 그림 3.34와 같은 여러 종류가 있다.

▼그림 3.34
창의 높이에 따른 명칭

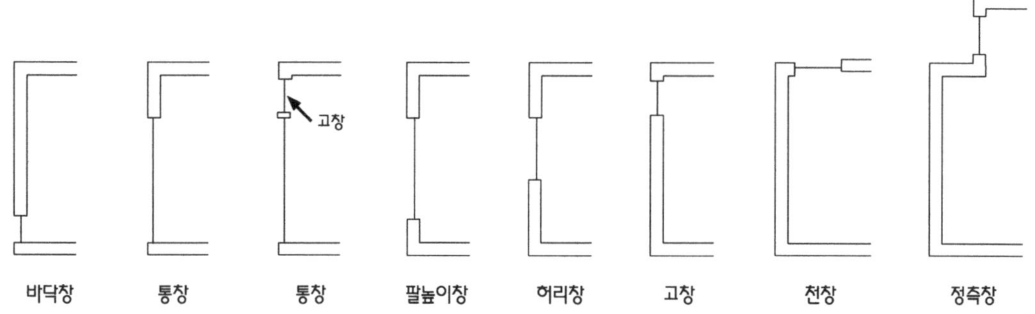

3.3.2 외부 개구부

(1) 기능과 성능

외벽의 개구부는 차단과 투과를 적당히 조절해야 하고, 상반된 요구가 나타나는 경우도 있다. 예로서 현관 출입구의 경우 방범의 측면에서는 통과를 막아야 하지만 재해시의 피난을 생각하면 정반대가 된다. 빛과 열을 고려하면 겨울에는 많아야 좋지만 여름에는 차단해야 좋은 것이다. 밖의 경치를 보는 것도 좋지만 밖으로부터의 시선을 차단시킬 필요도 생긴다. 공기의 환기나 통풍도 그렇고 따라서 열 수 있는 구조로 만들거나 커튼 또는 블라인드 등을 이용하여 복잡한 요구에 대응한다.

개구부는 열리는 까닭에 성능치가 벽체보다 저하되는 수가 많다. 기밀성은 실내의 열환경에 영향이 큰 중요항목으로서 차음성과도 연관성이 깊다. 개폐방식에도 관계가 있고, 문틀과 문짝을 한꺼번에 제작해야 좋지만 유리부분에서는 차단성이 저하되기 쉽다.

(2) 개폐방식

평행이동과 회전운동 및 그 조합에 의하여 여러 가지 개폐방식이 있다. 고정창(붙박이창), 미닫이창호, 미서기창호, 오르내리창호, 여닫이창호, 회전창호, 들창, 미들창, 주름문 등이 있다. 바이패스

▾그림 3.35
창호의 개폐방식

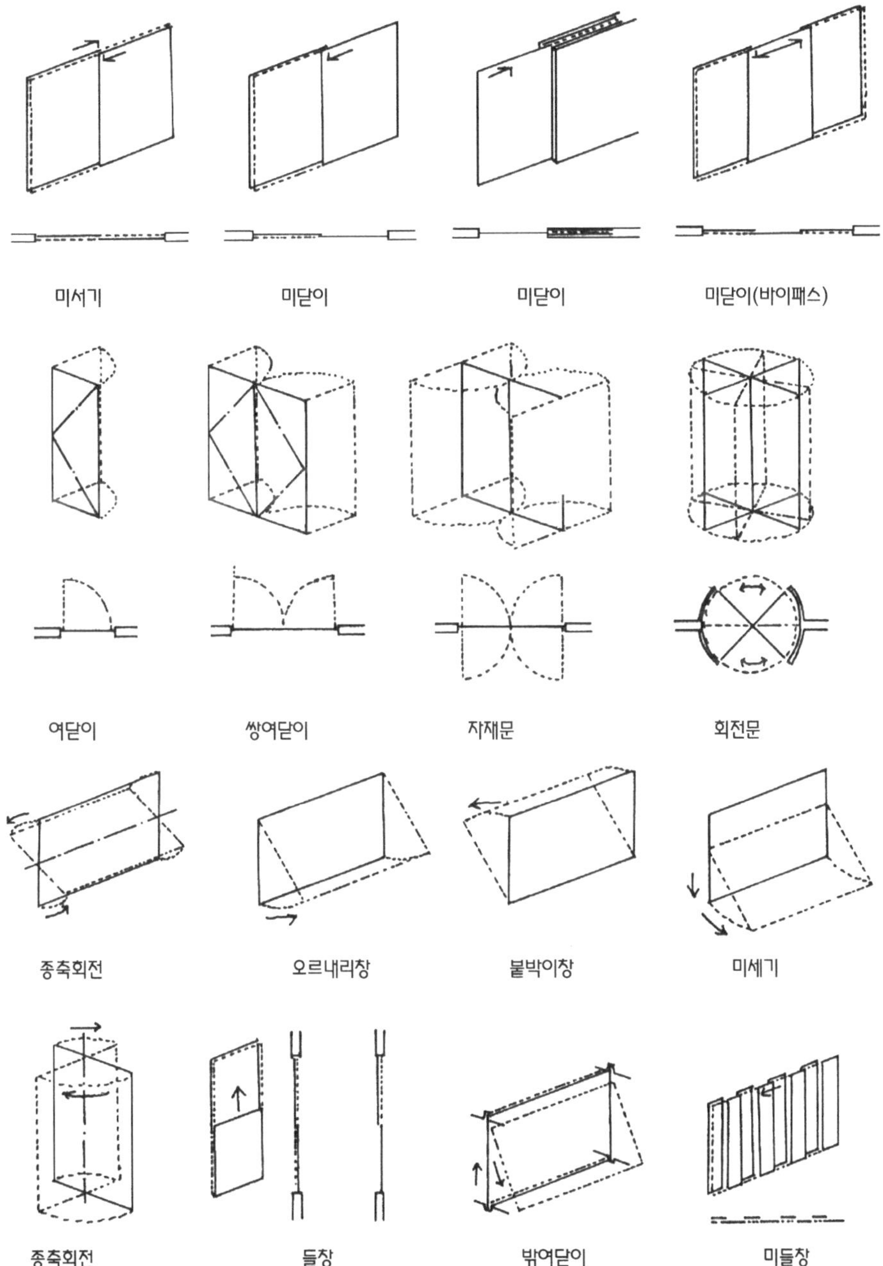

창은 실내측에서도 유리를 청소할 수 있고, 횡축회전이나 종축전창도 실내에서 안전하게 유리를 닦을 수 있다. 밖으로 여는 창은 빗물을 잘 막을 수 있으나 바람에 세게 닫히는 것을 방지할 필요가 있고, 밖여닫이창은 빗물막이가 어렵지만 화재시 배연전용창으로 사용하면 좋다. 문의 개폐방향은 평면계획의 조건에 맞아야 되고, 피난경로에서는 피난방향으로 열려야 한다. 주택의 현관은 구미에서는 안으로 열리지만, 동양에서는 밖으로 열린다(그림 3.35).

(3) 빗물막이

창호부분은 벽에 비하여 빗물이 샐 우려가 많다. 빗물의 움직임은 중력뿐만 아니라 내외의 압력차, 공기의 흐름, 접합부에 생기는 응력, 모세관현상 등에 의해 일어난다. 바람이 강하게 불면 실내·외 압력차가 커지고, 접합부의 응력도 커져서 빗물이 많이 침투하게 된다. 이를 막으려면 실내측을 높게 하여 경사를 주고 턱을 만들며, 모세관현상이 일어나지 않도록 홈을 파야 한다. 밑틀의 하부에는 벽체로 물이 흐르지 않도록 물끊기를 두고, 위틀에는 플래싱(flashing)을 덮어서 벽체에 흐르는 빗물이 위틀의 상부로 침투하지 못하게 막는다(그림 3.36). 밑틀은 창호에서 생기는 결로를 고려하여야 하며, 페어 글라스를 써서 내·외부 온도차를 방지하지만 금속제 창호는 틀부분이 열교(heat bridge)가 되므로 단열 새시를 사용하면 좋다(그림 3.37).

◂그림 3.37 단열 새시

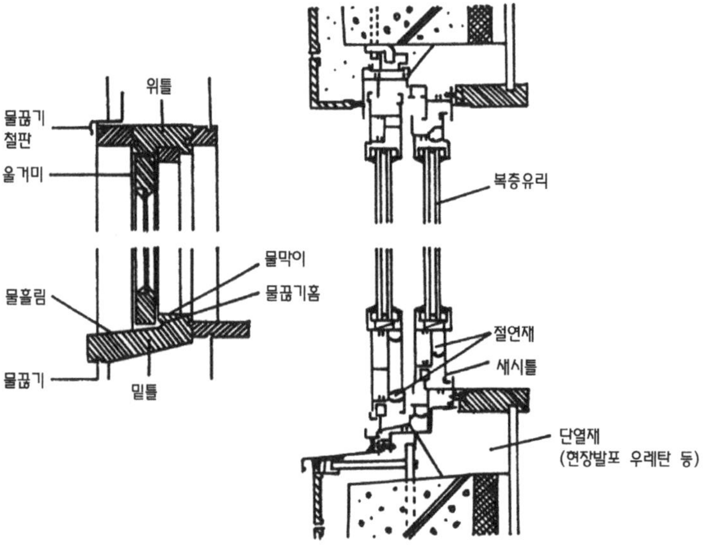

3.3.3 창호의 구성방법

(1) 벽 체

▲그림 3.36
창호의 빗물막이

창호 부분의 구성방법은 벽체의 재료와 창호의 재료에 따라 여러 종류가 있다. 철근콘크리트 벽체에 금속제 창호를 넣는 경우, 벽체와 틀의 사이에 2~3cm의 여유를 두고, 콘크리트를 타설한다. 창호틀을 정확한 위치에 설치하고, 앵커를 철근에 용접한 후 모르타르를 채우는 방법이 일반적이다. 이것은 나중달기이고, 콘크리트 타설 전에 거푸집에 창호틀을 설치하여 일체화하는 방식을 먼저달기라고 한다. 먼저달기는 접합이 확실하고, 빗물막이가 좋지만 수정이 어려우므로 시공에 세심한 주의가 필요하다. 벽돌이나 블록조에서는 먼저달기가 일반적이지만, 나중달기를 위하여 미리 줄눈에 앵커를 묻어둘 경우 흔들리기 쉬우므로 관리에 주의해야 한다. 목조 벽체에 목제창호를 넣는 경우, 미리 제작한 틀을 기둥, 샛기둥, 인방, 지방으로 둘러싸인 부분에 집어넣는다. 틀을 끼우기 위한 여유는 작아도 되며, 개폐에 의한 충격과 견고한 접합에 주의한다(그림 3.38).

금속창호 설치　　목제창호 설치

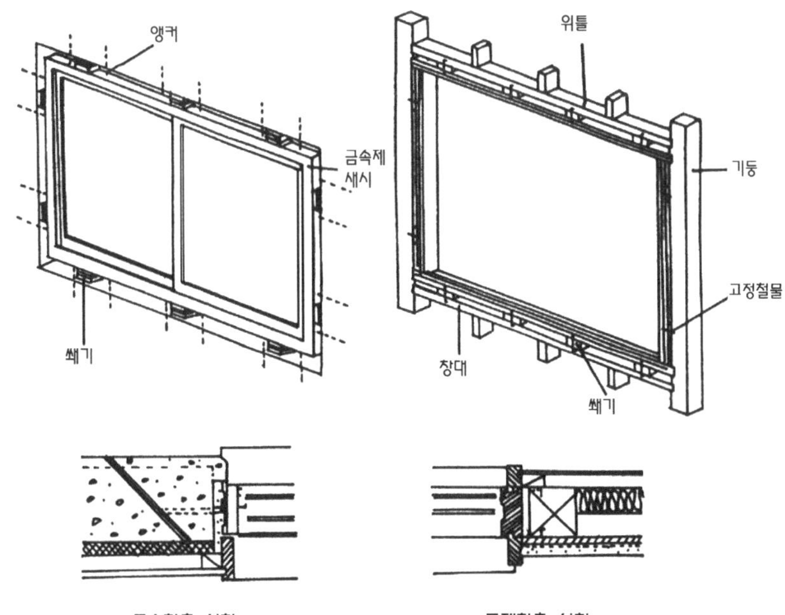

▶그림 3.38
창호틀의 설치방법

(2) 문틀, 창틀 및 문선

문틀 및 창틀은 위틀, 선틀, 밑틀로 구성되며, 창호 개구부로 뚫린 벽의 단부가 보이지 않게 하려면 문선을 이용하여 마감한다. 미서기나 미닫이의 경우 위홈대, 벽선, 밑홈대로 부르기도 하며 홈나비는 20mm, 홈깊이는 위홈대 15mm, 밑홈대 3mm 정도로 한다. 창틀에서는 밑틀(밑홈대 window sill)의 안쪽으로 창선반(window stool, window board, elbow board)이 실내로 나오게 대는 경우도 많다.

목제 문틀에 쓰는 재료는 홍송, 낙엽송, 삼송, 적송, 나왕 등의 곧은 결의 재료를 완전히 건조하여 사용한다. 선틀은 위틀에 내다지쌍장부나 내다지턱장부, 또는 보임면 연귀내다지쌍장부 쐐기치기로 한다. 간단히 할 때에는 반다지통장부 또는 턱솔 넣고 큰못치기로 하고, 위틀과 밑틀은 5cm정도 뿔을 내밀어 둔다. 고창이 있을 때 넣는 중간틀은 선틀에 보임면 허리대고 통넣기 또는 내다지장부맞춤으로 한다. 옆문이 있을 때에 세우는 중간선틀은 선틀에 준하지만, 고창 가운데 두는 중간선대는 위틀에 내다지장부, 중간틀에 내림주먹장(옆밀어넣는 주먹장)으로 하고, 장부에는 모두 벌림쐐기치기를 한다. 여닫이 문틀은 주위에 6~9mm 깊이로 문두께와 맞게 문닫이 턱을 판다. 문턱을 두지 않을 때는 밑틀을 없애기도 하며, 문지방이 있는 경우 마모에 대비하여 참나무 등을 쓰고, 외부 출입구는 대리석, 화강석 등으로 하기도 한다. 문선은 문틀에 세홈 파서 넣고, 숨은 못치기로 하는데, 주위벽 아무림은 세홈파고 모서리 보임면은 연귀맞춤, 연귀장부맞춤 쐐기치기 또는 턱솔넣고 볼트조임으로 한다. 걸레받이 위치에 해당하는 문선의 하부에는 문선보다 굵은 재로 걸레받이보다 2~3cm 높게 댄 문선굽을 마루널에 통넣는데 근래에는 전혀 쓰지 않고 있다.

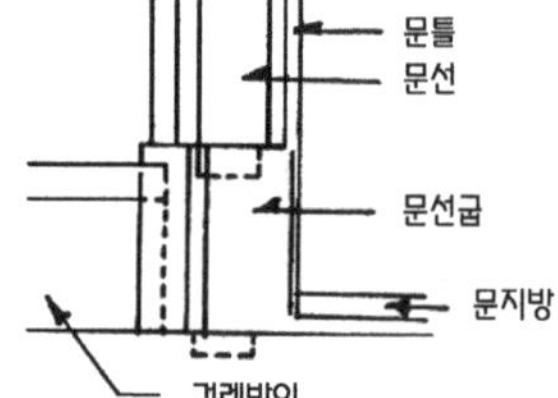

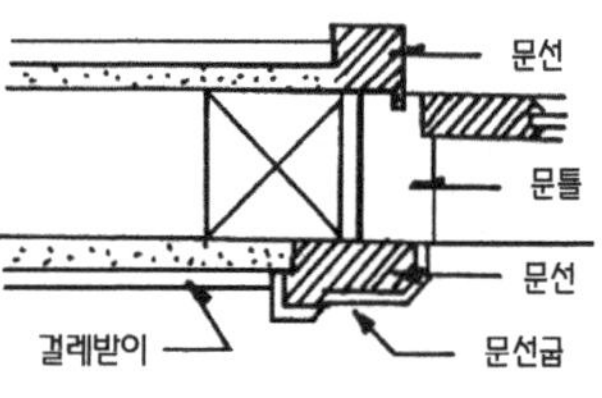

▸그림 3.39
창문틀, 문선, 문선굽

(3) 목제창호

개폐방법에 따라 분류하면 기본적인 것으로 여닫이, 미닫이, 미서기, 붙박이창, 오르내리창 등으로 분류된다.

1) 여닫이(hinged door, swinging door, casement window)

회전하는 창호를 말하는데 쌍여닫이, 외여닫이가 있고 90°열기와 180°열기로 나누어진다. 자재문은 자유정첩을 써서 문틀에 단 것으로 안팎으로 열리며, 저절로 닫히는데 비해 자유여닫이는 한 편으로만 열리고 저절로 닫혀진다(그림 3.40). 자재문은 가볍게 개폐할 수 있지만 문단속이 불완전하고, 기밀성이 적으며, 정첩의 위치가 창호의 중심에서 벗어난 관계로 아래로 처지기 쉽다(그림 3.41). 쌍여닫이의 경우 풍소란을 대거나 반턱쪽매로 하지만, 쌍여닫이창은 바람에 파손되기 쉽고, 빗물막이가 어려운 단점이 있다.

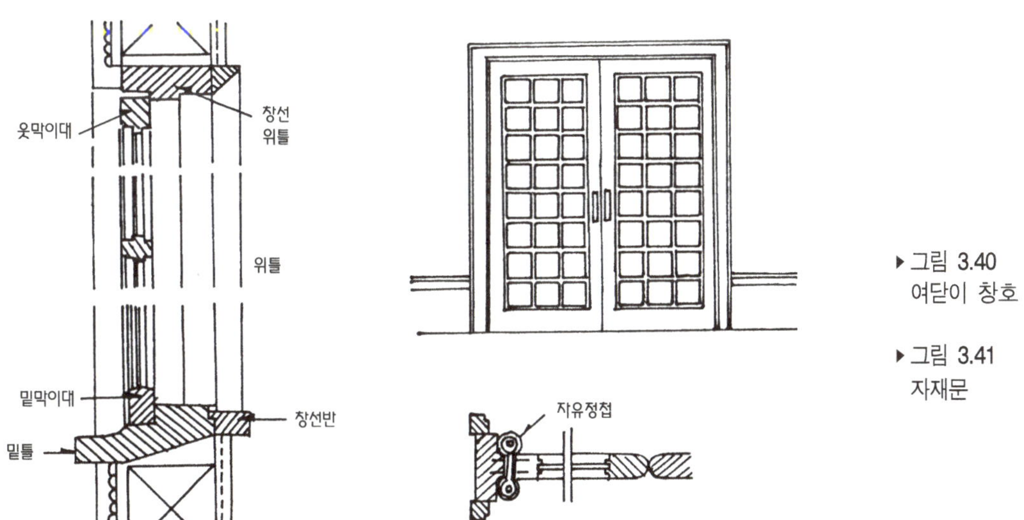

▸그림 3.40 여닫이 창호

▸그림 3.41 자재문

2) 미닫이(sliding door & window)

상하의 창호틀에 홈을 한줄로 파고, 창문짝을 끼우거나, 또는 밑틀에 레일을 깔고, 창문짝에 문바퀴를 달아서 옆벽에 몰아 붙이거나 벽속에 밀어 넣는다(그림 3.42). 한국에서는 바깥쪽에 살덧문을 달고 안쪽에 두껍닫이를 다는 경우가 있는데 벽쪽에 외짝문처럼 고정하거나 장지문과 같이 달기도 한다. 미서기와 유사한 특성으로서 창문짝을 떼어 낼 수 있고, 기밀하게 하기는 곤란하지만 여닫기가 편하고, 큰 공간이 필요치 않은 점이 여닫이에 비해 유리한 점이다.

3) 미서기(double sliding door & window)

미닫이와 거의 같은 구조로 홈을 두 줄로 파서 문 한 짝을 다른 짝의 옆에 밀어붙이는 것으로 보통 2짝 또는 4짝을 단다. 두 홈의 사이는 창문두께보다 3mm 정도 크게 하고, 4짝의 경우 마주대는 풍소란을 대어 기밀성을 높인다. 이중으로 미서기 창호를 설치할 경우 창 간격을 6cm 이상 두어야 꽂이쇠 등의 작동에 지장이 없다(그림 3.43).

▾그림 3.42
미닫이문

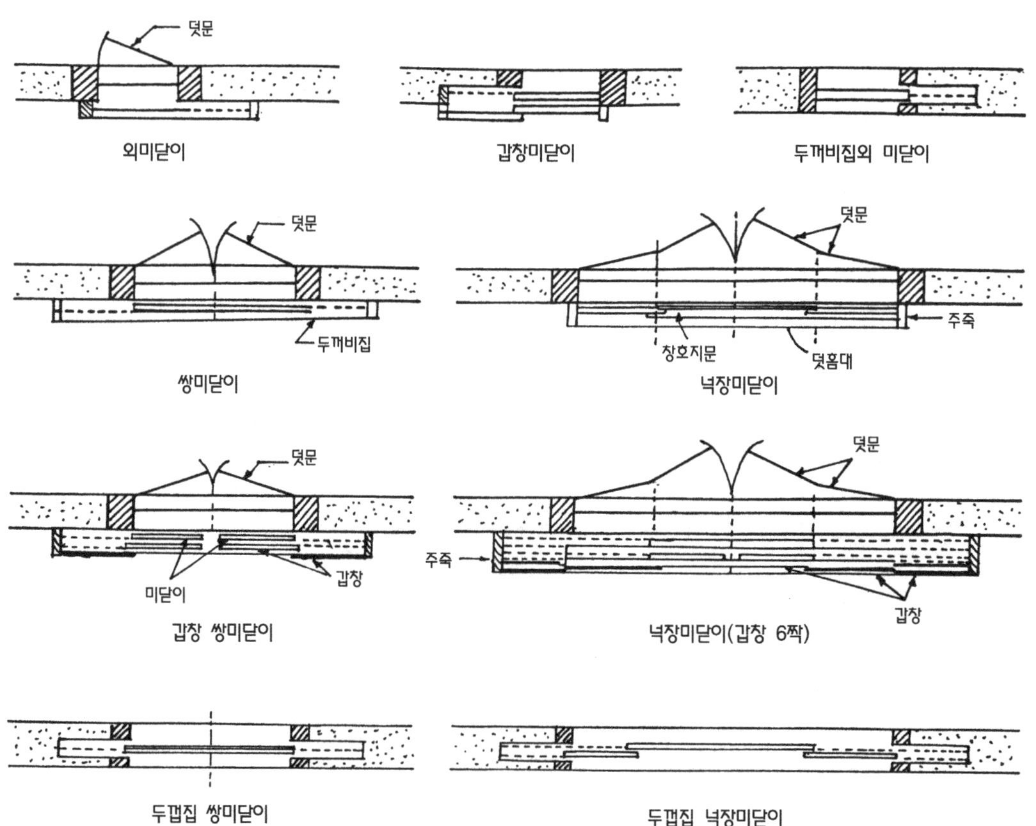

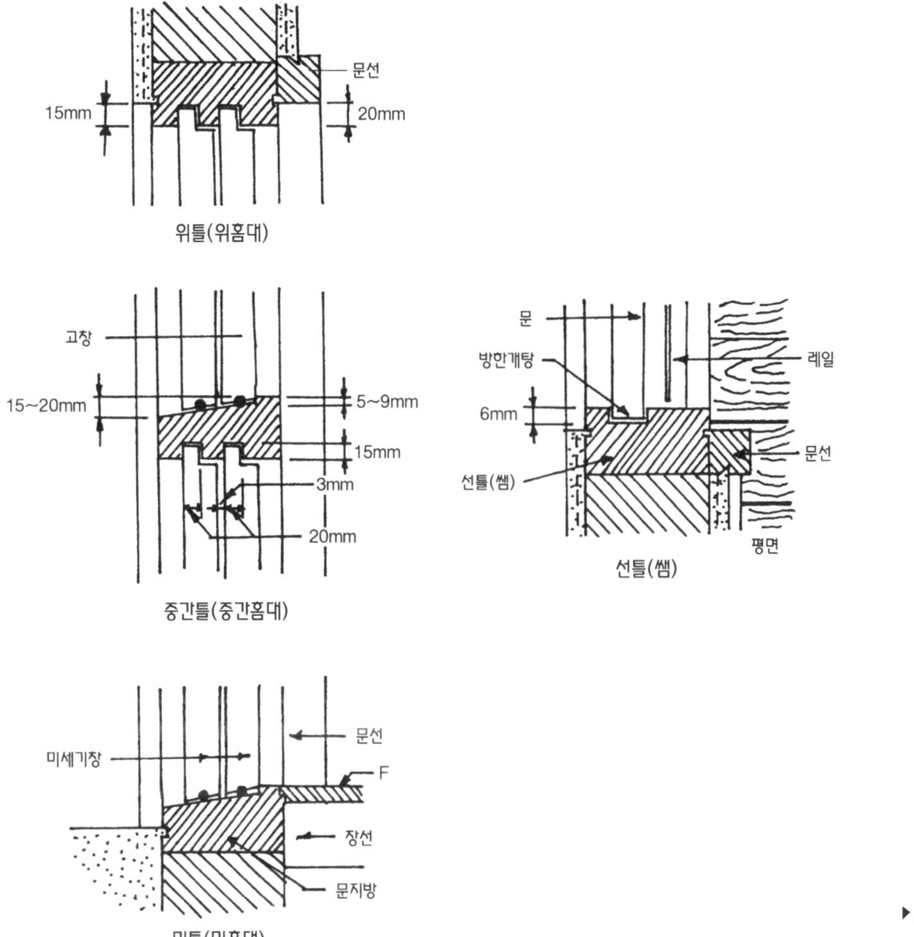

▸그림 3.43
미서기창

4) 붙박이창(fixed sash window)

열지 않게 고정시킨 창을 말하는데 위틀에 홈을 깊이 파서 올려 끼우고 내리 맞춘 후 사방으로 누름대 등을 써서 창 울거미에 댄다.

5) 오르내리창(double hung window)

창호면 내에서 상하로 이동하므로 실면적이 감소되지 않고, 빗물막이도 좋지만, 외측 유리의 청소가 불편하다. 창 무게와 평형(balance)되는 추를 선틀 옆에 넣고 창과 추를 로프로 연결하여 선틀의 홈을 따라 창을 상하로 개폐한다. 홈의 깊이는 1~1.5cm,

너비는 창 두께와 같이 하고, 중간 두둑의 너비는 1~1.5cm를 두며, 추는 창의 양쪽에 두고 선틀 밑에 추를 넣는 구멍을 따낸다(그림 3.44).

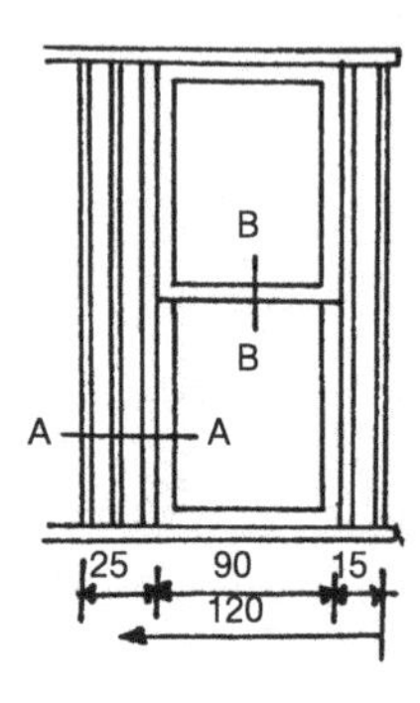

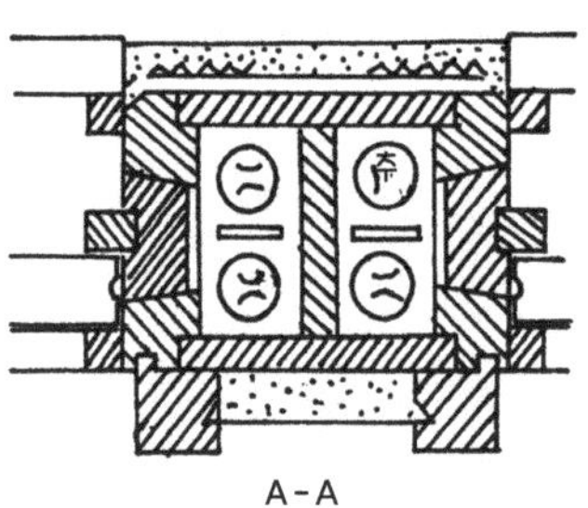

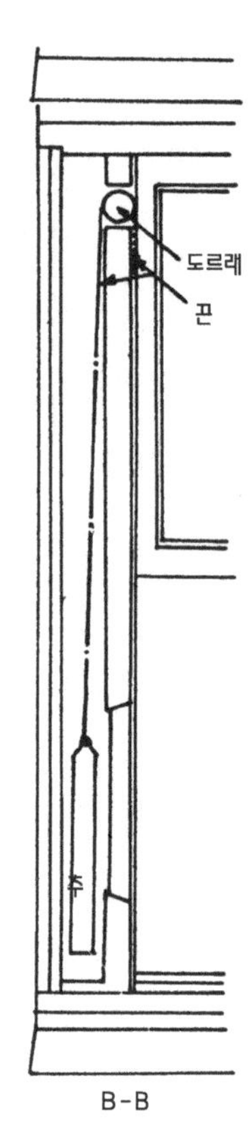

◂그림 3.44 오르내리창의 구조

(4) 금속제 창호

금속제 창호는 철제, 경금속제, 알루미늄제, 스테인리스강제 등으로 구분할 수 있다.

1) 스틸 도어(steel door)

문틀과 문짝을 일체로 제작하며, 기밀성과 개폐조작이 우수하다. 철판문은 앵글 등으로 울거미를 짜고, 철판(steel plate)을 댄 간단한 것으로 공장, 창고 등에 사용하며, 양판문은 문틀 및 울거미를 중공형(中空形)으로 맞추어 용접하고, 양판(panel)을 댄 것으로 양판 유리문, 유리문, 플러시문 등이 있다. 방화문은 기밀하게 하여야 되는데 갑종방화문은 철판의 두께가 1.5mm 이상인 것이고 을종방화문은 0.8~1.5mm 정도인 것이다. 이외에도 매달은 문(hanger door), 주름문(folding gate), 강제 셔터(shutter) 등이 있다.

2) 스틸 새시(steel sash)

창을 제작하는 새시 바는 창의 종류, 기밀성, 빗물막이, 유지보존의 측면에서 검토하여, 강판을 중공으로 가압하여 만든 중공식, 소정의 단면으로 압연하여 만든 압연식, 철판을 구부려 유리 홈을 만든 판절식 중에서 선택한다. 멀리온은 개구부의 면적이 클 때 보강과 외관을 위하여 중간선틀 위치에 대는 중공형 단면의 부재를 말한다.

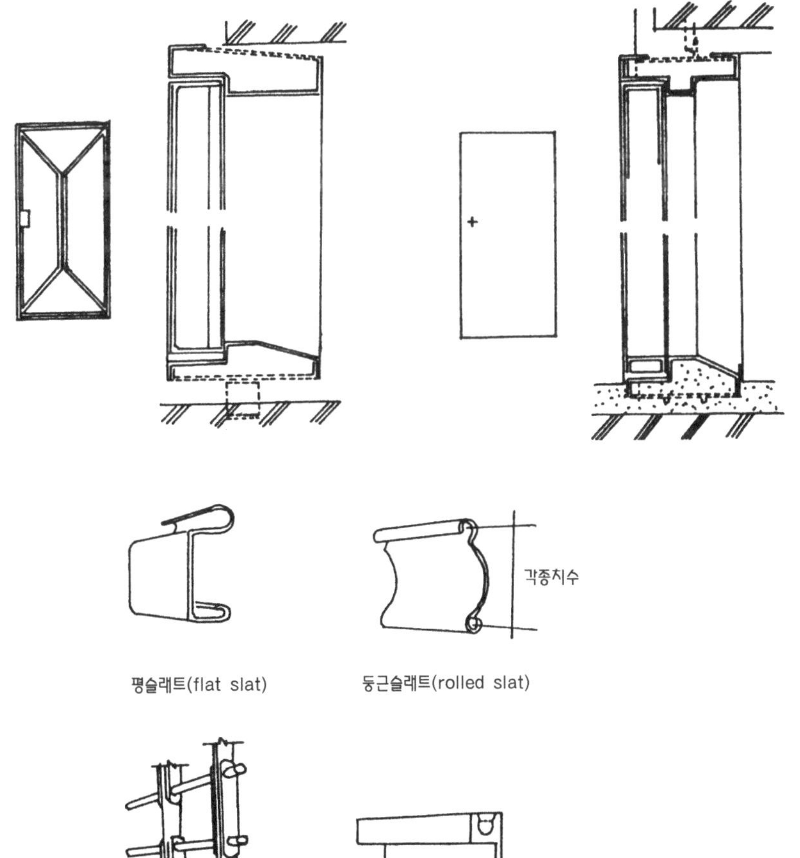

▸그림 3.45 철판문

▸그림3.46 양판문

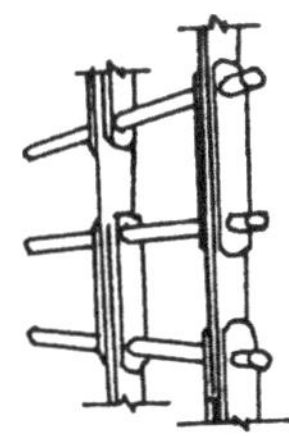

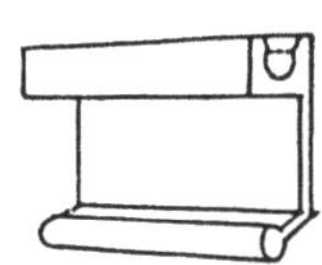

▸그림 3.47 shutter slat

3) 스테인리스 스틸 창호

강도가 크고, 미려하지만 재료의 가공과 마무리가 어렵다. 공기 중이나 수중에서 녹슬지 않고, 초산과 유기산에는 안정적이지만, 염산과 황산에는 약하며 염류에는 그리 약하지 않다. 제작공법은 강제와 같고, 용접은 스테인리스 전용의 특수용구를 쓰며, 압착기를 이용하여 접는데 재료의 성질상 모서리를 예리하게 접기는 곤란하다.

4) 알루미늄 창호

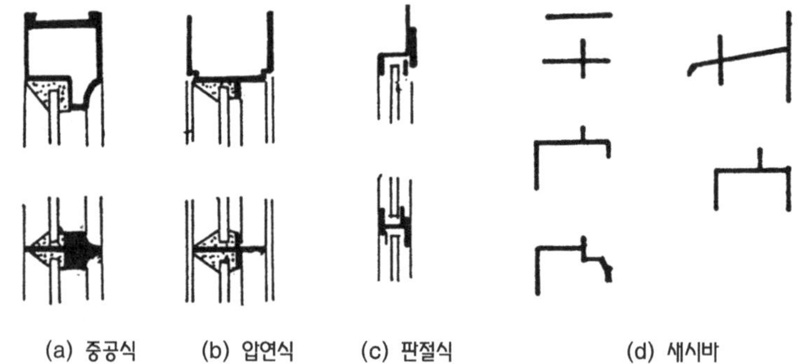

(a) 중공식 (b) 압연식 (c) 판절식 (d) 새시바

◂그림 3.48 스틸 새시바

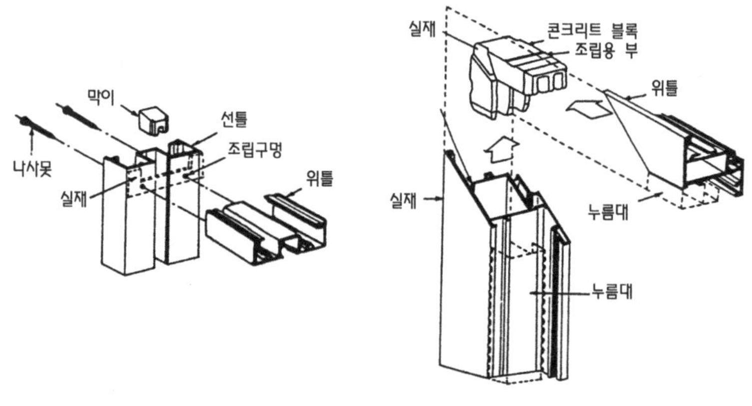

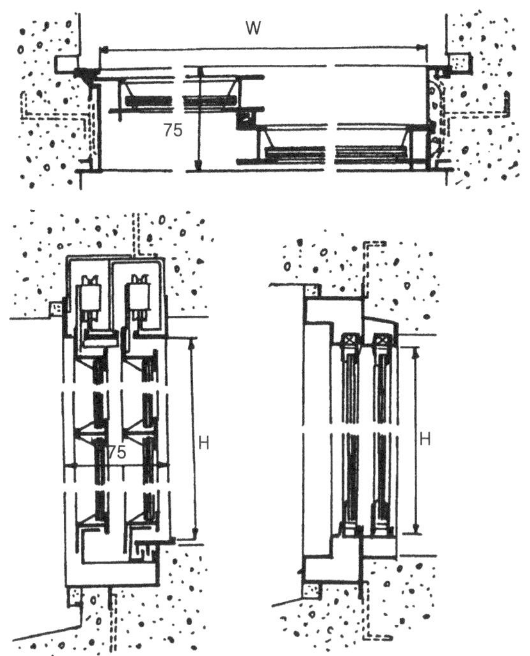

▸그림 3.49
알루미늄 새시

압출식은 임의의 복잡한 단면을 만드는 것이 용이하므로 차음성이 높은 방음창 등에 적합하고, 가벼우므로 미세기창 등에 문바퀴를 달아서 사용할 수 있다. 강도가 약하므로 큰 창문에는 통유리를 끼우지 말고, 중간살을 보강하는 것이 좋으며, 정첩달기나 미들창 등은 피하는 것이 좋다.

3.3.4 창호철물

(1) 정첩 및 개폐조정기

정첩(hinge, butt)은 문짝을 문틀에 달아 여닫는 축이 되는 것이며, 재료는 구리, 스테인리스, 알루미늄합금, 주물 등을 쓴다. 돌쩌귀 종류인 피봇 힌지와 플로어 힌지 및 여닫음 조정기인 도어체크 등도 문짝을 여닫는 역할을 돕는 것이다.

▼그림 3.50
각종 정첩

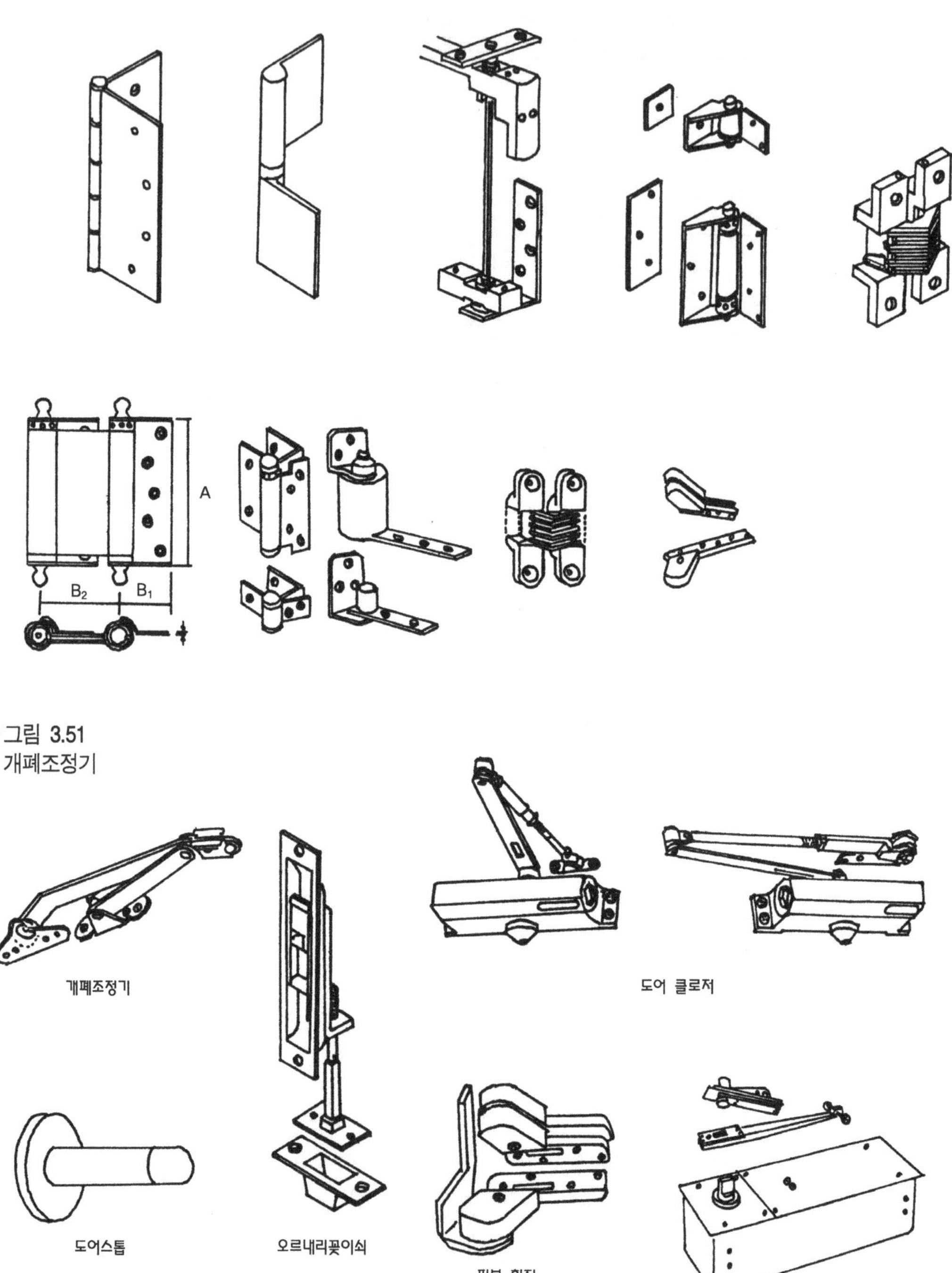

▼그림 3.51
개폐조정기

(2) 자물쇠 및 손잡이

자물쇠에는 헛자물쇠(latch)와 본자물쇠(dead lock) 역할을 하는 함자물쇠나 실린더 자물쇠가 있고, 걸쇠 및 꽂이쇠로 잠그는 경우도 있다. 손잡이는 알손잡이, 돌림손잡이(lever handle 갈구리손잡이), 굽은 손잡이가 있고, 파이프 손잡이, 손걸이, 오목손걸이, 밀판 등도 사용된다.

(3) 기 타

문바퀴는 미세기와 미닫이 창문 바퀴에 쓰고, 레일은 문바퀴가 구르게 될 창호용 레일(sliding door rail)을 뜻한다. 영어로 door rail은 보통 문울거미의 가로재인 막이대(rail)를 뜻하며, 문바퀴는 홈대(track)나 창호용 문지방(sliding door saddle)이라 부른다. 행거도어나 접문에 쓰는 달바퀴(hanger roller)를 끼우는 홈대에는 상부홈대(overhead track)와 하부홈대(floor track)가 있다.

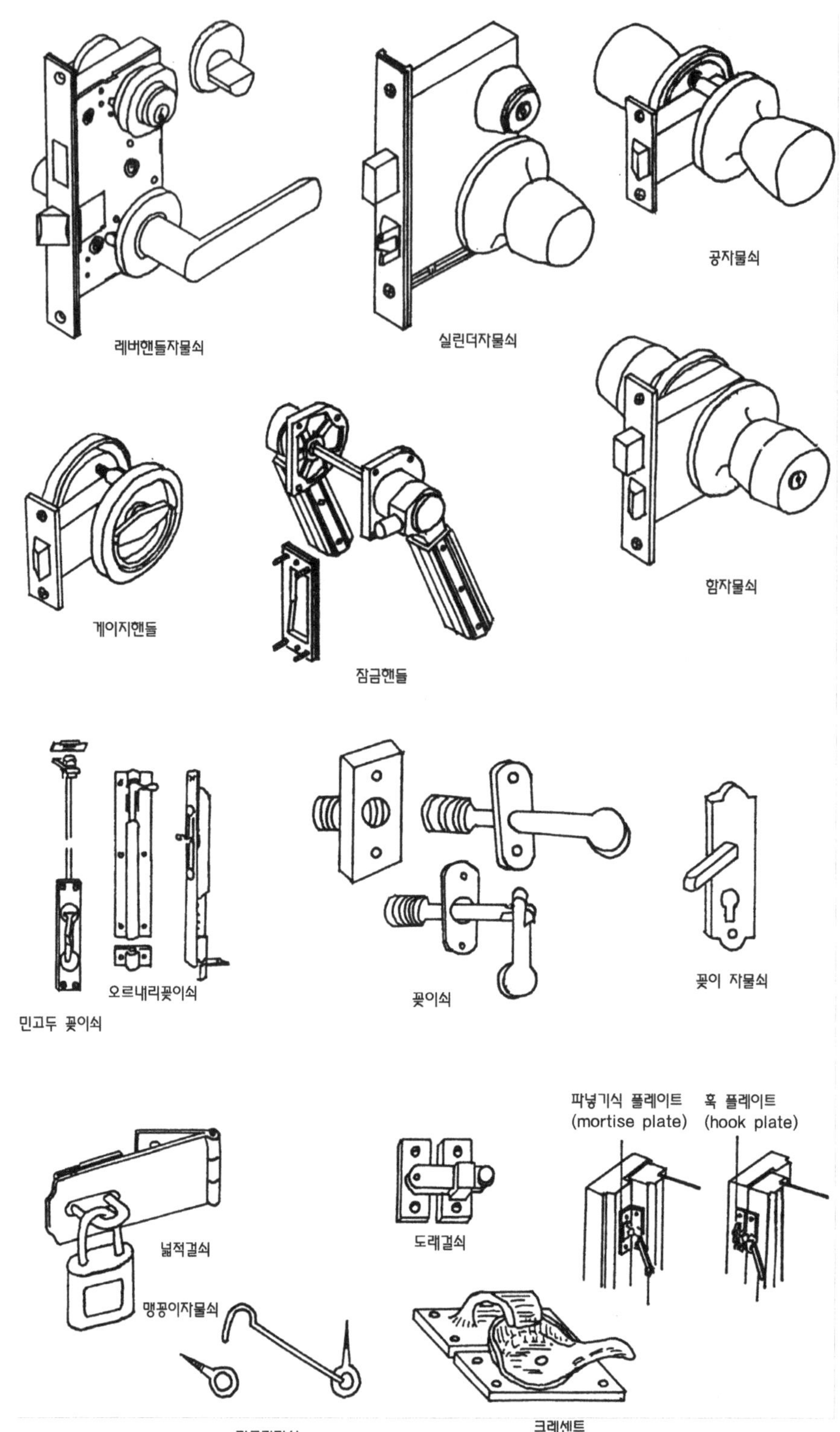
공자물쇠
레버핸들자물쇠
실린더자물쇠
함자물쇠
게이지핸들
잠금핸들
오르내리꽂이쇠
민고두 꽂이쇠
꽂이쇠
꽂이 자물쇠
파넣기식 플레이트
(mortise plate)
훅 플레이트
(hook plate)
넓적걸쇠
도래걸쇠
맹꽁이자물쇠
갈구리걸쇠
크레센트

▲그림 3.52 잠금철물

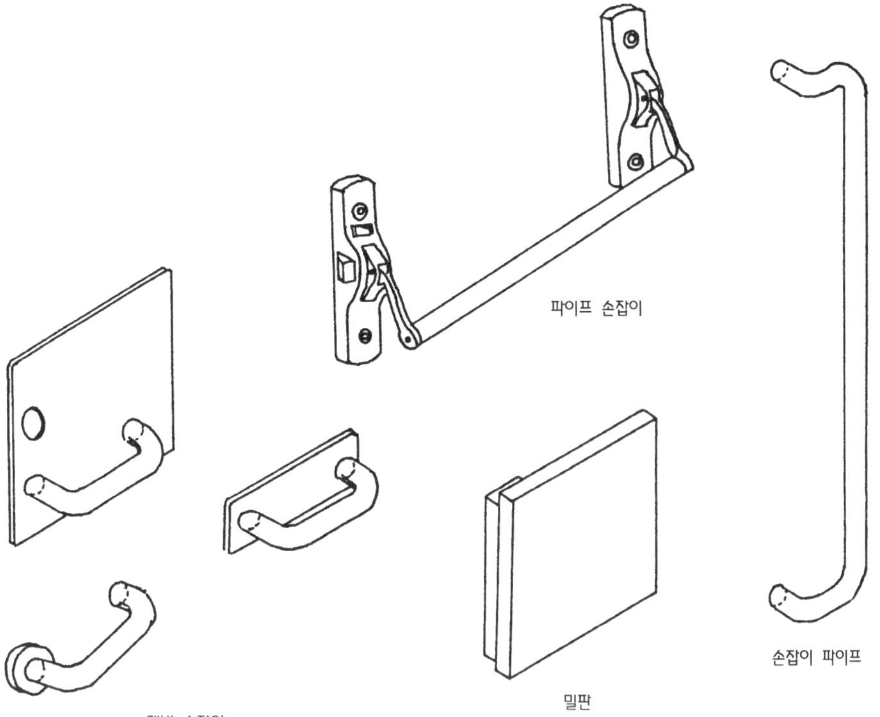

▲그림 3.53
손잡이

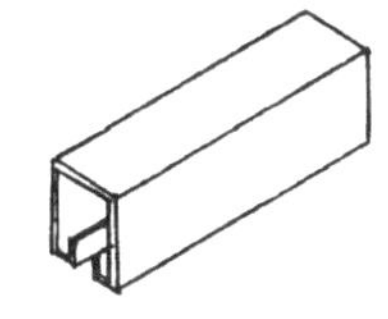
위달기용 레일(overhead track)

문바퀴(roller)

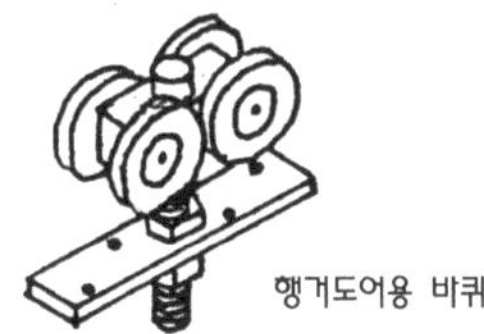
행거도어용 바퀴

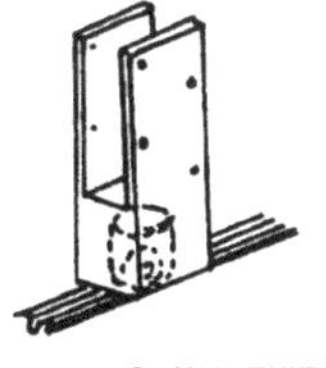
접이문용 하부 문바퀴
(floor roliers)

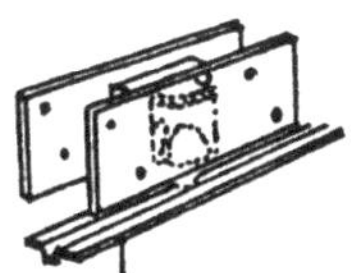
바닥용 레일
(floor track)

◀그림 3.54
문바퀴, 레일

3.3.5 유 리

(1) 재료 및 제법

유리의 비중은 판유리가 2.5 내외이지만, 성분에 따라서 소다 유리는 2.54, 연(鉛)유리는 3.77이다. 소다 석회유리는 크라운 글라스라 부르며, 모스 경도가 4.5~5.5 정도이고, 투광률이 커서(92% 이상) 창호에 많이 쓴다. 유리의 강도는 두께, 성분, 열처리 방법에 따라 다르지만 대체로 압축강도는 5,000~12,000kgf/cm^2, 인장강도는 300~800kgf/cm^2, 휨강도는 250~1,000kgf/cm^2, 탄성계수는 500,000~1,000,000kgf/cm^2 정도이다. 열전도율은 0.65~0.83kcal/mh℃이며 유리를 가열한 후 급냉각하면 부분적인 팽창수축으로 내부응력이 생겨서 파손된다. 판유리는 원료의 계량, 분쇄, 배합을 거쳐서 1350~1450℃로 용융, 성형하고 서냉 가공하여 생산하게 되는데, 성형방식에 따라서 인양방식, 플로트방식 등이 있다.

(2) 종 류

판유리는 보통창호에 쓰는 박판유리와 큰 창이나 진열창 등에 쓰는 후판유리가 있다. 후판유리를 공장에서 기계로 양면 평탄하게 연마 마무리한 것이 연마판 유리이고, 이 보다 광택이 우수하며, 전혀 얼룩이 없는 고급유리인 플로트유리는 유리의 표면장력과 자중을 이용하여 완전히 평탄하게 만드는 제법에서 생긴 이름이다. 형판유리는 한쪽면에 무늬를 낸 것으로 반투명이고, 호린 유리는 표면을 금강사나 모래로 갈아서 만든다.

망입판 유리는 후판유리를 성형하면서 철망을 집어넣은 것으로 방화 및 방재용으로 사용하고, 강화유리는 후판유리를 고온담금질 가공하여 강도를 높게 만든 것인데 전체가 한번에 깨지므로 자동차, 고층건물, 천창, 현관홀 등에 사용한다. 페어유리는 중간에 공기층을 두고, 밀봉한 겹유리로서 단열 및 방음에 좋고, 접합유리는 판유리 사이에 플라스틱을 배합하여 중간막 때문에 깨져도 파편이 없는 안전유리로 자동차, 은행, 진열창 등에 사용한다.

이외에도 열선반사유리, 열선흡수유리, 한면투시유리(magic glass, half mirror), 스테인드유리, 유리타일, 유리블록, 프리즘유리, 유리솜(glass wool) 등의 특수제품이 있다.

(3) 끼우기

목제창호에서 유리 끼우는 방법은 웃막이대를 완전히 분리된 상태로 만들어 그 사이로 끼워 내리는 방법과 퍼티나 누름대로 고정하는 방법이 있다. 스틸 새시에는 클립 퍼티 고정공법을 쓰는데 근래에는 누름대 역할을 하는 실링재를 사용하는 추세이다.

SSG(structural sealant glazing)라 불리는 강재 등으로 지지되던 유리의 지지를 유리와 고성능의 실링재를 사용하여 고정하는 방법이다. 알루미늄 새시에는 염화비닐의 글레이징 채널 및 비드를 사용하는 개스킷 고정공법을 쓴다. 후판유리는 고무제 개스킷을 쓰는데 특히 지퍼 개스킷을 쓰면 철골이나 콘크리트에 직접 유리를 끼우는 것이 가능하다. 유리로 건물의 정면을 장식하는 경우 유리의 무게 증가에 의한 파손을 피하려면 상부에서 매달아 내리는 방법을 쓴다.

▾그림 3.55 유리고정방법

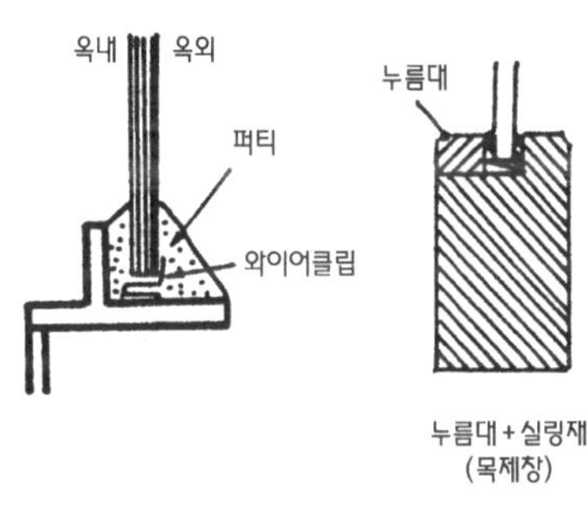

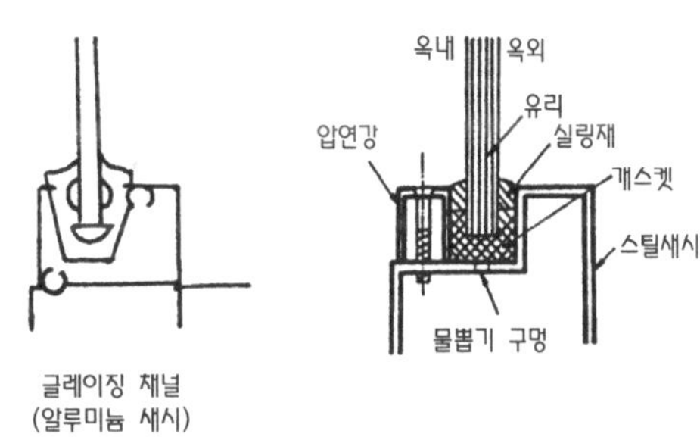

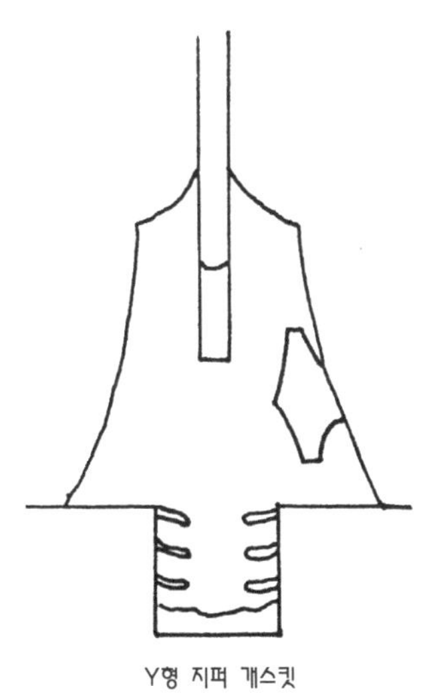

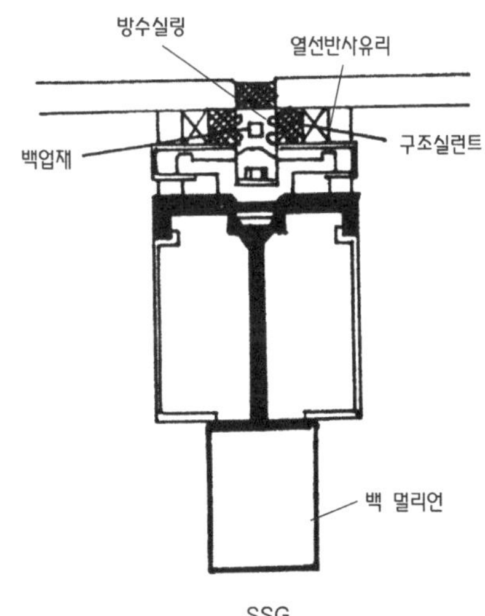

3.4 바닥

3.4.1 바닥의 기능과 성능

(1) 종류 및 기능

바닥은 상하층의 공간을 구획함과 동시에 사람이나 가구 등을 적재할 목적으로 설치되는 부위이다. 이 때문에 먼저 수평을 유지하여야 하고, 하중에 견딜 수 있는 강도를 보유하여야 하며, 나아가 요구되는 수평강성을 확보하여야 한다. 또한 인간에게 항상 접촉하고 있는 부위이기 때문에 양호한 촉감과 적당한 탄력성 등이 요구된다.

바닥은 위치, 형태, 용도, 재료, 구법 등에 따라 구분할 수 있다. 먼저 위치에 따라 옥내바닥과 옥외바닥으로 대별된다. 옥외바닥에는 보행 지붕과 같이 지붕을 겸한 것이나 발코니 바닥, 외부 통로, 테라스 등이 있고, 내수성이나 내후성이 요구된다. 옥내바닥에는 최하층 바닥과 중간층 바닥이 있으며, 최하층 바닥은 방습, 단열이 요구되고, 중간층 바닥은 방음, 내화 등의 성능이 중요시 된다. 이외에 필로티 상부의 바닥, 지하실 바닥 등도 있다. 바닥의 형태에 따라 수평바닥과 경사바닥으로 분류할 수 있고, 계단도 일종의 바닥으로 볼 수 있지만 거의 대부분은 수평바닥을 의미한다. 물론 이 중에서도 외부바닥과 방수바닥은 약간의 구배를 유지하는 경우도 있다.

이외에 특수한 기능을 갖고 있는 바닥도 있다. 수술실에서 정전기의 대전 방지를 위해 사용하는 전도바닥(그림 3.56), X선의 반사 산란선으로부터 인체를 보호하기 위한 산란선 방호타일 마감바닥(그림 3.57), 전자 계산실 등에서 배선설비의 점검이나 변경을 자유롭게 할 수 있는 프리액세스 플로어(free access floor) (그림 3.58), 바닥 충격음을 하부층으로 전달하지 않도록 한 뜬바닥층 구법(그림 3.59), 탄력성을 배려한 체육실 바닥 등(그림 3.60)을 들 수가 있다.

(2) 성 능

바닥은 다른 부위와 달리 상시 인간과 접하기 때문에 요구성능도 인간의 행동과 관련된 것이 많다. 따라서 생활방식이 입식인가 좌식인가, 의자를 사용하는가 여부, 구두를 신은 채 또는 벗고서 사용하는가 여부 등에 따라 요구조건이 아주 다르다.

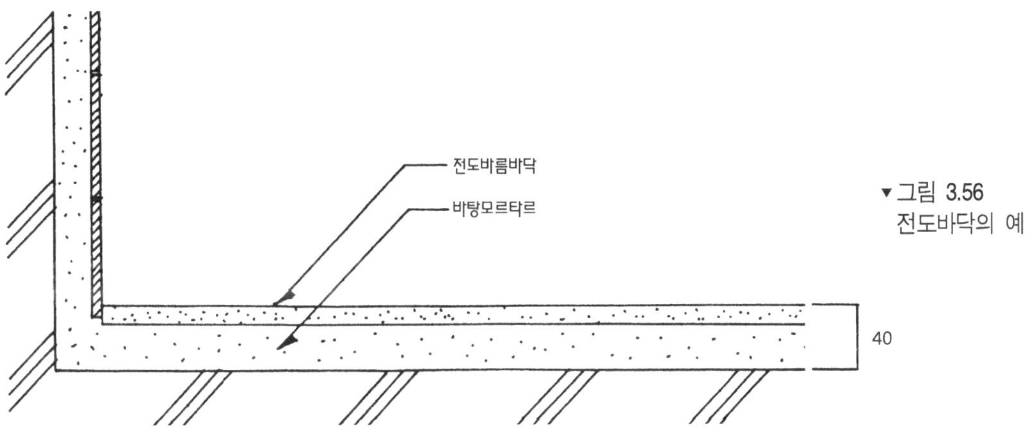

▾그림 3.56 전도바닥의 예

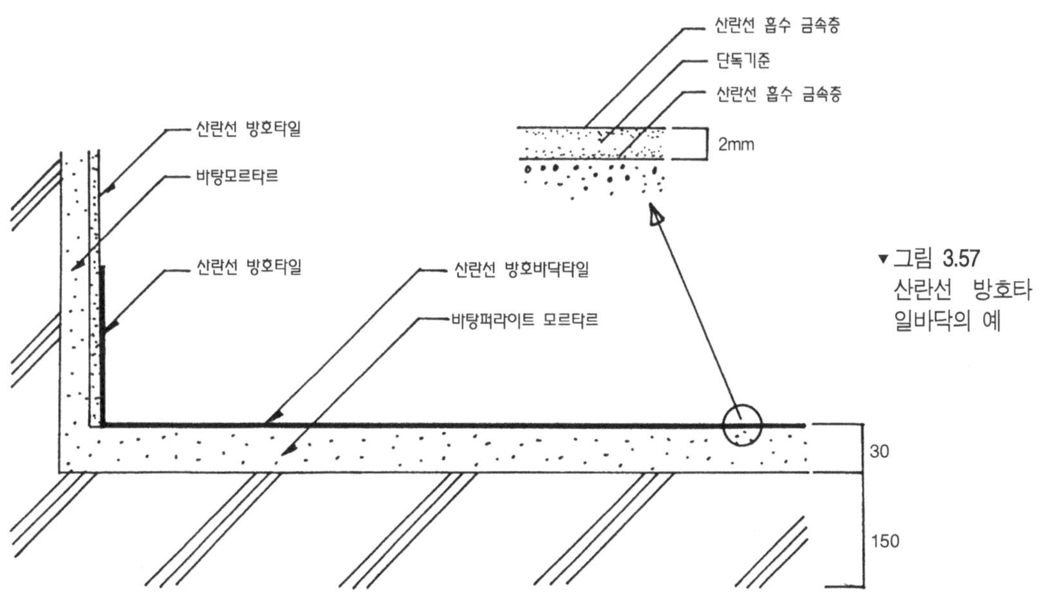

▾그림 3.57 산란선 방호타일바닥의 예

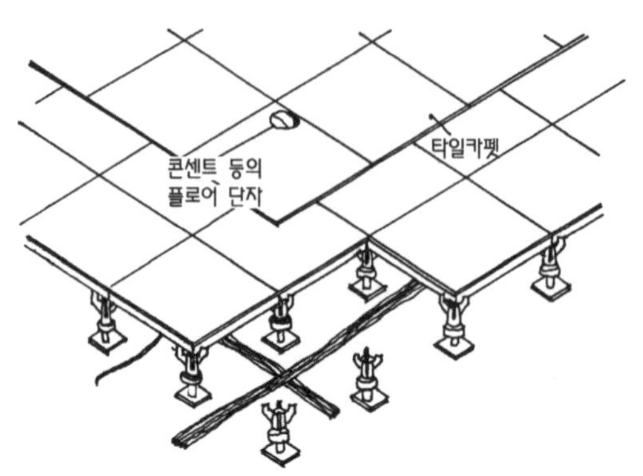

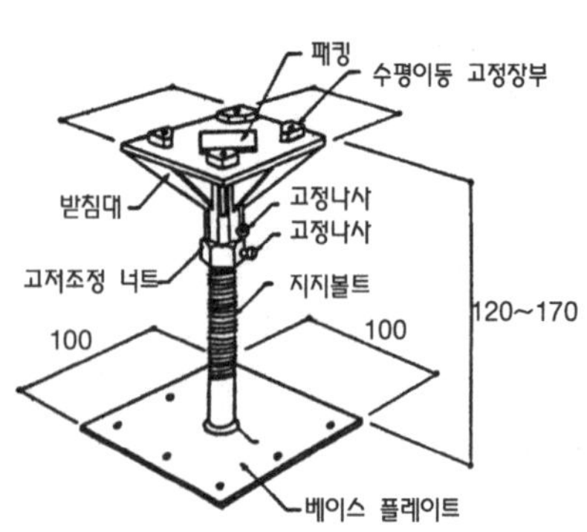

▸그림 3.58
프리액세스
플로어바닥의 예

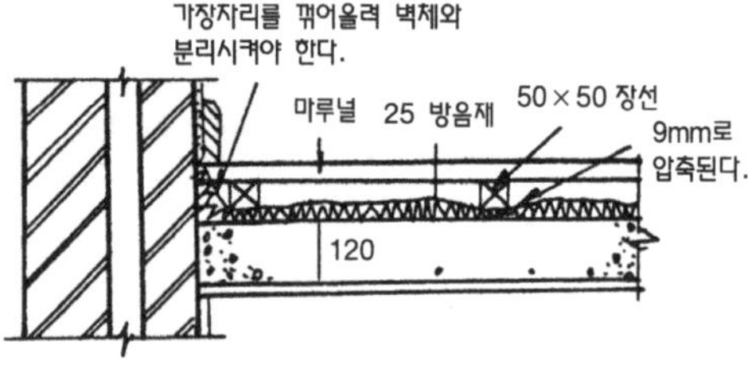

(a)

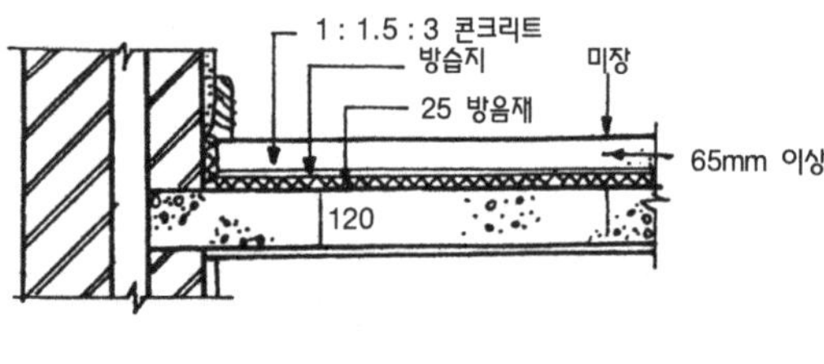

(b)

▴그림 3.59
뜬바닥의 예

방식		
지지각 분리방식	패널 공통 조정형	
	패널 개별 조정형	
지지각 일치방식	베이스 일체형	
	베이스 분할형	
조정지지각방식		
트렌치구성방식		

또한 다수의 사람들이 이용하는 장소에서는 요구조건이 아주 엄격하다. 바닥판은 성능면에서 주어진 하중 조건에 대응하는 강도와 강성이 필요하고, 단열성, 방수성, 차음성 등이 요구된다. 바닥 표면에서 요구되는 성능 항목에 적당한 마찰 저항이 있어야 하는 점도 중요하다. 바닥은 아주 미끄러지기 쉬워서도 안되지만, 그렇다고 전혀 미끄러지지 않으면 보행시 피로가 가중된다. 바닥 마감이 서로 다른 장소에서 마찰계수의 차가 아주 크게 생기면 바람직하지 않다. 또한 젖으면 미끄러지기 쉬워지는 바닥재료도 많기 때문에 사용장소에 따라 주의할 필요가 있다.

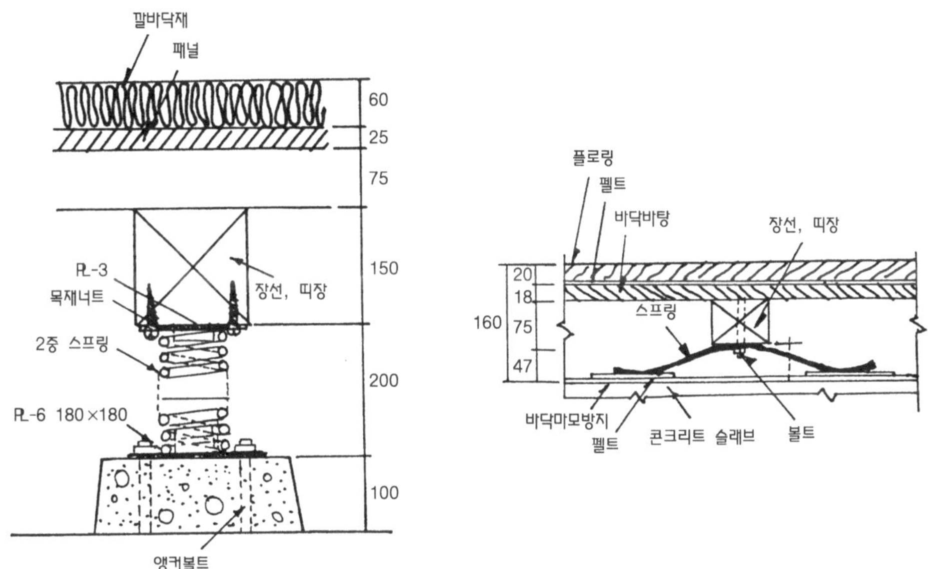

▲그림 3.60 스프링바닥

그리고 바닥면의 요구성능 중에는 청소성, 내마모성, 적당한 열전도성, 흡음성, 빛 반사성 등이 있고, 이러한 성능들은 서로 상반되는 경우가 많기 때문에 사용장소에 따라 적당한 재료를 선정할 필요가 있다. 또한 바닥 표면은 적당한 탄력성이 요구되므로 특정한 탄력이 요구되는 경우에는 스프링 바닥(그림 3.60)을 채용하기도 한다.

3.4.2 바닥의 구성방법

바닥의 구법은 주체구조의 종류에 따라 여러 가지가 있지만, 구성 방법은 그림 3.61과 같이 다음 3종류로 구분된다.

① 철근콘크리트 등 슬래브 위에서 바로 마감하는 것
② 전술한 슬래브 위에 목재, 철골 등을 사용하여 공기층을 만들어 바닥을 구성하는 것
③ 멍에나 보위에서 조립하여 바닥을 만든 것

콘크리트 슬래브에 습식으로 마감한 것에는 모르타르 마감, 콩자갈을 노출시킨 마감, 합성수지계 바름바닥이 있다. 화강석이나

대리석계의 종석, 안료 등을 사용하여 모르타르로서 경화시켜 표면을 연마한 것으로 테라조 블록은 공장에서 제조한 제품이며, 공사현장의 슬래브 위에서 시공한 것으로서 테라조 깔기(a−2)한 것이 있다.

모르타르 등에 직접 붙이는 바닥 마감재는 그림 (a−3)과 같이 돌붙임, 타일붙임, 벽돌붙임 등이 있고, 자연석으로는 화강석, 대리석붙임이 있다. 이외에 목재를 30cm 각으로 하여 이면에 철물을 붙여 만든 것을 플로링 블록이라 하며, 그림 (a−3)과 같이 시공한다. 또한 콘크리트 타설 후에 직접 흙손으로 눌러서 표면을 경화한 마감 (a−1)도 있다.

공기층을 두고 판을 붙인 경우에는 멍에나 보를 설치하고, 강성이 있는 판상의 재료를 까는 것이 일반적인 구법이다. 멍에는 30~40cm 간격으로 설치하는 것이 일반적인 구법 (b−2)이며, 격자형의 바탕을 이용하거나 면재료를 점으로 지지하는 예는 거의 없다.

이외에 거푸집 대용으로 덱크 플레이트(deck plate)를 깔고 와이어 메쉬를 배근한 후에 콘크리트를 부어 넣어 만든 바닥 (d−1)이 있고, 철근 트러스를 설치하고 아연철판을 깐 위에 콘크리트를 부어 넣어 일체화시킨 바닥판 (d−2)이 있으며, PC판을 보에 걸쳐놓고 콘크리트를 부어 넣고 일체화시켜 만든 바닥판 (d−3)도 있다.

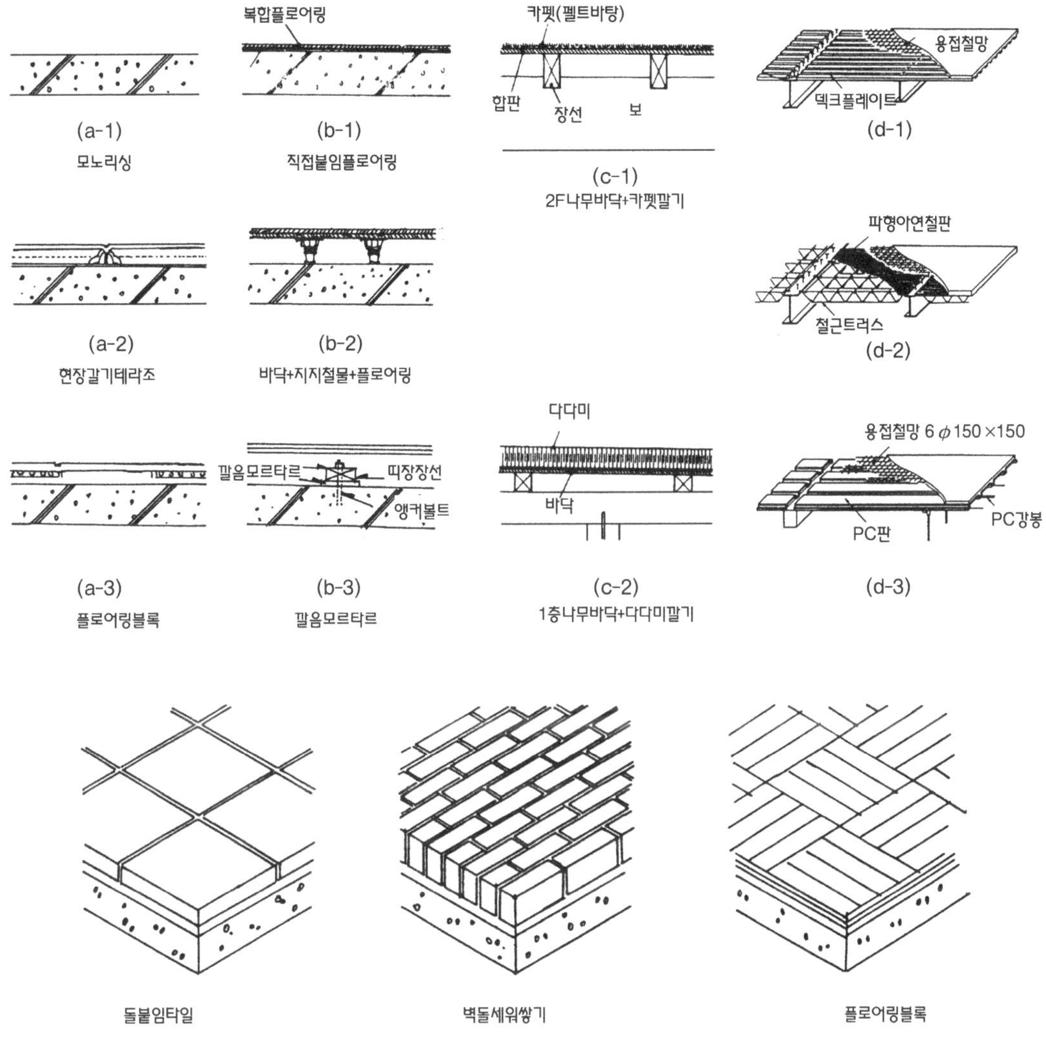

▲그림 3.61
바닥 바탕과 마감

(2) 판붙임 공법

목질계의 바닥재료는 장선 위에 붙여 직접 마감하는 것도 많다. 널판은 그 대표적인 것으로 노송나무나 소나무 등을 사용한 것이다. 플로어링 보드(flooring board)는 폭 10~12cm, 두께 15~18mm 정도의 판재로 길이는 1m 정도이고, 널 옆은 제혀쪽매로 한 것이 사용된다. 최근의 주택에는 합판 표면에 얇은 천연재를 붙인 복합 플로어링판(30×180cm 정도)이 많이 사용되고 있다(그림 3.62).

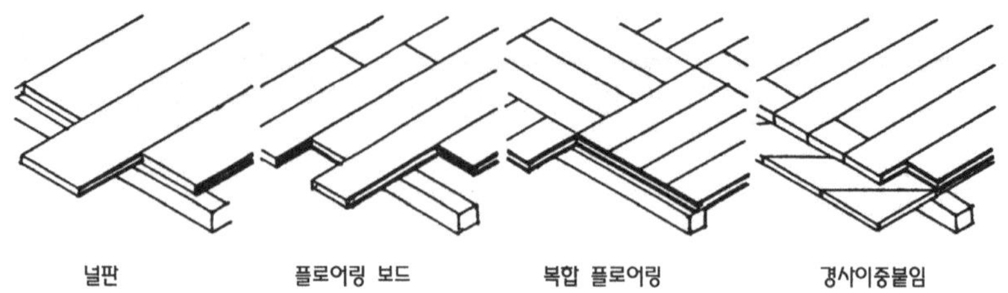

◀그림 3.62 목질계 바닥

판붙임 공사에는 장선과의 사이에 바탕판을 써서 이중붙임공법을 취한다. 마감이 비닐시트 등인 경우, 장선 위에 설치되어지는 바닥 바탕재에 합판 등이 사용된다. 이 경우에는 기밀성을 마감재로 기대할 수 있고, 또 직접 바탕재 표면에 못으로 박는다.

(3) 마감재

바탕판 붙임이나 고름 모르타르 위에 붙이는 마감재에는 여러 가지가 있다. 목재붙임에는 파켓(parquetry) 붙임과 여러 가지 색과 형의 천연 목편을 접착재로 붙이는 방법이 있다. 파켓(parquetry) 붙임은 7.5×30cm 정도로 가공한 쪽매판을 조합하여 붙인 것이다. 소형타일도 바탕고름 모르타르면 위에 붙임 모르타르로 붙여진다. 합성수지 등의 얇은 마감재로는 유지계 리놀륨, 염화비닐계 고무, 아스팔트 등이 있다. 여기에는 시트로 된 것과 30cm 각의 타일로 된 판상형이 있다. 시트상의 마감재는 시공시에 임시깔기를 한 후에 고정시키는 것이 일반적이다.

3.4.3 바닥과 걸레받이

(1) 바닥과 다른 바닥과의 접합

이질재종의 바닥판이 접하는 경우에는 다른 한 면을 높일 수 있으나, 문지방 등을 통하지 않고 다른 바닥재와 만나는 경우에는 원칙적으로 단 차이를 두지 않도록 한다. 동일한 바닥마감재로서 작은 단 차이를 두는 것은 보행시에 위험하다. 또한 청소방법이 서로 다른 바닥재를 사용하면 주의가 필요하다.

(2) 걸레받이

벽과 바닥이 만나는 부분에는 벽쪽으로 걸레받이를 설치하는 것이 일반적이다(그림 3.63). 걸레받이는 벽을 보호하는 기능도 있고, 벽과 바닥의 접합부를 마무리하기 위해서도 필요하며, 시공오차 때문에 설치하는 경우도 있다. 그림 3.63의 걸레받이에는 벽 시공 전에 붙이는 선붙임공법과 벽 시공 후에 붙이는 후붙임공법이 있다. 선붙임공법은 가공한 목재, 석재 등이 사용되고, 벽시공을 위한 규준대 역할을 한다. 후붙임공법은 목재나, 플라스틱 또는 타일 등이 사용되고, 시공오차를 흡수하는 역할을 하는 경우가 많다.

▾그림 3.63 걸레받이

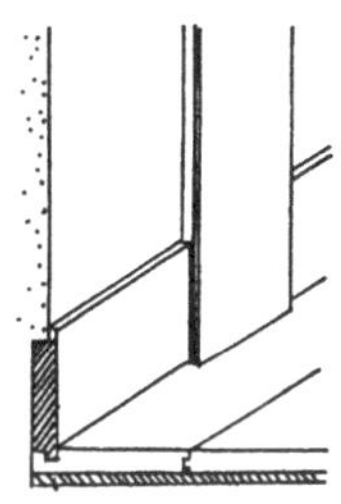
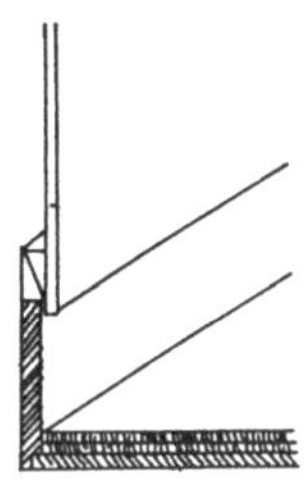

선붙임걸레받이

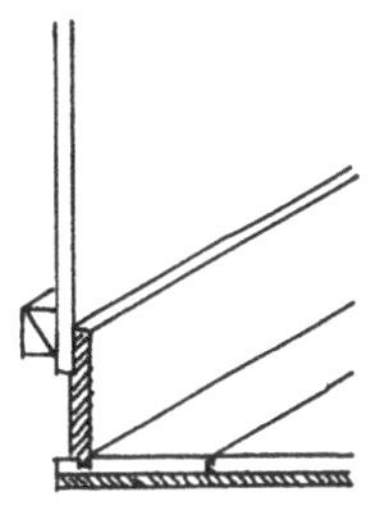
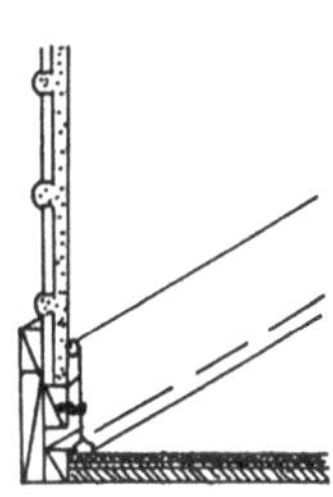

후붙임걸레받이

3.5 계단

3.5.1 계단의 기능과 형상

(1) 기능과 각부의 명칭

높이가 다른 상하층 바닥을 오르내리기 위해 여러 단으로 만든 구조를 계단(stairs)이라고 한다. 계단은 사용하는 목적에 부응하여야 하며, 공간을 연출하는 도구로서 디자인 기능과 함께 사용성과 안전성을 확보할 수 있도록 계획되어야 한다(그림 3.64).

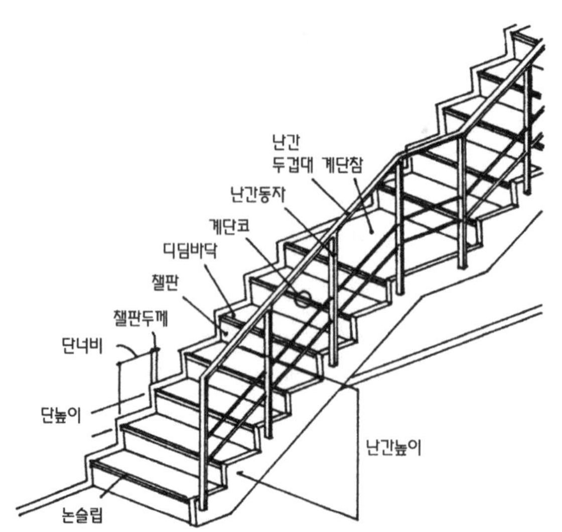

▸그림 3.64
계단의 각부 명칭

계단의 각부 명칭은 그림 3.64와 같다. 계단에서 발을 내딛는 수평바닥면을 디딤바닥 또는 디딤판이라고 하며, 디딤바닥의 수직높이를 단높이라고 하고 디딤바닥과 직각을 이루는 수직면을 챌판이라고 한다. 디딤바닥의 치수인 단너비와 단높이에 의해 계단의 구배를 표시하는 것이 일반적이다. 또한, 계단을 오르내릴 때 중간부에 만든 면이 넓은 단을 계단참, 계단을 위해 전용으로 설치되는 공간을 계단실이라고 한다. 계단은 윗부분이 트여 있기 때문에 화재시에는 화염이나 연기가 상층으로 흘러드는 통로가 된다. 하지만, 동시에 계단은 화재시의 피난에 유효하지 않으면 안된다. 그러므로, 고층건물에서는 화재시의 피해를 최소화하기 위해 계단실을 독립시키고 입구에는 방화문을 두어 연소를 방지한다.

(2) 형상과 구배

계단의 형상은 여러 가지로 구분이 되며, 건물용도, 사용장소, 평면, 층고 등에 따라 적절하게 선택하여야 한다.

① 곧은 계단(straight stair) : 일직선으로 올라가는 계단으로 길이가 길어질 때는 중간에 계단참을 둔다.
② 꺾은 계단(quarter-turn stair) : 중간에 한 번 꺾어 90°로 방향을 바꾸게 된 계단

③ 꺾어 돌음계단(half-turn stair) : 중간에 두 번 꺾어 180°로 방향을 바꾸어 돌아가게 된 계단
④ 돌음계단(screw stair) : 원형의 형상으로 원의 중심이 트여 있는 것을 원형계단(circular stair)이라 하며, 기둥 주위를 돌아 올라가는 나선계단(spiral stair) 등이 있다.

계단에는 오르내림의 방향이 있으므로 평면도에서는 그림 3.65처럼 오름방향을 화살표로 표시해 주어야 한다. 또한, 다층 건물에서 많은 계단에 걸쳐 반복적으로 이용되어지는 계단에는 그림 (e)와 같은 표기를 하는 것이 일반적이다.

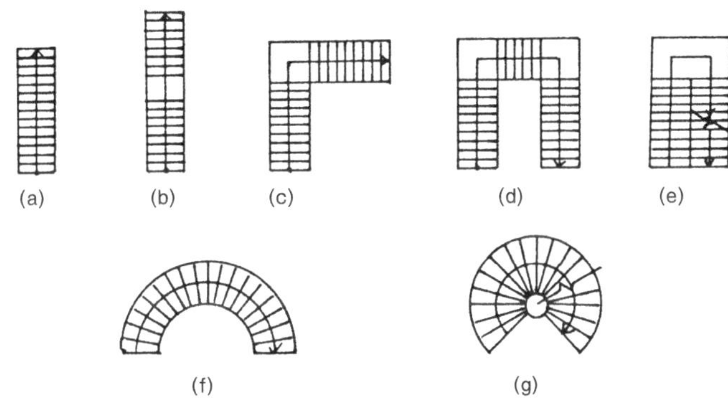

◀그림 3.65 계단의 형상

계단의 단높이 치수와 단너비 치수에 의해 결정되는 계단의 구배는 사용목적, 기능, 안정성 등을 고려하여 건축물 전체의 계획과 잘 부합되도록 결정하여야 한다. 이들에 대한 최소기준은 표 3.1과 같이 계단에 대한 관계법규에 나타나 있다.

법규상 이들의 수치는 최소한 지켜야 하는 것이지만, 단높이와 단너비는 서로 독립적으로 생각할 수 없다. 말하자면, 인간이 계단을 오르는 성질상 단높이(R)를 크게 취하면 그만큼 단너비(G)는 작아져야만 한다. 따라서, 단높이와 단너비의 적정치수는 계단을 오르내리기에 편리하도록 신중하게 결정되어야 하며, 이 양자의 수치관계에 대해서 다양한 제안이 나오고 있다.

① 프랑스 : $G+2R=630mm$
② 독 일 : $G+R=470mm$
③ 미 국 : $G \times R=72in.^2 \fallingdotseq 465cm^2$

<table>
<tr><th colspan="2">계단의 종류</th><th>계단 및 계단참의 너비</th><th>단높이</th><th>단너비</th></tr>
<tr><td colspan="2">초등학교의 계단</td><td>150 이상</td><td>16 이하</td><td>26 이상</td></tr>
<tr><td colspan="2">중·고등학교의 계단</td><td>150 이상</td><td>18 이하</td><td>26 이상</td></tr>
<tr><td>문화 및 집회시설중</td><td>공연장·집회장 및 관람장</td><td rowspan="3">120 이상</td><td rowspan="3" colspan="2"></td></tr>
<tr><td>판매 및 영업시설중</td><td>도매시장·소매시장 및 상점</td></tr>
<tr><td colspan="2">바로 위층의 거실 바닥면적의 합계가 200cm^2 이상이거나, 거실의 바닥면적의 합계가 100cm^2 이상인 지하층의 계단</td></tr>
<tr><td colspan="2">기타의 계단</td><td>60 이상</td><td></td><td></td></tr>
</table>

* 돌음계단의 단너비는 그 좁은 너비의 끝부분으로부터 30의 위치에서 측정한다.

▸표 3.1
계단의 각부위의 치수 (단위 : cm)

3.5.2 각종 계단

(1) 목제계단

목제계단에는 옆판계단(closed string stair), 틀계단(box stair) 등이 있다. 한식 건물의 계단으로 주로 사용되는 틀계단은 급경사로 걸쳐놓은 옆판에 수직판은 사용하지 않고, 디딤판을 짜넣은 것으로 안쪽부터 경사지게 판을 쳐올린 것이다. 최근에는 옆판계단이 일반적으로 사용되고 있으며, 그림 3.66과 같이 2장의 옆판을 상하 계단받이보에 걸쳐대고, 그 사이에 디딤판과 챌판을 끼워놓은 형식이다. 재료의 종류로는 나왕, 소나무, 집성재 등이 사용된다. 옆판에는 디딤판, 챌판을 끼워넣을 수 있도록 장부 구멍파기를 하여 챌판과 디딤판을 옆판에 통넣고, 쐐기치기로 고정하거나 못을 박아 빠짐을 막는다. 또한, 계단폭이 넓은 경우에는 디딤판에 처짐이 생기거나 소음, 진동의 우려가 있으므로 계단경사를 따라 중앙부에 계단멍에를 설치하기도 한다. 그림 3.67은 따낸 옆판계단으로 디딤판을 대기 위해 옆판을 계단모양으로 따낸 것으로 챌판은 사용되지 않고 옆판계단에 비해 외관이 경쾌하게 보인다.

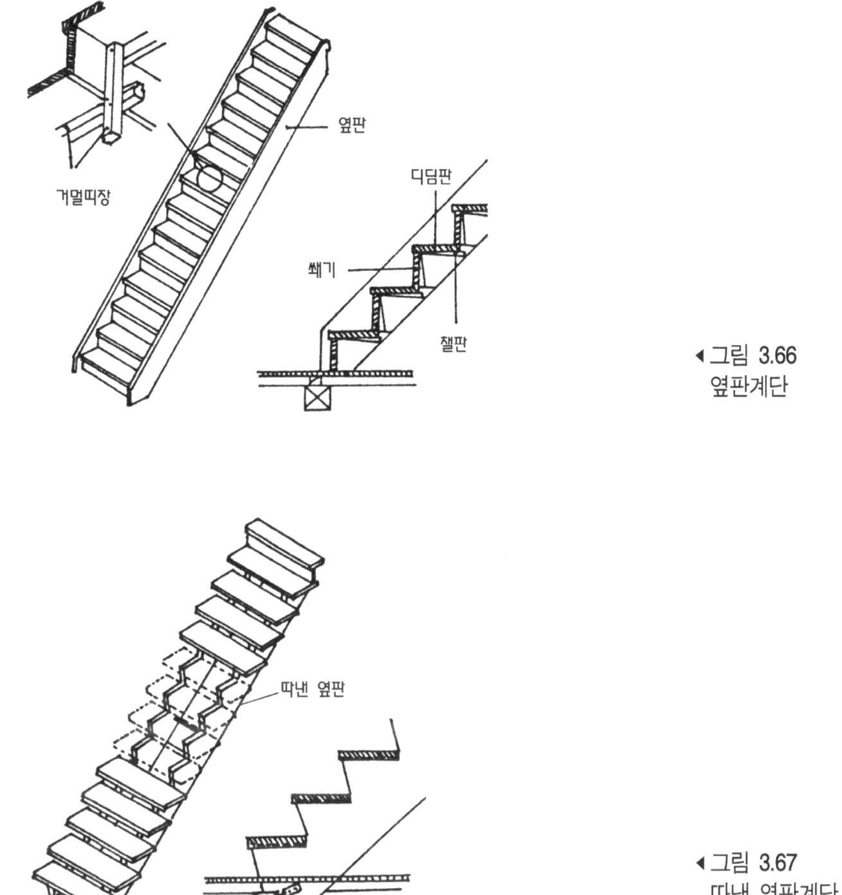

◀그림 3.66
옆판계단

◀그림 3.67
따낸 옆판계단

(2) 철근콘크리트제 계단

철근콘크리트를 사용하면 내화·내구적이고, 자유롭고 다양한 형상의 계단을 만들 수가 있다. 또한, 목제나 철골제와는 달리 일체로 만드는 것이 가능하기 때문에 구조체의 일부로써 시공될 수 있다. 이러한 이유 때문에 슬래브 상하를 바닥보와 계단받이보에 고정시키고, 경사슬래브의 경사를 따라 보를 설치하는 보식계단과 바닥보와 계단받이보에 경사진 슬래브를 걸쳐 댄 슬래브식 계단, 경사진 슬래브를 벽으로부터 한쪽만 튀어나오게 한 캔틸레버식 계단 등 여러 형태의 구조방식이 있다. 구조방식을 선택하는 경우에는 계단참과 계단 주변의 슬래브 지지방법도 검토해야만 한다.

철근콘크리트제 계단은 거푸집이 복잡하게 되기 때문에 프리캐스트 콘크리트로서 만들어지는 경우도 있다. 이 경우에는 구조체와의 접합에 대한 고려가 필요하므로 계단 슬래브를 단위로 해서 프리캐스트 콘크리트로 만들어 조립시공하는 경우가 많다.

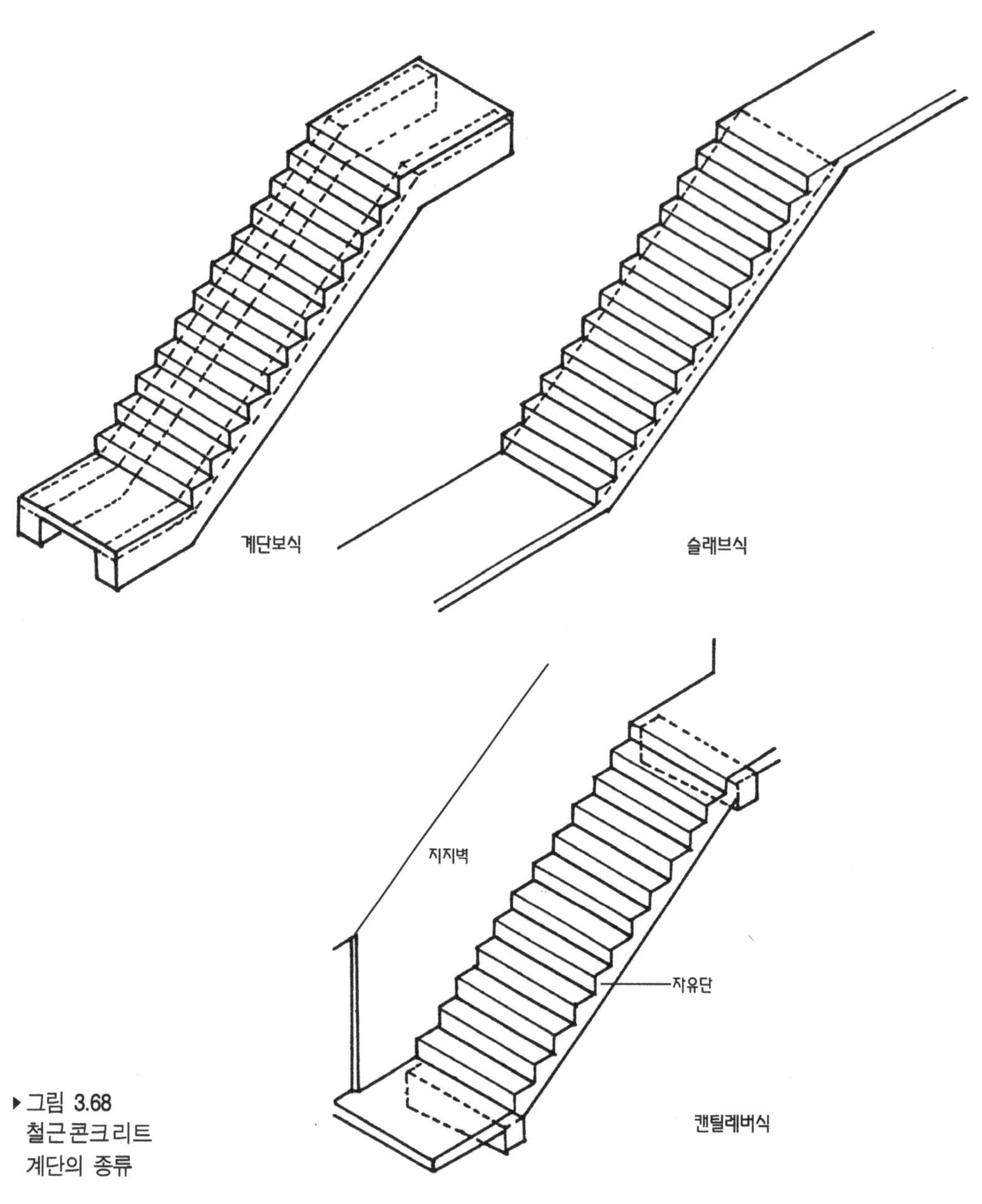

▸그림 3.68 철근콘크리트 계단의 종류

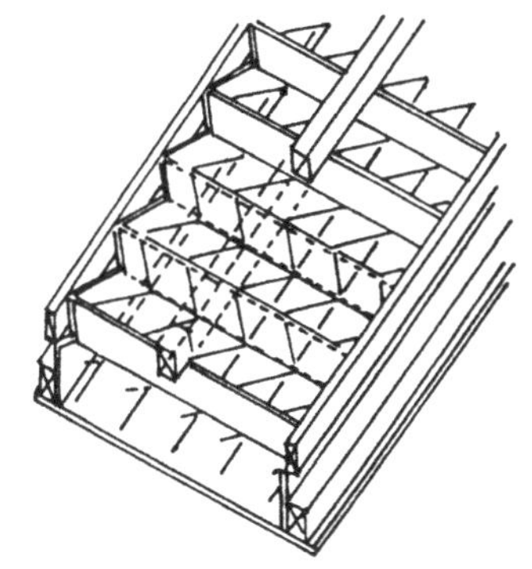

◂그림 3.69
RC조 형틀과 배근

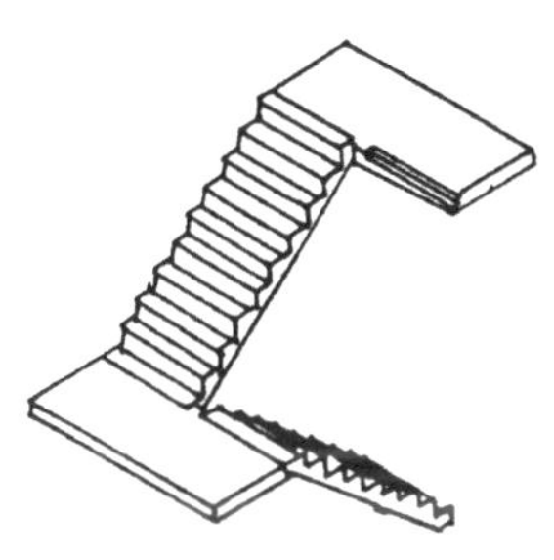

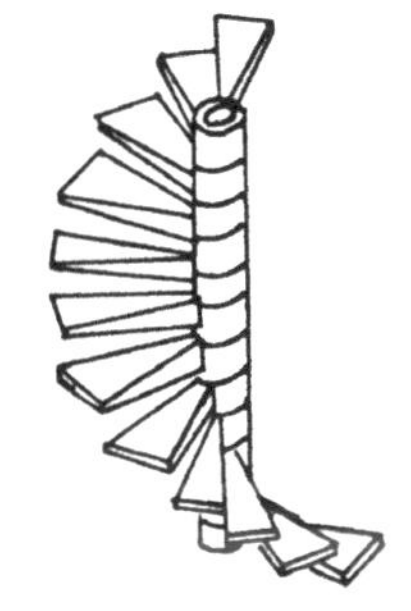

◂그림 3.70
PC제 계단
◂그림 3.71
PC 나선계단

(3) 철골제 계단

▾그림 3.72
철골제 계단

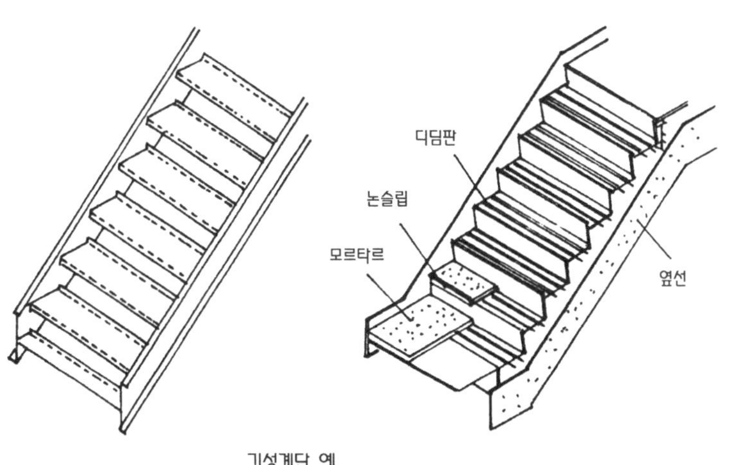

기성계단 예

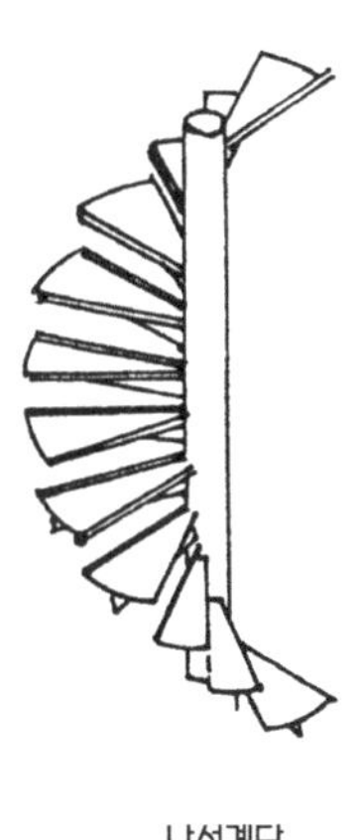

나선계단

철골제 계단은 옆판에 강판 또는 채널을 설치하고, 디딤판에는 주로 무늬강판을 사용하여 굴뚝, 공장, 창고 등에 주로 쓰이지만 피난계단이나 옥외계단으로 널리 사용된다. 사용하는 강재가 경량이며 프리패브화할 수 있는 장점이 있지만, 진동이 발생하기 쉬우며 화재에 약한 단점도 있다. 하지만, 철골조의 고층건축물에서 별도 구획된 계단실에서는 철골제 계단을 주로 사용한다. 규격화하기 쉬운 나선계단뿐만 아니라 직선계단이나 꺾어 돌아가는 규격화된 계단을 건물에 맞추어서 약간 조정하여 사용하는 기성제 계단도 점차 사용이 늘고 있다.

3.5.3 난 간

계단 난간은 사용의 편이성과 안전성으로 볼 때, 오르내리기를 보조하며, 넘어짐을 방지하고, 계단측면이나 계단참으로부터 추락을 방지하는 기능을 가진다. 추락의 위험성이 있는 계단의 난간에는 옥상이나 발코니의 난간 기준인 높이 1,100mm 이상이 바람직하고, 난간다리의 간격은 110mm 이하로 하며, 발판을 설치하지 않도록 한다. 그리고, 오르내리기 보조 등의 적당한 난간높이는 성인 기준으로 800~900mm 정도이므로 어느 쪽을 중시하느냐에 따라 높이도 변하게 된다. 또한, 추락방지에 충분한 높이를 가진 난간의 내측에 오르내림 보조용 난간을 별도로 설치하는 경우도 있다.

3.5.4 각 부의 마무리

디딤판의 끝부분에는 미끄러짐 방지, 내마모성, 내충격성을 늘리기 위해 논슬립이 설치된다. 논슬립은 금속에 고무를 조합시킨 것과 자기타일 등의 다양한 제품이 있으며, 디딤면 마무리재 윗면과 나란하게 붙이되 본체에 확실하게 접합하는 것이 중요하다.

계단참의 꺾어 돌아가는 부분에서는 오름과 내림의 동일선상에서 계단이 시작되면 난간 높이에 차이가 생기기 때문에 별도의 처리가 필요하다. 그림 3.73(d)와 같이 계단 자체를 뒤로 물려놓는 것도 하나의 방법이다.

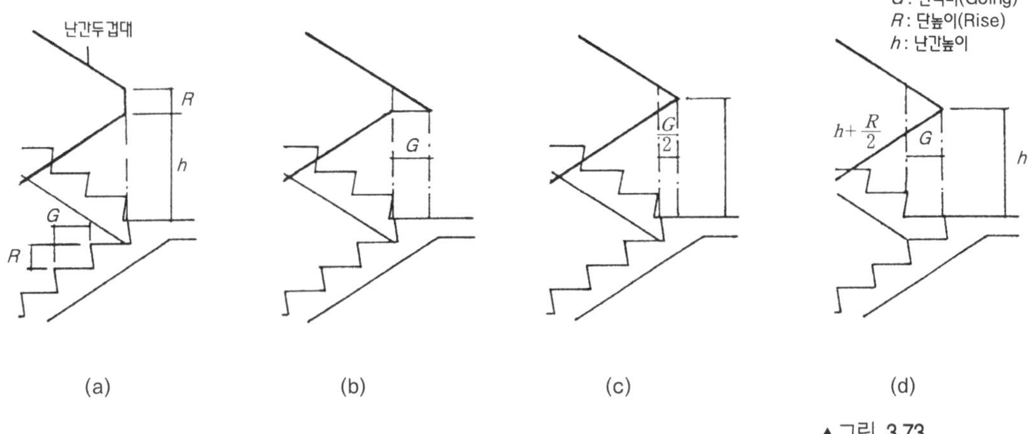

▲그림 3.73
꺾임 부분의 계단과 난간 두겁대와의 관계

3.6 천장

3.6.1 천장의 기능과 형상

(1) 기 능

천장은 인간이 직접 접촉하지 않는 부분으로 마감재에 요구되는 성능의 정도는 바닥과 벽에 비하여 비교적 낮으나 상부의 구조재를 감추고 실내의 미관을 높이는 것 이외에 불이나 열의 차단, 빛이나 음의 반사 등 중요한 역할을 하는 것으로 쾌적한 내부공간을 만들기 위해서도 천장을 중요하게 다루어야 한다.

건축물의 실 상부는 상부(上部)구조 즉 콘크리트조의 바닥판 밑면, 큰보, 작은보를 그대로 노출시키는 경우도 있으나 일반적으로 중간에 공간을 칸막이하는 천장을 만들거나 바닥판 밑면을 특별한 마무리를 해서 천장으로서의 성능을 발휘시킨다.

이와 같이 천장은 실공간에 아무림을 붙여 상부구조를 감추거나 설비의 배관덕트류를 통하게 한다.

따라서 천장은 높은 상부공간에 칸막이를 함으로써 방진, 방서, 방한, 차음, 흡음의 역할을 다하는 동시에 소리, 빛, 공기에 관한 반사면으로 처리함으로써 공간용적처리, 미적처리, 성능처리에 유효하게 한다. 또한 천장은 화재시 가장 위험한 상태로 놓여지므로 주요한 제어기능인 화재에 대한 안정성이 요구된다.

단열, 흡음, 차음성능에 대해서는 지붕, 바닥, 천장 등을 포함한 종합적 기술판단이 필요하다. 또한 존속기능으로서 인간에게 심리적 영향을 주는 면을 고려하여 벽, 바닥과의 대비를 고려하지 않으면 안된다.

내구성, 생산성 기능에 관해서는 벽과 같으나 벽이 수직면인데 대하여 천장은 수평면이고 자중을 지지할 필요가 있으므로 시공면에서 약간의 곤란성이 있다. 시공순서에 따른 완성상태도 일반적으로 벽과 같으나 작업이 상향(上向)으로 되기 때문에 시공이 곤란하다. 마감재의 휨을 방지하기 위하여 바탕에 견고하게 붙일 필요가 있으며, 조인트부의 처리에 대해서도 벽과 같이 시각에 의한 감각적 효과를 배려할 필요가 있다.

(2) 형상 및 층고

천장은 보통 수평으로 하지만 실의 용도 및 의장에 따라 여러 형상이 쓰이는데, 형상이 복잡할수록 재료와 노력이 많이 든다. 수평천장이 넓으면 중앙부가 처진 듯한 착각을 일으키므로 중앙부를 다소 올리는 것이 좋다.

천장의 높이는 보편적으로 주택에서 2.4m 내외, 사무실은 2.6~2.7m 정도, 학교는 3m 내외로 하는데 공기조화설비를 갖춘 건물에서는 천장높이를 낮추고 있다. 천장 위 지붕틀이 차지하는 공간을 지붕속이라 하고, 큰보가 차지하는 공간을 천장속이라 하는데 총칭하여 구조공간이라 한다. 이 공간은 배선, 배관 및 덕트(duct) 등 수납공간으로 이용되므로 층높이, 천장높이를 결정할 때 이를 충분히 감안해야 한다.

3.6.2 구성방법

천장의 구조로서는 바닥판 밑의 구조를 노출로 하여 바닥판에 천장을 직접 마무리하는 직접천장과 콘크리트 바닥판이나 목조바닥 하면구조의 적당한 높이에 천장을 달아서 구성하는 달천장으로 크게 나뉘어진다. 달천장 형식의 것이 본래의 천장이라는 의미로 생각하는 것이 좋다.

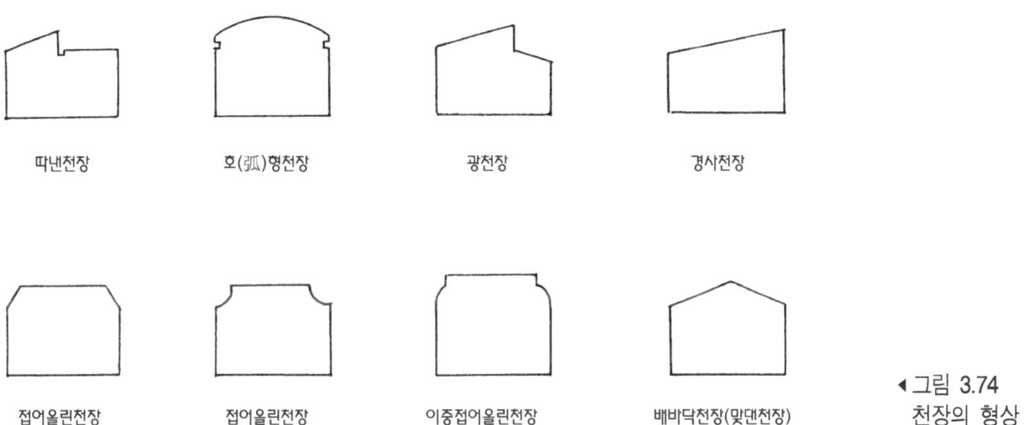

◀그림 3.74 천장의 형상

(1) 직접천장

1) 목조의 경우

① 지붕중도리, 서까래 밑, 평보 밑, 바닥장선 밑, 천장용 장선 밑 등의 천장판 마무리 공법.

② 지붕구조, 2층보 밑구조를 노출로 하고, 중도리, 서까래 밑에 천장판을 직접 못박기 등으로 붙여서 직접천장 마무리로 하는 경우와 이런 구조용재의 하부에 천장판 부착용으로 특별한 장선을 장치거나 결쳐서 이것에 천장판을 부착시키는 경우가 있는데, 이를 천장용 장선에의 붙임천장이라 부를 수 있다. 이런 하면은 천장판만으로 마무리하는 경우와 다시 이것에 미장 등의 바탕재를 붙여서 미장마무리를 하여 방음재료 뿜칠 마무리 등을 하는 수도 있다.

2) 콘크리트조의 경우

① 큰보, 작은보 등을 노출로 하고, 바닥판에 천장을 직접 마무리하는 경우.

② 플랫 슬래브(flat slab) 바닥판을 콘크리트로 타설하게 되면 하면은 평판이므로 이것에 각종의 마무리를 해서 그대로 직접 천장으로 할 수가 있다.

층고를 절약할 필요가 있는 경우, 적층의 빌딩건축 등에서 흔히 사용되는 공법이나 최상층만은 단열상 달천장으로 처리하여 지붕슬래브에서 오는 열을 처리하는 것이 일반적이며, 특히 이것을 메탈 실링(metal ceiling)으로 하는 방식으로 하는 설계도 있다.

③ 천장바탕 천장으로서 콘크리트판의 하면에 단열이나 차음재료 등을 콘크리트 타설과 동시에 타입하며, 그대로 존치함으로써 각각의 마무리를 하는 경우도 있다.

(2) 달천장

1) 반자틀(ceiling frame)

① 목재 반자틀

상부구조가 목조, 철골조, 철근콘크리트조의 어느 것이던 지붕틀, 2층보, 콘크리트 슬래브 등에 달대받이를 걸치고, 이것에서 달대를 내려 그 끝에 반자틀받이를 걸고, 반자틀을 설치해서 천장바탕을 구성하는 것이 일반적이다.

▼그림 3.75
목재 반자틀 구성도

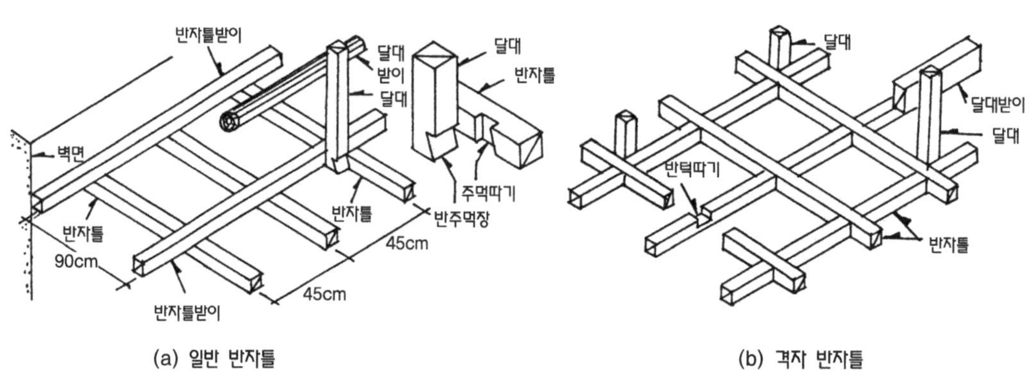

(a) 일반 반자틀 (b) 격자 반자틀

이 반자틀에 천장판류나 각종 천장 마무리재를 장치해서 시공하면 천장이 되는 것이다. 반자틀에의 천장판류 설치법에는 각종의 공법이 있으며, 그에 따라 천장의 종별, 명칭이 구별되는 수가 많다.

ㄱ. 달대받이 : 달대를 내리기 위해 지붕틀의 평보 또는 층보에 끝마구리 지름 9cm 정도의 통나무 껍질을 벗겨 90cm 간격으로 걸쳐대고, 큰 못 또는 꺾쇠치기로 한다. 콘크리트 바닥판에는 미리 묻어둔 앵커 볼트 또는 인서트에 달대받이를 매단다.

ㄴ. 달대 : 달대는 거리간격 90cm나 120cm 정도로 반자틀과 반자틀 사이에 반주먹장맞춤으로 하고, 위는 달대받이 또는 층보나 평보의 옆에 직접 큰 못으로 박아 댄다.
달대를 장선 등에 직접 달면 2층 마루의 진동으로 반자가 금이 가거나 떨어지게 될 것이므로 따로 달대받이를 층보 사이에 대거나 진동에 견딜 수 있는 반자로 해야 한다.

ㄷ. 반자틀받이 : 반자틀받이는 반자대 길이가 90cm 이상이면 처짐방지와 간격유지를 위해 직각방향으로 반자틀받이를 90cm 내외의 간격으로 대고 달대로 매단다. 또 반자틀받이를 대지 않고 반자틀을 직접 달대에 매달기도 한다.

ㄹ. 반자틀(반자대) : 천장판류를 설치하는 최종바탕이다. 보통의 각반자틀 39mm×45mm 정도의 각재 반자틀받이와 같은 재로 하는 수가 많고, 45cm 간격의 수평으로 건너대고 여기에 직각으로 댄 반자틀받이에 못박아 댄다.

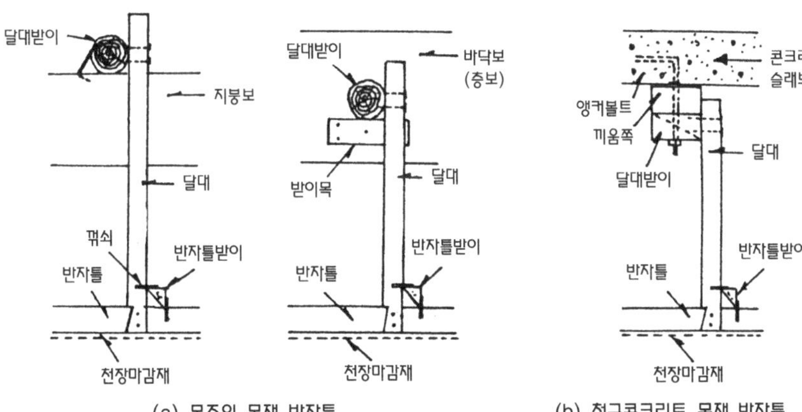

◀그림 3.76 목재 반자틀

ㅁ. 반자돌림대 : 반자돌림은 벽과 반자를 같은 회반죽으로 할 때에는 회반죽 자체로 하거나 또는 석조 조각물을 붙여 만들지만 벽면과 반자의 재료가 다르면 목조에서는 대개 나무로 한다. 반자돌림대는 벽면, 가장자리, 샛기둥 또는 나무벽돌에 튼튼히 못박아 댄다. 밑은 벽세홈을 파서 벽아무림을 하고 이 위에 반자널을 댄다. 심벽일 때에는 기둥에 3cm 정도의 턱을 따 맞추고 기둥면에서 1.5cm 나오게 한다.

② 철재 반자틀

반자틀 및 반자틀받이를 재래식인 목조로 할 경우 화재시 연소위험성이 있을 뿐 아니라, 목재의 신축으로 인한 반자의 뒤틀림이 생기기 때문에 최근에는 천장바탕 등을 불연의 강제 또는 경금속제로 하는 수가 많다. 반자틀은 천장 마감재의 종류, 형상 등에 따라 반자틀 구성재의 크기, 형상, 구법 등을 달리 하는 경우가 있다.

ㄱ. 달대받이(인서트) : 콘크리트 바닥판에서 달대(행거 볼트)를 내리기 위한 달대받이로서 콘크리트 바닥판 하단에 볼트접합용의 인서트를 묻어두고 이것으로부터 볼트를 달아매는 것이 일반적이다.

미국에서는 철근, 철사 등을 콘크리트에 묻어 매달고 그대로 달목재로 하는 것도 유행하고 있다. 인서트의 매립은 바닥판 콘크리트 거푸집 널위에 기정치수 간격으로 인서트를 못박기로 배치한 후, 콘크리트를 타설하여 거푸집 제거 후 하단이 노출되도록 한다. 이 때 인서트의 내부에 콘크리트가 스며들지 않도록 하고, 인서트의 간격은 90~100cm로 지그재그 배치한다.

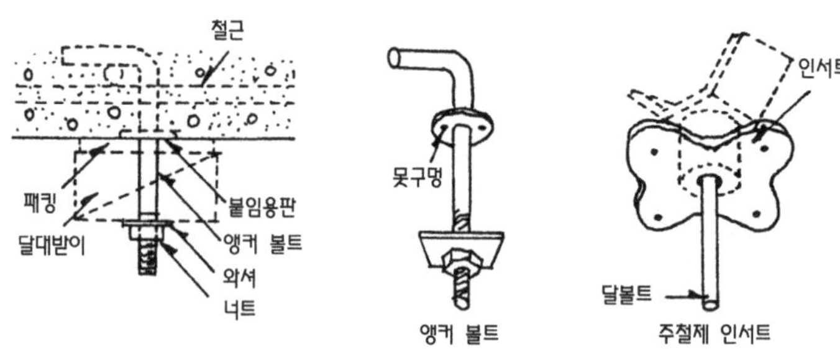

▸그림 3.77
앵커 볼트, 인서트

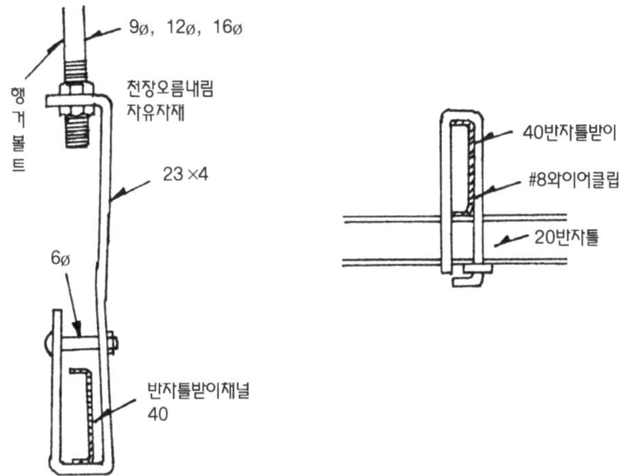

◂그림 3.78
반자틀받이의 달기

ㄴ. 달대볼트 : 볼트(평판 앵글)의 크기와 천장하중에 따라 작업인원 하중도 고려) 정한다. 일반적으로 9mm 정도의 강볼트나 동등강도의 띠판, 앵글 등 형강으로 하는 수가 많다. 달대볼트의 길이 조정은 너트로 하거나 다이렉트 클립(direct clip)을 사용한다.

볼트 상부는 볼트나사로 인서트와 나사접합으로 한다. 하단은 조절가능의 철물로 반자틀받이를 잡아맨다. 달대볼트는 하중에 견디는 접합강도를 반드시 만족해야 한다.

ㄷ. 반자틀받이 : 일반적으로 40mm 경량형강(채널 또는 특수형)을 간격 90~100cm로 걸친다. 달대볼트로 조정하여 수평이 되게 하고, 양 끝은 벽에 판구멍에 꽂아넣고 주위를 모르타르로 메운다.

ㄹ. 반자틀(반자대) : 보통 20mm 내외의 형강을 사용하고, 30cm, 45cm, 60cm(천장판, 텍스 등의 치수에 따름)의 간격으로 나란히 설치하고, 반자틀받이에 직교하도록 와이어 클립 또는 플레이트 클립으로 결속한다. 그러나 천장 마감재의 종류에 따라 T바를 교차시켜 짜기도 한다. 반자틀 끝의 처리는 반자대받이와 같다.

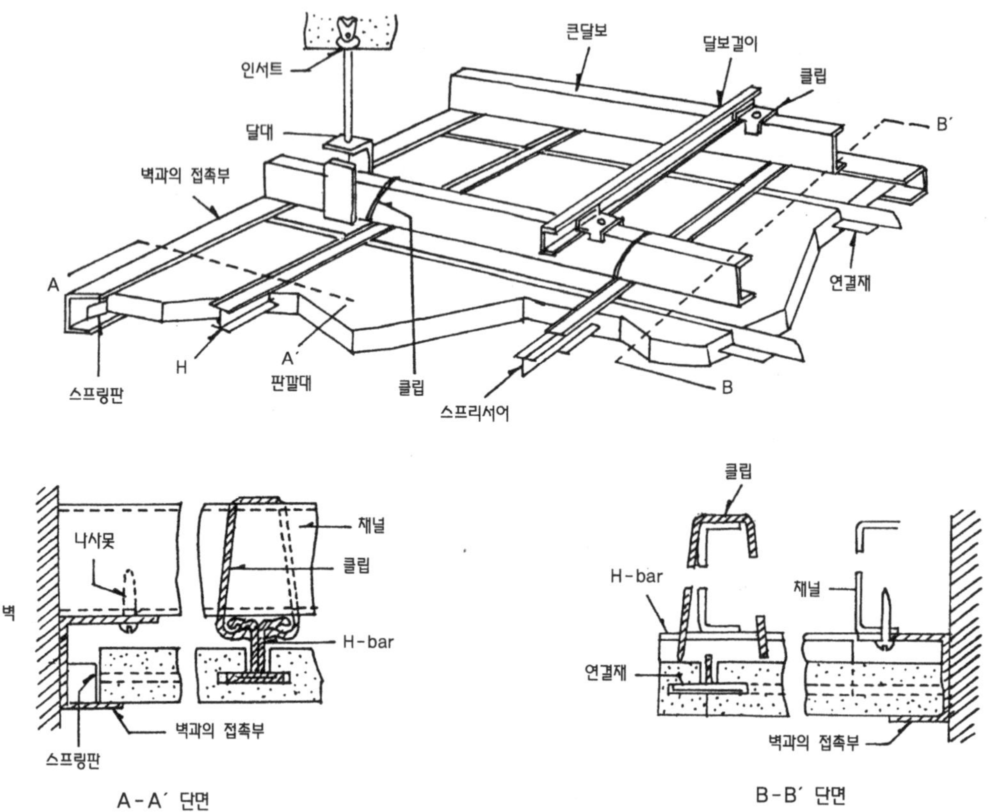

▲그림 3.79
경골조 반자틀

3.6.3 각종 천장 마무리 공법

(1) 널반자

1) 치받이 널반자

반자대 밑에 널을 치올려 못박아 붙여댄 것을 치받이 널반자라 한다. 널 너비를 일정하게 하고, 옆면은 빗 또는 반턱으로 바심질 하고, 이음은 엇갈리게 하여 반자틀심에서 턱솔, 반턱 또는 맞댐을 하여 쭈그린 못을 박아댄다.

2) 살대반자

오림목을 대패질하여 밑면 양귀를 면접기한 살대를 실의 단변방향(혹은 장변방향)에 45cm 정도의 간격으로 대고 양끝은 반자돌림대에 통넣고 숨은 못질을 한다. 두께 7~9mm의 널 한쪽 옆면에 너비 2.5cm의 날을 만들어 살대 위에서 2cm 정도 겹쳐대고 못질을 하되 널에 못구멍을 뚫고 누름대를 대고 못질을 한다.

달대는 90cm 정도의 간격으로 살대 윗면에서 내림주먹장 달기로 하지만, 갈고리 나사못죔을 하고 철선으로 매다는 경우도 있다. 또 살대 위에 직각방향으로 반자대를 대고 달대로 매다는 수도 있다.

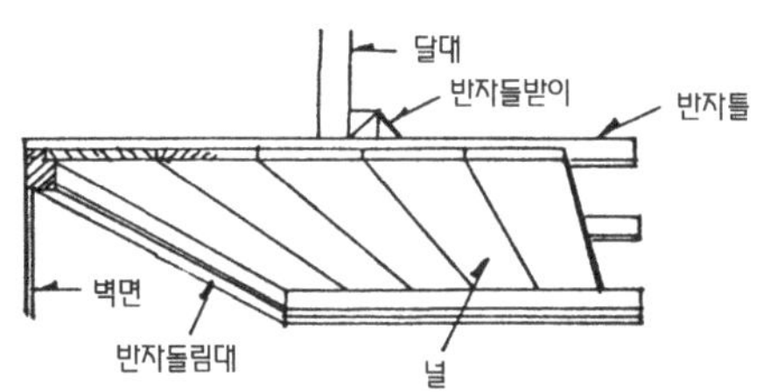

◀그림 3.80
치받이 널반자

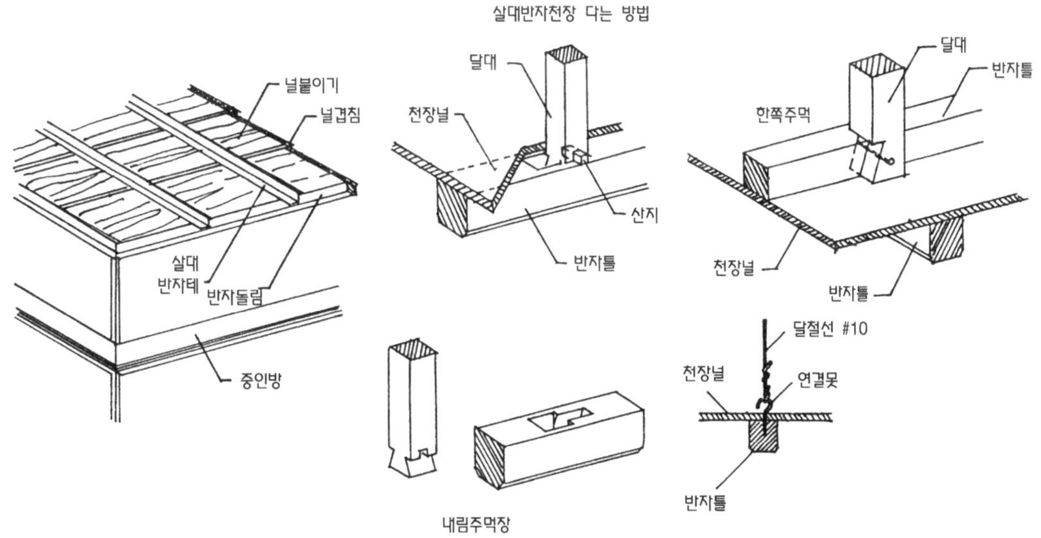

▲그림 3.81
살대반자

3) 우물반자

오림목을 다듬어 격자틀을 짜고 틀 위에 반자판을 덮는 것을 우물반자라 한다. 격자틀은 내다지 반자대와 자른 반자대를 서로 반턱따기를 하여 짜고 숨은못질을 하거나, 내다지 반자대 사이에 자른 반자대를 맞추어 끼우고 숨은못질을 한다. 반자대 끝은 모두 반자돌림대에 통놓고 숨은못질을 한다. 그러나, 반자돌림대 위에 격자틀을 짜대는 경우도 있다. 달대는 반자대의 +자형 접합부에 가까운 자리에서 윗면에 내림주먹장 달기로 하지만, 갈고리 나사못과 철선을 대용하는 경우도 있다. 반자판은 합판, 널 등을 쓰며 반자대 위에 덮어대고 못질을 한다.

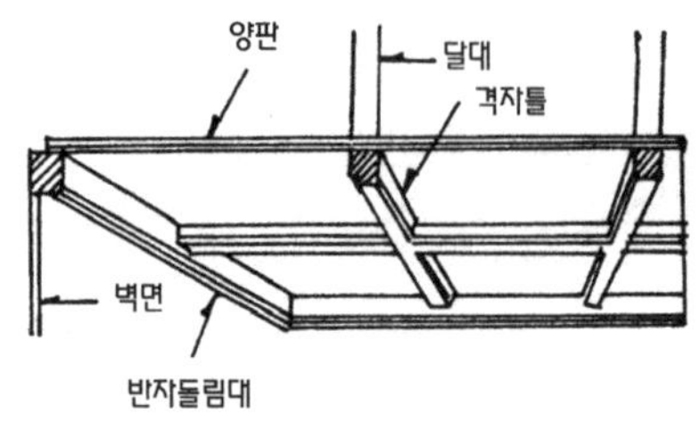

▶그림 3.82 우물반자

(2) 붙임반자

종이, 천, 플라스틱류 등을 붙인 것을 붙임반자라 한다. 바탕은 일반 반자틀과 같이 짜고, 합판이나 석고보드 등으로 바탕붙임을 하여 마감재를 붙이는데 그 공법은 붙임벽과 같다.

(3) 보드류 반자

연질, 반경질, 경질 등의 섬유질 보드류, 합판, 도장합판, 석고보드, 플라스틱보드, 석면슬레이트, 목모시멘트 기타의 특수보드류, 피티보드, 아코스틱판 등을 붙인 것을 보드류 반자라 하는데 판의 크기 30cm 각 정도의 것을 붙여댄 것은 작은판 반자라 한다. 작은판은 섬유질 판을 주로 쓰며, 음향효과를 내기 위해 잔구멍을 뚫는 것을 음향효과판(acoustic board)이라 한다.

반자틀은 판 크기에 맞추어 격자틀로 짜거나 일반 반자틀에 두께 1.8cm 정도의 널을 줄눈자리와 중간부에 못박아 대고 보드류를 붙인다.

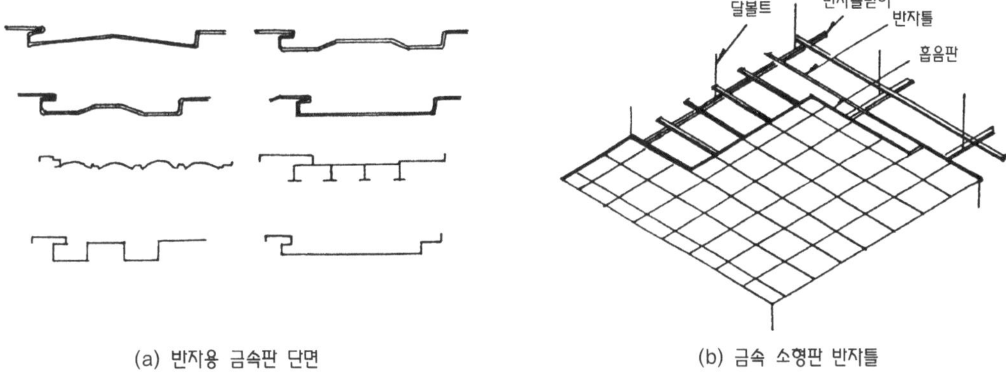

(a) 반자용 금속판 단면

(b) 금속 소형판 반자틀

▲그림 3.83
금속판 반자

(4) 금속판 반자

반자용 금속판에는 강판, 스테인리스 스틸판, 함석판, 알루미늄판 등이 있으며, 이 중 알루미늄판을 많이 쓴다. 금속판은 대형패널과 좁고 긴 성형판과 여기에 리브 딸린 판이 있다. 또 20~30cm 각 타일형도 있는데 잔구멍을 뚫은 흡음재를 뒤붙임한 것도 있다. 금속판 대기는 금속 반자틀에 구멍을 뚫어 나사죔을 한다.

금속판 반자는 실내·외와 천장속의 온도차로 결로현상을 일으키기 쉬우므로 환기가 잘되게 하고, 또 손질이 어려운 뒷면은 미리 아스팔트계 도료칠을 하는 것이 좋다.

(5) 도장반자(미장반자)

천장의 최종마무리를 회반죽, 석고 플라스터, 모르타르 등을 바른 것을 미장반자라 한다. 특색으로는 이음줄 없는 연속면으로 만들 수 있으며, 조형이 자유로우며, 또 광물질의 미장재료를 사용하면 내화성이 높은 방화천장이 된다. 반면 다른 반자에 비해 무겁고, 반자면적이 넓으면 건조수축으로 벗겨져 떨어지거나 도장두께가 두꺼우면 천장 중량이 증가로 들뜨거나 천장이 낙하되는 사고를 야기하기 쉬우므로 주의가 필요하다. 그러므로 한번 바르는 두께를 얇게 하여 여러 차례 발라야 한다.

1) 회반죽 반자

졸대에는 수염을 마름모로 25cm 이하의 간격으로 붙여 초벌바르기와 고름질 또는 재벌바르기에 각각 한가닥씩 부채꼴로 벌려 바른다. 회반죽은 초벌, 재벌, 정벌의 순으로 발라 전 바름두께를 1.2cm 정도로 하는데 특히 초벌은 흙손으로 누르며 발라 회반죽이 졸대 사이를 빠져 들어가게 해야 한다.

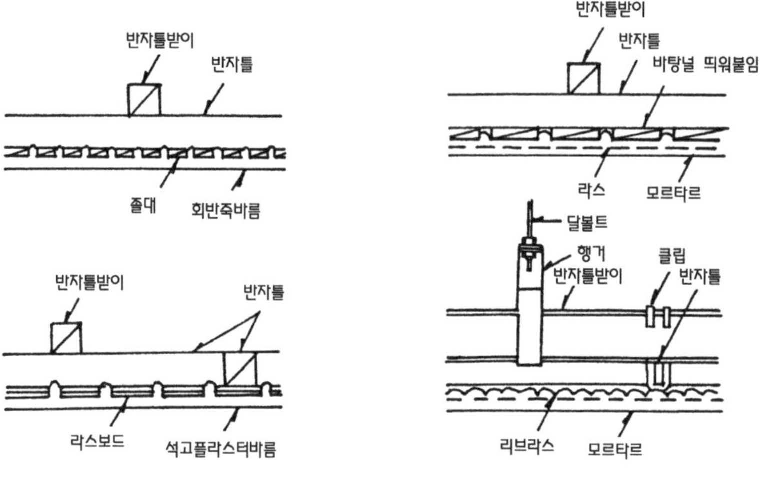

▸그림 3.84 회반죽 반자

▸그림 3.85 모르타르 반자

2) 시멘트 모르타르 반자

반자틀에 두께 1.2cm 이상의 널을 띄어서 붙이거나 합판을 틈 없이 붙이고 방수지를 친 다음 메탈 라스(metal lath)를 갈고리못으로 붙여댄다. 금속 반자틀에는 리브 라스를 쓰며, 리브를 바탕쪽으로 하여 철선으로 얽어맨다.

모르타르는 1 : 3 배합비로 하여 전 바름두께 1.5cm 이하로 하지만 바탕 표면부터의 두께이므로 초벌바르기 및 라스먹임의 바름두께는 포함되지 않는다. 콘크리트 바닥판에는 벽체 바름벽 공법에 준하여 바르며 이것을 제물반자(직접천장)라 한다.

(6) 합성수지판 반자

합성수지판을 천장판으로 사용 할 수도 있다. 밝은 천장 등에서 가장 적당하며, 반투명의 플라스틱판을 천장판으로 하면 밝은 천장이 된다. 열 변화로 처지는 수가 많으므로 재료두께와 반자틀 간격에 주의가 필요하다.

(7) 도장바탕 천장판 장치 방식

① 숨김(concealed)방식 : 천장 판재를 맞대거나 줄눈마무리하여 반자틀이 보이지 않는 방식.
② 노출(exposed)방식 : 반자틀의 하단을 노출시켜서 천장판을 반자틀 위에 올리는 방식.
③ 올려박기(screw up)방식 : 받이판에 나사로 조여서 고정하는 방식.
④ 끼움(put in)방식 : 스프링식의 받이철물에 매입철물을 끼어 지지하는 방식.

위와 같은 4종류가 있으며 가능하면, 바탕조립이 용이하며, 상하 모두 치수조절이 되며, 조립시 용접 등이 사용되지 않는 것이 유리하며, 천장널(텍스)의 탈착(脫着)이 자유로운 것이 바람직하다. 물론 내화적인 것이 좋다.

3.6.4 특수천장 공법

천장에 특별한 성능을 구비시켜서 소요의 목적을 달성하려는 천장방식이다.

(1) 음향조절 천장

천장을 바르는 자체로도 음향적 효과가 있으나, 특별히 그 마무리 재료에 음향효과가 큰 재료를 사용하여, 흡음, 소리반사, 차음, 방음의 목적에 적합하도록 한 천장방식이다.

경·연질섬유판의 선택 : 금속판, 석면판 등에서는 유공부위의 상부에 암면, 유리면 등의 흡음재료를 추가시켜 음향효과를 도모할 수 있게 한다.

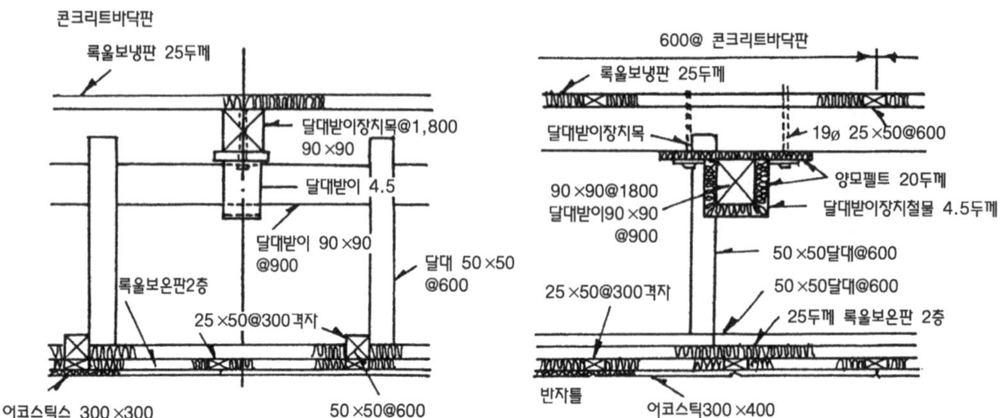

▲그림 3.86
음향조절 천장

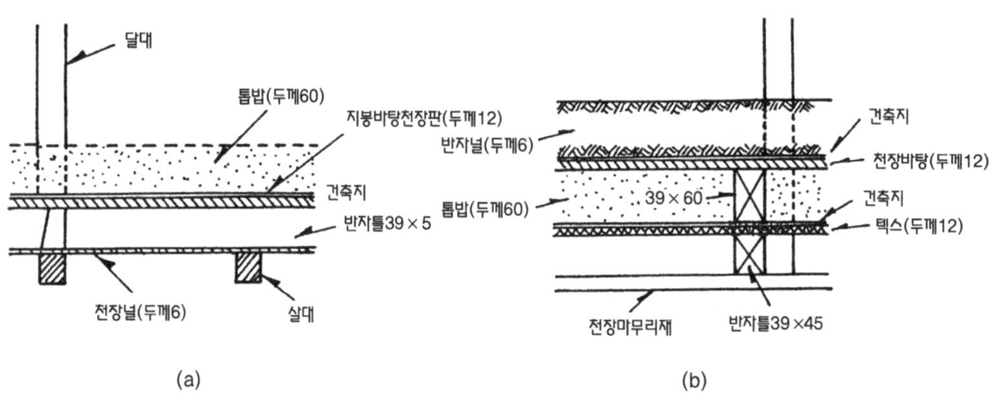

▲그림 3.87
방한 천장

(2) 열조절 천장(방서, 방한, 차열, 보온, 발열천장)

차열을 목적으로 한 천장을 만들면, 방서, 방한, 차열, 보온천장으로서 실내 기후의 조절에 유효하다. 연질의 섬유판을 바탕재와 마무리재에 사용하든지, 중간에 공기층을 마련하든지, 보온재를 사용하는 방법을 취해서 열처리를 한다.

근래는 천장을 열발생원, 즉 난방방법에서 이용하는 연구와 적용이 기대되고 있다. 전기적 발열판을 천장판으로 하든지, 발열 유닛을 천장면에 설치하는 방법 등이 그 예이다.

유닛을 거꾸로 저온으로 하면 냉방용이 되므로 냉난방 공용의 실온조절장치로 할 수도 있을 것으로 기대된다.

(3) 공기조절 천장

공기냉난방 대책의 하나로써 종래와 같이 덕트를 사용하지 않고, 천장밑 전체를 덕트 대신으로 천장면에서 조절한 온도의 공기를 뿜어내는 방법에 착안하여 연구가 진행되고 있는 천장공조방식이다.

(4) 방화천장

천장의 바탕, 마무리재를 내화적인 재료로 처리하면 불연천장이 된다. 천장이 불연이면 화재가 진전되지 않고, 방화상 매우 유리하므로 규모가 큰 건물이나 공공 장소에서는 거의 모두 불연 또는 준불연 또는 난연재료를 채택하고 있다.

(5) 밝은 천장과 어두운 천장

천장을 발광원으로 하던지, 천장 내부에 발광원을 두고, 투명이나 반투명의 천장판을 사용하면, 천장에서 조명할 수가 있으며, 종래의 스포트적 조명과는 다른 감각의 조명이 되어서 새로운 방식의 조명법으로 채택이 늘고 있다.

오늘날 반투명인 플라스틱판을 천장판으로서 천장을 붙이고 천장내 하향으로 각종 램프를 설치하는 방법이 보통 채택되는 데 전구를 천장면에 늘어놓고(일부 시드사용), 천장 그 자체의 발광을 계획하는 설계도 시도되고 있다.

이런 것은 소위 밝은 천장이지만 이것과 역으로 천장면 혹은 천장판을 붙이지 않고 직접천장 혹은 천장에 상당하는 지붕밑, 슬래브 하면 등을 모두 흑색으로 도장해서 빛을 흡수시켜서 천장면 방향에서는 일체의 반사빛도 하부에 투하되지 않게 하기도 한다. 소위 어두운 천장이며, 특수한 디자인에서 채택된다. 이 때의 실내조명은 별도로 취급되는 스포트 라이트 또는 현수 램프류를 사용한다.

(6) 시스템 천장

천장판과 설비기기를 일체화하여 공장생산한 복합기능 천장패널로서 공사가 단순하여 공기단축이 가능하다. 라인방식은 T형재로 라인을 형성하여 설비패널과 천장판을 설치하는데 라인방향에 따라서 라이너타입과 크로스타입이 있고, T형재를 노출시키는 방법보다는 안 보이게 하는 것이 미관상 많이 쓰인다. 패널방식은 공장에서 설비기기를 포함한 천장패널을 제작하여 현장에 설치하는 프리패브가 발달되지만 운반시의 파손위험과 중량으로 인한 작업곤란에 대한 충분한 고려가 필요하다.

▾그림 3.88 시스템 천장

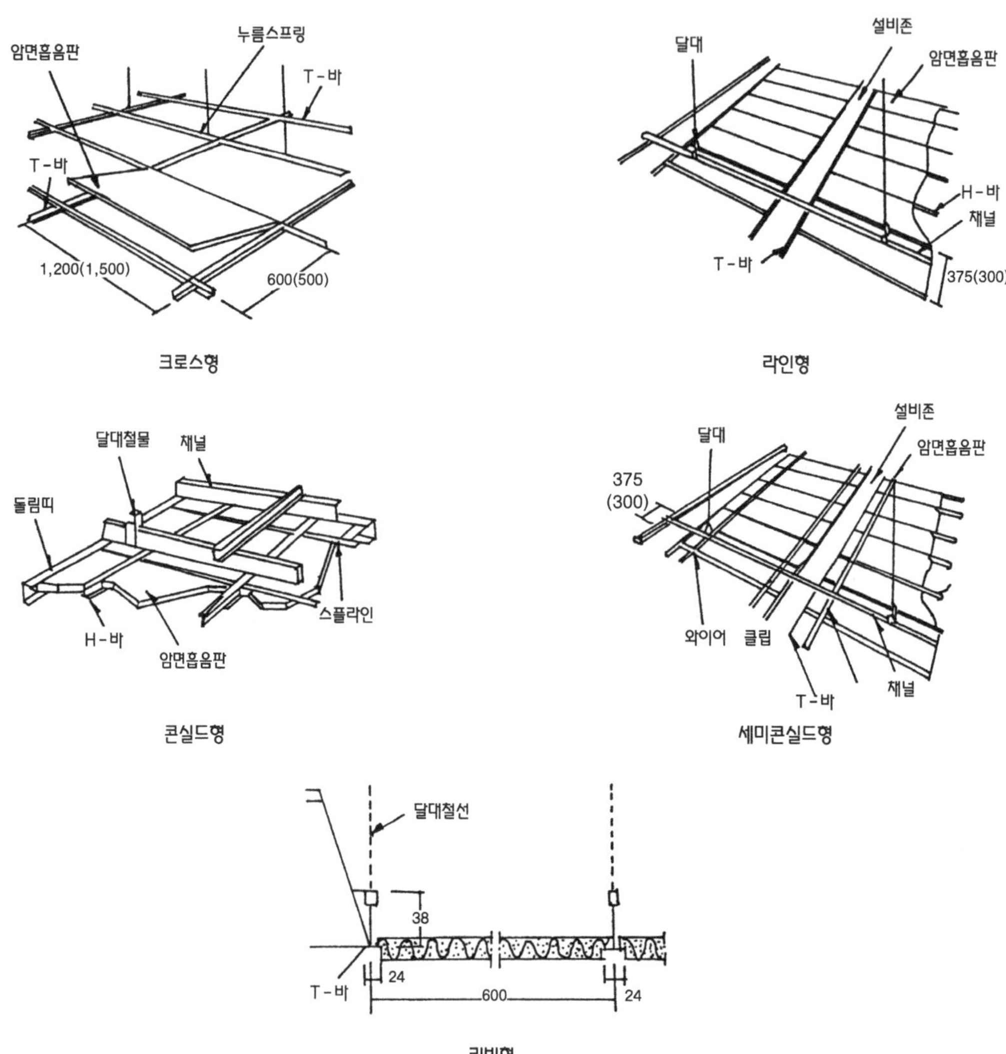

크로스형 시스템 천장공법은 대형의 암면(rock wool)흡음판을 T－바(T－bar)에 올려놓아 바를 노출시키는 공법이고, 라인형 시스템 천장공법은 역시 T－바를 모듈에 맞게 그리드로 짜고, 중앙에 두는 설비존의 양측에 기다란 천장판을 넣는 공법이다. H－바를 사용하면 바를 숨길 수 있으며, 설비존 부분을 라인형으로 변형한 세미콘실드(semi consealed)공법도 있다.

3.6.5 천장과 벽의 접합부

천장과 벽의 접합부는 기능적인 면과 의장에 따라 여러 가지 형식으로 처리하며, 마감재의 종류와 반자돌림대의 유무에도 관계가 깊다.

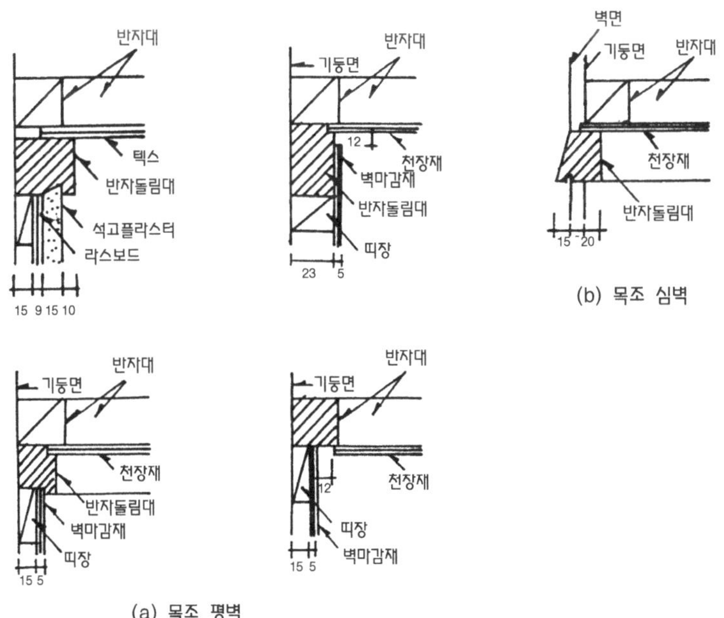

◀그림 3.89 목조벽체와 천장과의 접합

(1) 천장마감과 벽마감

벽과 반자가 접합되는 부분에 돌려댄 띠를 돌림띠(string course) 또는 반자돌림대(ceiling border)라 한다. 돌림대는 쇠시리하여 못으로 고정한다. 근래에는 합성수지 제품도 쓰인다. 이것은 장식뿐만 아니라 반자지와 벽지가 떨어지는 구석을 보강하는 의미에서도 유리한 것이다.

천장과 벽이 마주치는 구석부분은 벽재료가 천장재료와 같을 경우 또는 상이할 경우 마감방법이 다양하다. 반자돌림대를 돌릴 때와 설치하지 않을 때가 있고, 특수알루미늄 끝마무리재를 돌리고 반자와 벽 사이를 떼는 경우가 많은데 이는 반자와 벽 사이가 굴곡이 생기기 쉬운 것을 방지하여 일직선으로 보이게 하기 위해서이다.

(2) 커튼 박스

외부창에는 커튼을 설치하여 일사량을 조절하고, 내부공간의 장식을 겸하고자 커튼 박스를 설치한다. 커튼 박스는 위창틀 혹은 천장에 설치한다. 천장에 부착될 경우에는 천장마감과 동시에 시공이 되어야 한다.

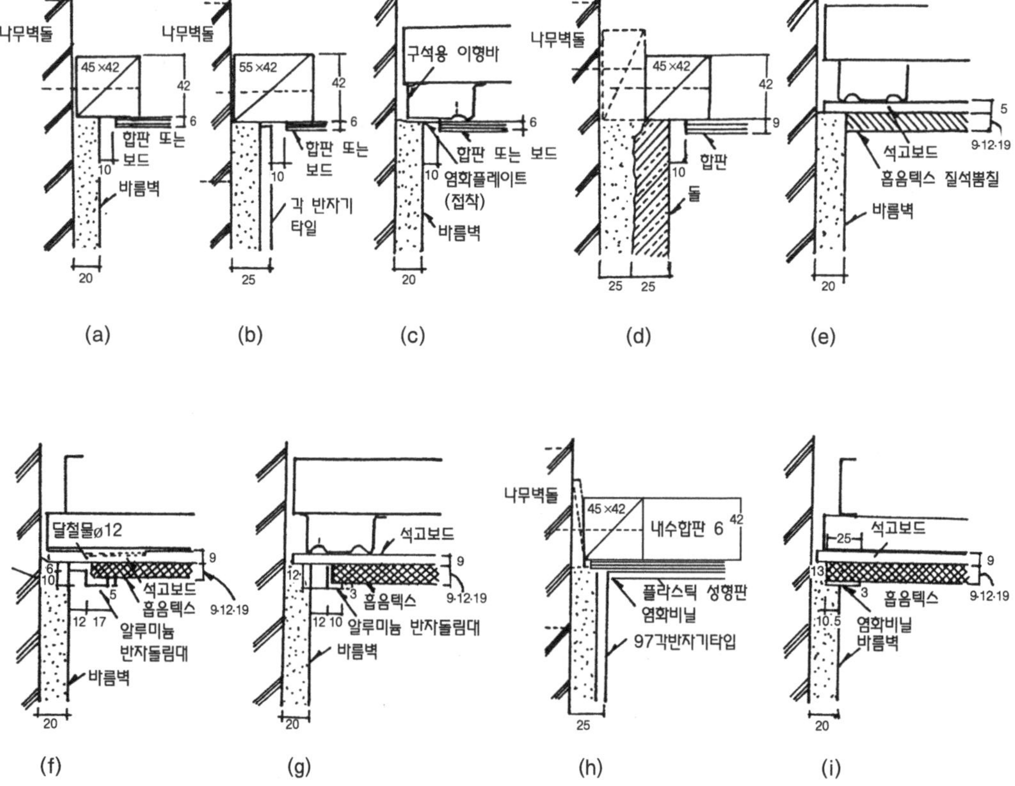

▾그림 3.90 콘크리트조, 조적조 벽체와 천장과의 접합

3.6.6 천장 환기구 및 천장 속 검사구

(1) 환기구(vent)

실내의 오염된 공기는 자연환기에 의해 어느 정도까지 실외로 배출되지만, 바름반자 등 기밀성이 높은 천장에서는 거의 환기가 되지 않는다.

이와 같은 천장은 환기구를 두어 천장 속으로 배출하고, 이것을 다시 건물 밖으로 유도해야 한다. 슬래브 지붕밑의 달반자 속은 지붕의 복사열을 받아 축열되면 천장재를 통해 실내에 흘러들므로 환기에 의해 완화시키고, 습도도 낮추어 결로 및 지붕재의 부식을 막아야 한다.

천장면과 바깥벽에 둔 환기구는 빗물, 새, 벌레 등의 침입을 막아야 하지만 너무 작거나 복잡하면 저항이 커 환기효과가 적고, 너무 크면 겨울철에 불리하다. 천장면 환기구 크기는 천장면적의 1/200~1/300 정도로 하여 먼지가 실내로 날아들지 않는 구조로 하고 눈에 잘 띄지 않는 구석에 둔다.

바깥벽 환기구는 박공벽 등에 비늘살 환기구를 두고, 겉에 유리문을 달아 겨울철에 대비한다. 또 처마 천장 마감재에 잔구멍을 집중적으로 여러개 뚫어 환기구 대용으로 하는 수도 있다.

바닥판 밑의 천장속 환기는 큰보 또는 테두리보 춤의 중간부 또는 보 밑의 벽 상부에 직선 또는 L형 PVC 파이프를 바깥쪽으로 기울게 넣고, 파이프 입에 그물 덮개를 물려둔다.

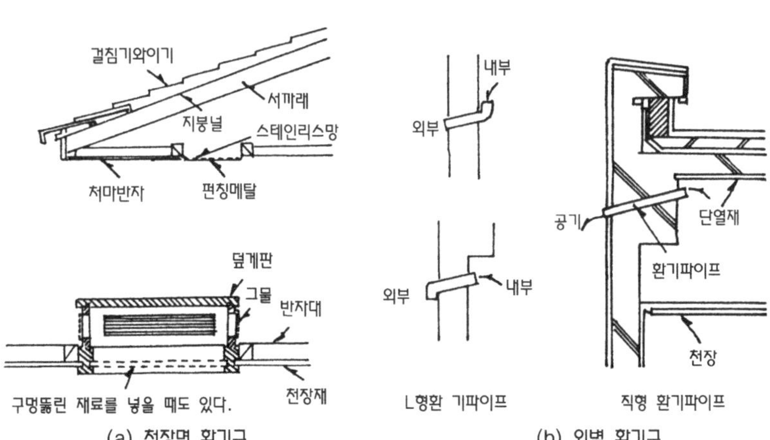

(a) 천장면 환기구　(b) 외벽 환기구

◀그림 3.91 환기구

(2) 검사구

지붕 속의 배선, 배관 혹은 구조체 하자사항(누수, 균열 등) 등의 점검 및 수리를 위해 사람이 드나들 수 있는 검사구를 천장에 두는 것이 바람직하다. 검사구는 천장면의 의장에 맞추어 눈에 잘 띄지 않은 구조로 하고, 위치는 반침 속 또는 복도 끝 등 구석진 곳이 좋다. 또한 환기구가 검사구를 겸하도록 계획하는 경우도 있다.

3.7 지붕

3.7.1 지붕의 기능과 형상

(1) 기능과 경사

지붕은 천장과 함께 건축물의 상부에서 옥외와 옥내를 차단하는 중요한 부위이다.

▾표 3.2 지붕재료와 지붕경사

재 료	경 사			
	최소 물매(cm)	표준 경사비	최소 피치	최소 각도
천연슬레이트, 슬레이트(소판)	5.0	5.0/10	5.0/20	26°34
평기와	4.0	4.0/10	4.0/20	21°48
본기와	3.5	3.5/10	3.5/20	19°17
골슬레이트, 골함석	3.0	3.0/10	3.0/20	16°42
아스팔트 루핑(널, 이엉)	3.0(5.0)	2.0~3.5(5.0)/10	3.0(5.0)/20	16°42(26°34)
금속판평이음	3.0	3.5/10	3.0/20	16°42
금속판기와가락, 골판이음	2.5	2.5~3.5/10	2.5/20	14°02
장척 금속판 기와가락이음	1.0	1.0/10	1.0/20	5°43

비, 바람, 눈을 막는 외에도 열 및 음의 차단이 요구되고 강수량, 바람, 일조 등의 조건과 입지환경에 따라서 지붕의 구법은 지역적으로 차이가 난다. 비가 아주 적은 지방을 제외하고는 보통 물매가 있는 지붕을 쓰지만 근래에 우수한 방수재의 출현으로 평지붕도 가능해 졌다.

지붕의 경사는 지붕 면의 크기, 지붕재료의 종류 및 모양, 풍우량에 의하여 결정하지만 지붕면적이 클수록 물매를 되게 하고, 재료의 크기가 클수록 물매를 뜨게 한다.

(2) 지붕구법과 자연환경

지붕의 구법은 태풍시 바람에 지붕재료가 파손되지 않고 빗물이 새지 않도록 적합한 재료를 적당한 물매나 물이 흐르는 면에 따라 시공한다. 방화성과 내구성 및 중량 등의 검토도 아주 중요하고, 도시지역에서는 널재 등의 사용을 금지하고 있다. 지진에 대하여는 중량이 가벼우면 유리하고, 강수량이 많으면 급한 지붕 경사를 가져야 좋다. 눈이 지붕에 쌓일 때 실내의 열기가 지붕으로 올라가서 눈을 녹이면 지붕 끝부분의 고드름이 지붕으로 올라가서 얼음 둑이 생기면서 물이 샐 수도 있다.

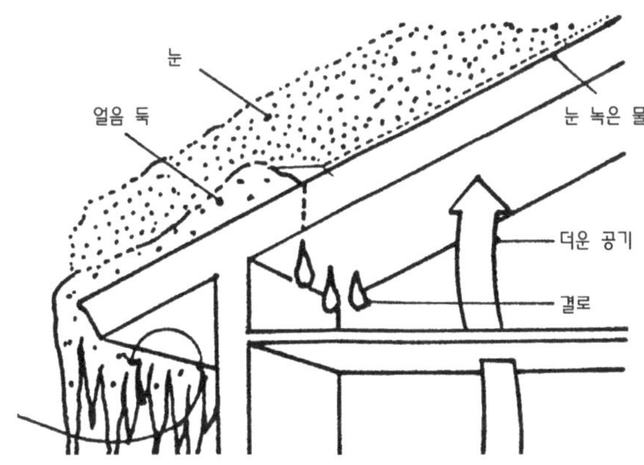

◂그림 3.92
얼음 둑과 누수

지붕잇기는 건축물에 필요한 기능뿐 아니라 외관의 아름다움에서도 중요하다. 지붕재료 잇기에서 배열이 잘 되고, 외관이 좋으면 누수방지처리도 비교적 완전한 경우가 많다. 강설이 많은 북유

럽 국가들의 가파른 박공지붕과 강우량이 많은 남방 열대지방에서 높게 이엉을 얹은 모습은 지역의 건축적 특색을 잘 반영하고 있다.

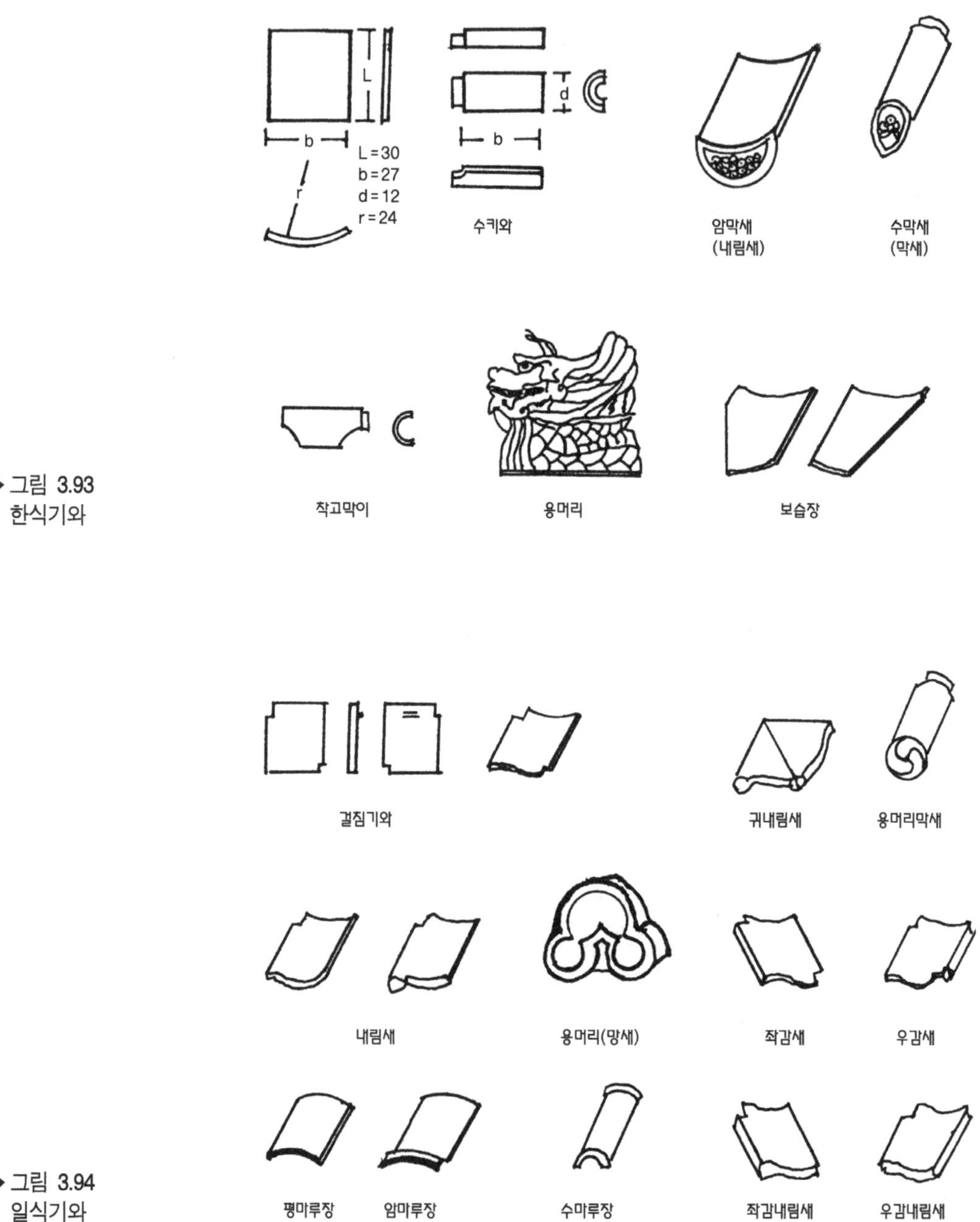

▶ 그림 3.93 한식기와

▶ 그림 3.94 일식기와

3.7.2 지붕잇기

(1) 기 와

기와의 재료에 따라 점토소성제품과 시멘트제품으로 나누어지고, 형식에 따라 한식기와, 일식기와, 서양식기와, S형 기와 등으로 분류된다. 기와지붕은 강풍이 불면 소량의 빗물이 스며들 수 있으므로 지붕널과 기와 사이에 방수층을 두는 것이 좋다. 따라서 일반적으로 서까래 위에 지붕널을 덮고, 그 위에 아스팔트 루핑 등의 방수지를 펴는 방법을 사용한다. 열 차단을 위하여 방수지 위에 흙을 이겨서 펴거나 지붕 널을 합판 대신에 목모 시멘트판으로 대체하기도 한다.

한식기와잇기를 위한 바탕은 서까래 위에 산자(갈대, 싸릿개비)를 엮은 산자발에 진흙을 되게 이겨 바르는데 이를 알매흙이라 한다. 또 산자 위에 발비(짚, 대패밥)를 펴고 보통의 흙을 이겨 펴는데 이를 보토라고 한다. 암키와를 먼저 깔고, 암키와 사이에 되게 이겨 뭉친 진흙(홍두깨흙)을 놓고 위에 수키와를 덮는다.

일식기와(판기와)의 평기와에는 걸침턱이 있는 것과 없는 것의 두 가지가 있는데 걸침턱기와는 지붕널에 2cm 각재의 기왓살을 못박고, 기와의 걸침턱을 걸치는데 5단 걸름으로 기와를 지붕널에 동선, 철선, 못 등으로 고정시킨다. 걸침턱이 없는 기와는 알매흙을 펴서 올려놓고, 지붕 널에 못으로 고정시킨 동선을 기와에 있는 구멍을 통하여 연결한다.

처마끝에는 회백토(아귀토)로 둥글게 암키와 위와 수키와 마구리에 물려 바르는 방식을 전통적으로 써왔으나, 수막새로 마감할 때는 내림새의 와당(수직의 물흘림 부분)이 잘 맞도록 막새로 덮고 필요하면 내림새 밑에 받침장을 깐다. 박공쪽에는 암키와(너새)를 박공에 직각으로 1~2장 깔고 수키와로 덮고 박공마루를 만드는 방식을 써왔으나, 감새를 박공널 위에 아무림하여 마감할 때는 박공처마끝에 감내림새가 필요하다.

지붕마루는 수키와 사이의 골에 착고를 옆세워 대고, 그 위에 수키와(부고)를 또 옆세워 댄 후에 진흙을 채우고, 마루장(적새)을 3장, 5장, 또는 7장 포개어 깔고, 맨 위에 수키와(수마루장)를 덮는다. 합각마루는 박공마루와 같고, 한 옆에 추녀마루가 물리므로 추녀마루보다 높게 하고 추녀마루물림에서 기와 1장 길이를 내밀어서 끝아무림을 한다. 회첨골은 암키와 바닥깔기를 하여 양옆은 삼각형으로 가공한 기와 밑에 물리게 하고, 처마끝 부분에는 삼각판(고삽)을 대어 마무리한다.

양식기와는 종류와 모양에도 여러 가지가 있으나 일반적으로 5/10 이상의 급한 물매로 지붕잇기를 한다.

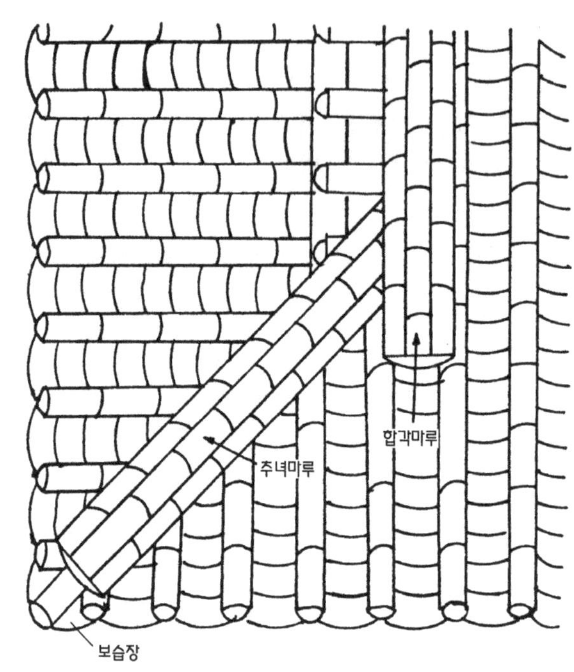

▸그림 3.95
합각마루, 추녀마루

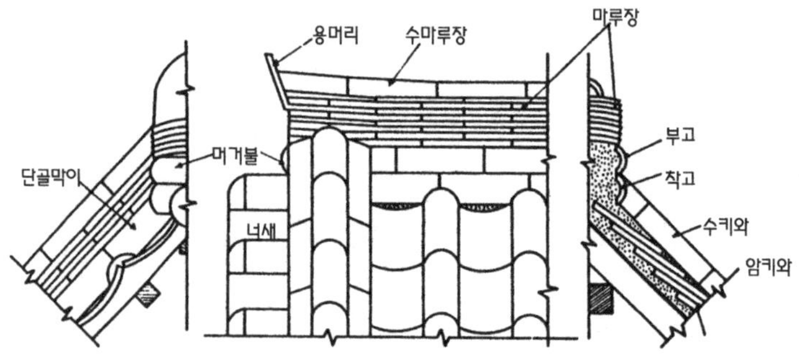

▸그림 3.96
한식기와 잇기

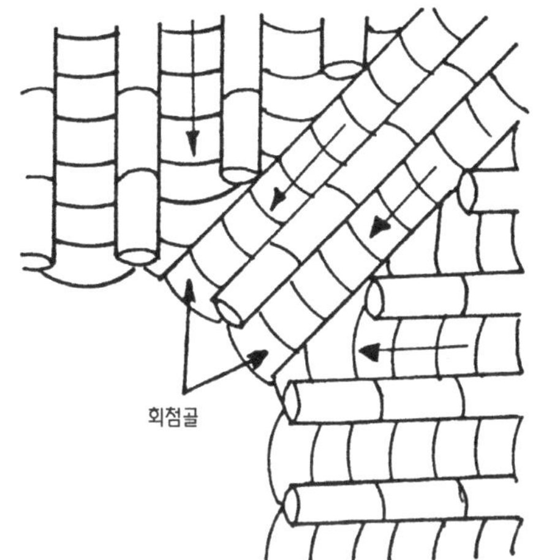

▸그림 3.97
회첨골

(a) 오목판기와(pantiles)

(b) S형 기와(S-tiles)

(c) 스패니시기와(Spanish tiles)

(d) 프랜치기와(French tiles)

(e) 미션기와(mission tiles)

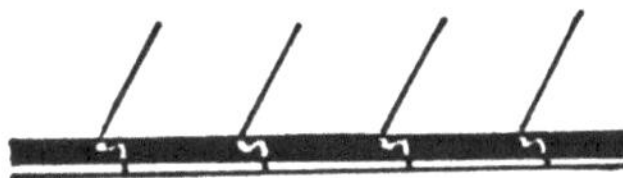

(f) 평기와(영국기와, English tiles)

◂그림 3.98
각종 양식기와

(2) 슁 글

지붕이음 재료는 방수성능이 큰 재료를 얻기 위하여 작은 부재(슁글)를 겹쳐서 이용하는 경우가 많다. 작은 부재는 열에 의한 신축을 흡수하고, 파손되면 부분적 수리가 가능하며, 통기성(通氣性)도 있고 바탕과의 접합도 쉽다. 슁글 잇기는 일정한 모양의 얇은 판을 2배 이상의 깊이로 물리는 방식을 사용하여 횡방향의 이음매를 감추는 것이 보통이다.

천연슬레이트의 크기는 산지에 따라 차이가 많고, 신축 등으로 깨질 염려도 있으므로 고정방법에 주의가 필요하다. 지붕널 위에 아스팔트 펠트를 깔고, 처마끝에 밑창 판을 한 겹 놓은 위에 슬레이트를 잇는데 2~3장 포갬으로 해 올라가고 세로 이음줄은 서로 엇갈리게 한다. 최근에는 아스팔트 슁글과 섬유보강 시멘트판(석면슬레이트)을 많이 사용한다. 아스팔트 슁글은 방화상 불리하지만 독특한 지붕꾸밈새(색채, 질감)와 굴곡면의 시공편리로 이용이 늘고 있으며, 접착제를 쓰면 어떤 형태에도 고정이 용이하다. 소형판 석면슬레이트는 장방형(15×18, 21, 24cm 또는 18×27, 30, 36cm)과 각형(40×40cm)이 있고, 두께는 0.45, 0.6, 0.75, 0.9cm가 있다.

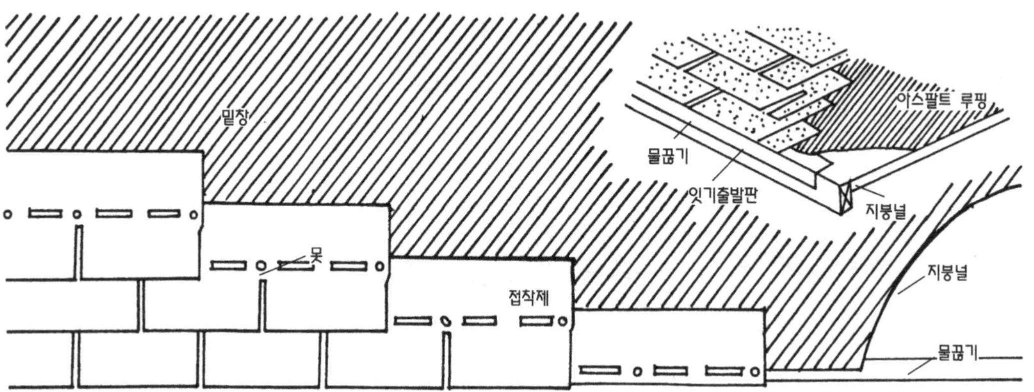

▲그림 3.99
아스팔트루핑 잇기

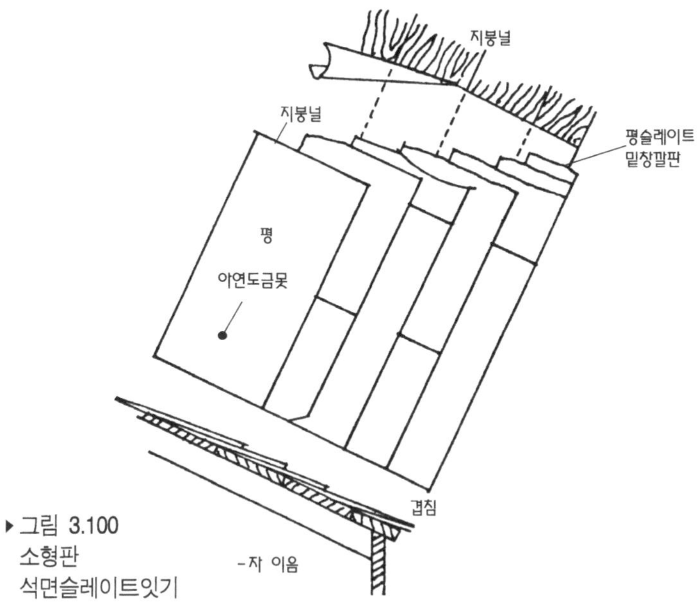

▸ 그림 3.100
소형판
석면슬레이트잇기

(3) 금속판

무게가 가볍고, 판의 크기가 크면, 물매가 적어도 비가 새지 않도록 할 수 있다. 기와나 슬레이트로 잇기 어려운 지붕형태도 잇기가 가능하지만, 열팽창률이 크고, 화학작용에 취약하며, 빗소리가 큰 것이 결점이다. 흔히 쓰는 함석, 동판, 알루미늄판 외에도 연판과 아연판이 특수부분에 쓰이지만 온도 신축성이 큰 점을 비롯하여 결점이 많은 편이다. 작은 단위의 판을 접합부의 거멀쪽으로 바탕에 고정시키는 방법을 쓰다가, 그 이후 한동안 기와가락잇기가 많이 쓰였으나, 장척물(長尺物)이 등장하여 재래형의 기와가락잇기 외에 기와가락이 없는 잇기공법이 개발되었다.

나무기와가락은 주로 목조건축의 지붕에 사용하는데 40×45mm 정도의 각목을 지붕흐름 방향으로 금속판의 크기를 고려하여 지붕널 위에 고정시킨다. 지붕 금속판은 기와가락 옆을 3cm 이상 꺾어 올리고 거멀접기하여 거멀쪽 2개 이상을 써서 못박아 댄다.

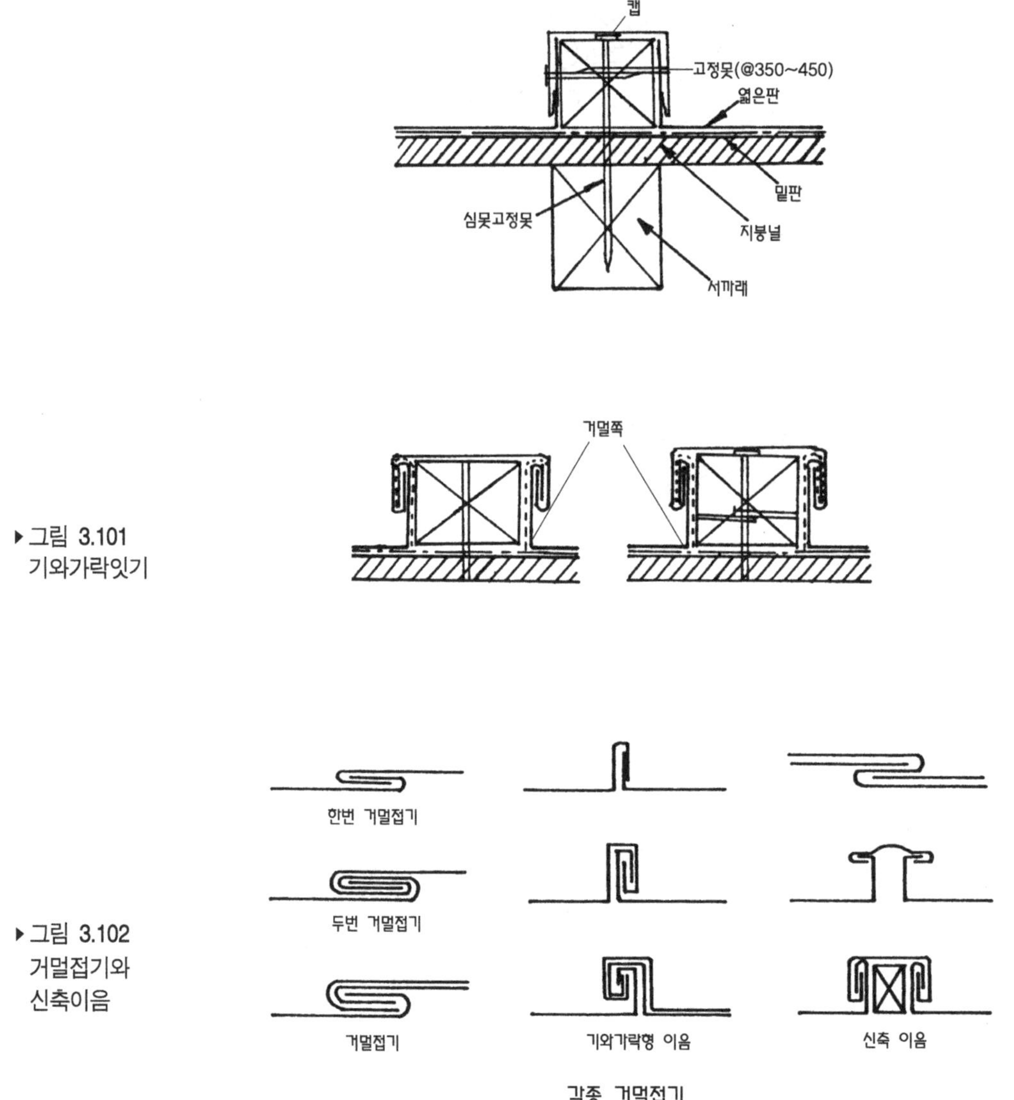

▶ 그림 3.101 기와가락잇기

▶ 그림 3.102 거멀접기와 신축이음

(4) 골판, 절판

골함석, 골슬레이트 등은 지붕널 위에 깔기도 하지만 직접 중도리에 고정시키는 경우가 많다. 두께가 큰 골슬레이트는 귀잡이 잇기로 하고 볼트나 못구멍은 실치수보다 3~4mm 크게 드릴로 뚫고 못이나 볼트는 아연도금 철 와셔와 고무 와셔 및 펠트 와셔로 수밀성을 갖도록 죈다. 골슬레이트는 아물림 위치에 따라 각종의 특수한 부속을 이용하면 효과적이다.

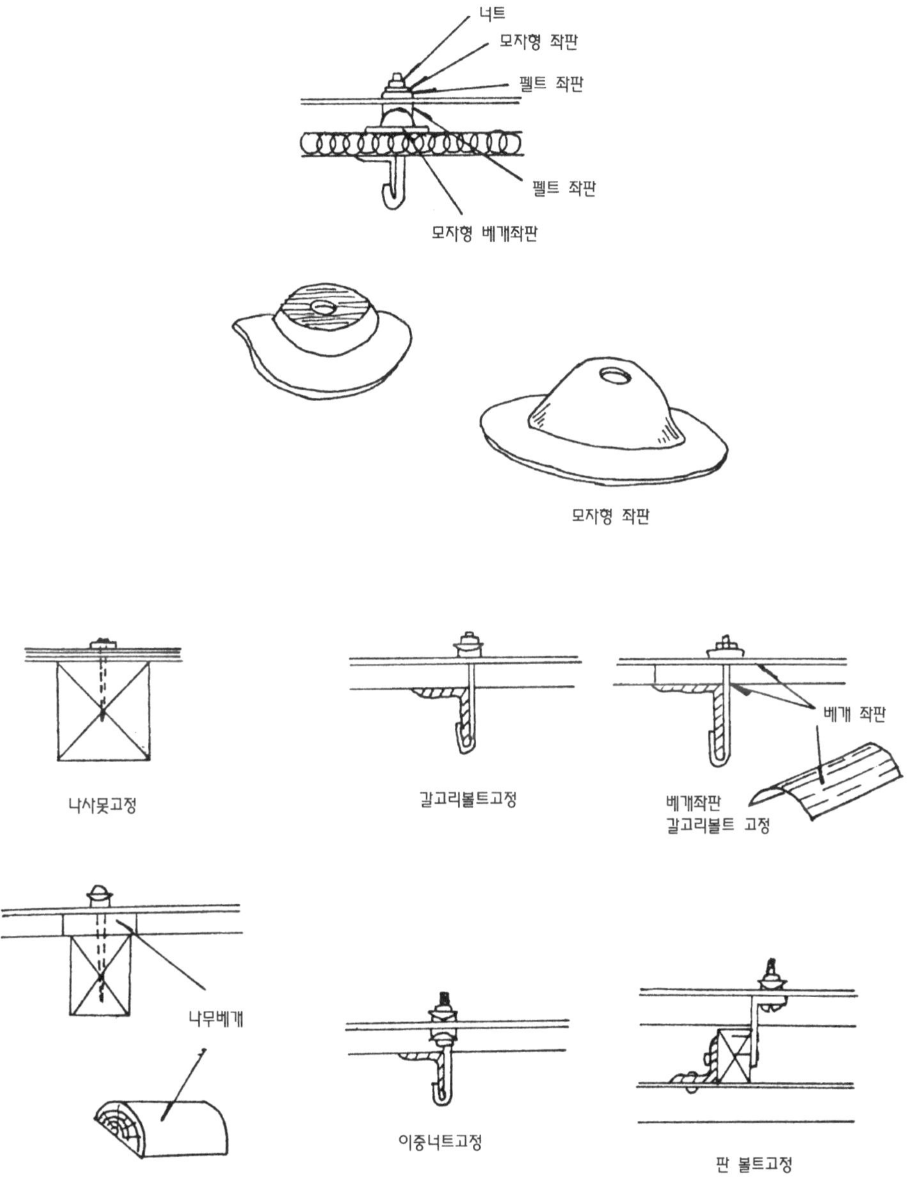

▲그림 3.103
골함석잇기

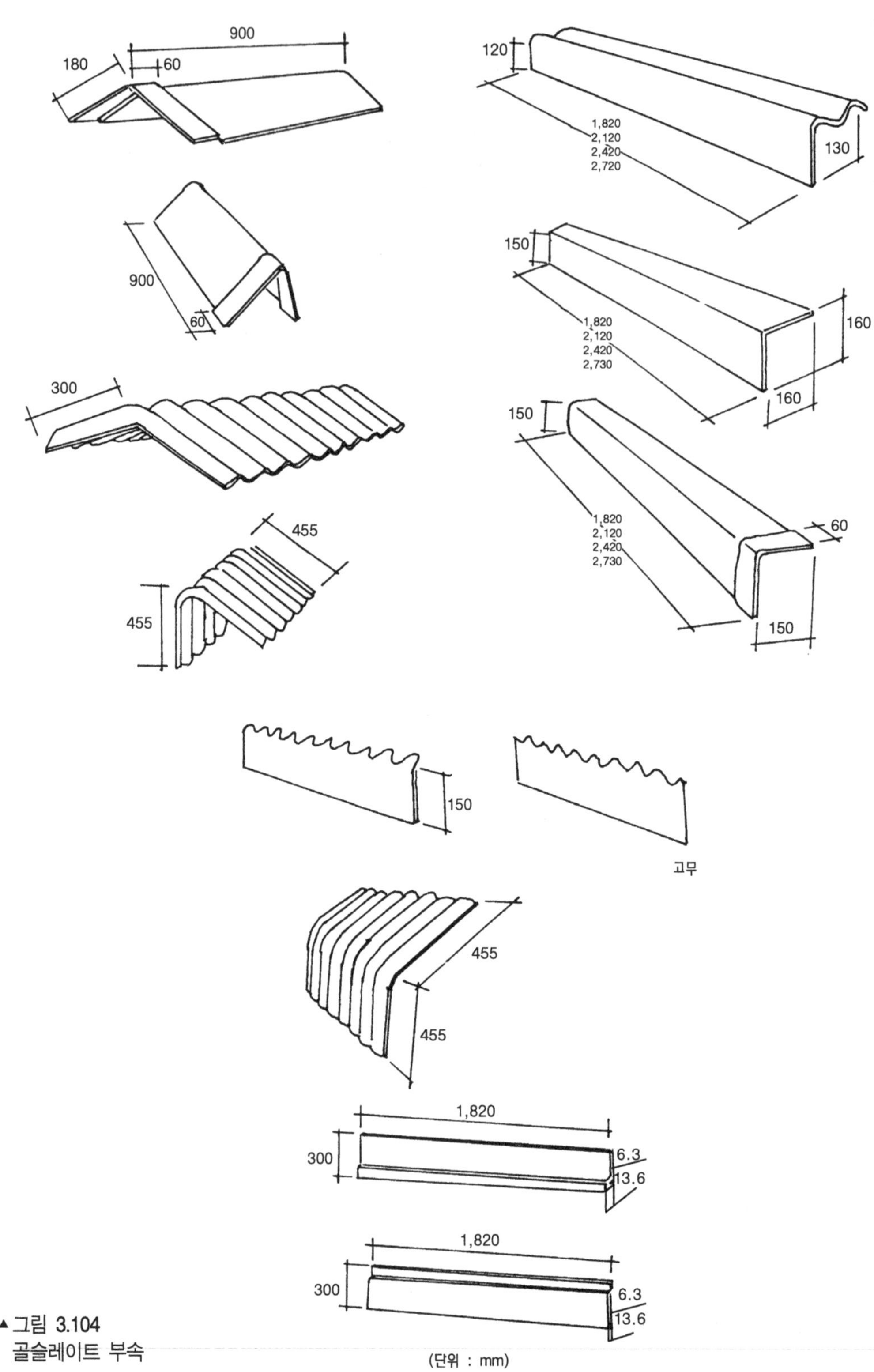

▲그림 3.104
골슬레이트 부속

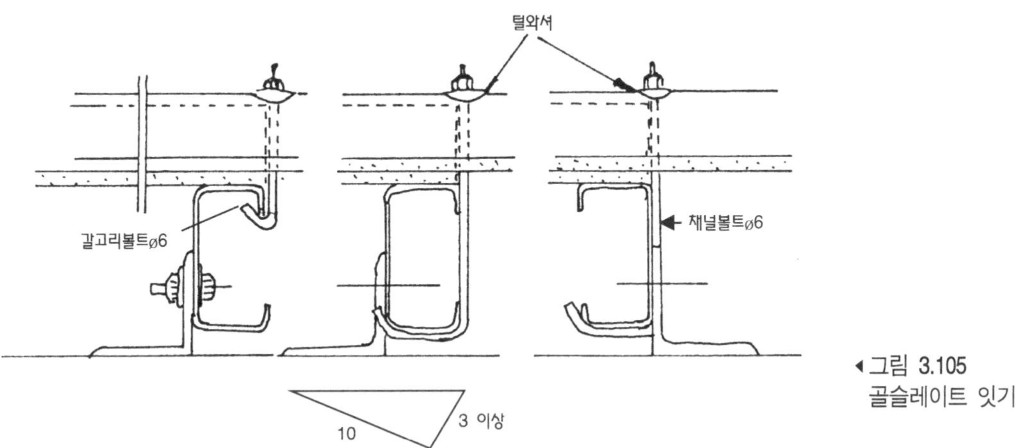

◀그림 3.105
골슬레이트 잇기

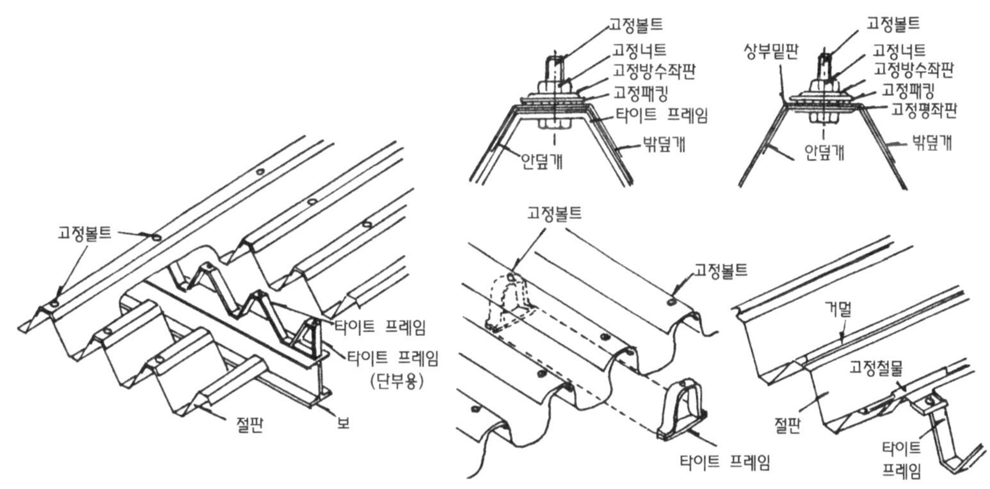

▲그림 3.106
절판잇기

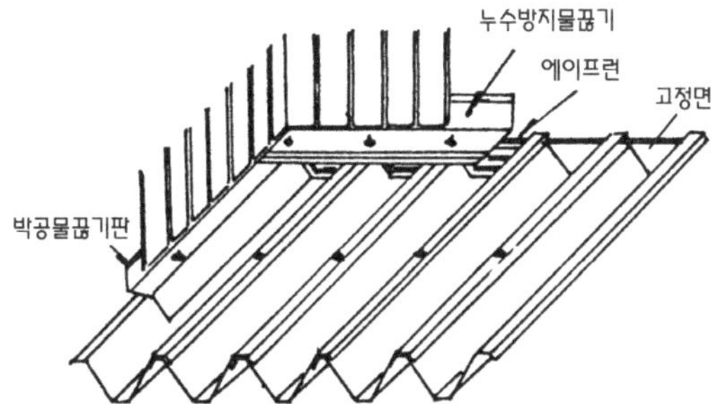

▶그림 3.107
절판잇기와 벽면의 아무림

대형의 골판으로 볼 수 있는 지붕용 절판은 합성수지 피복강판이 많이 쓰이는데 보에 용접한 타이트 프레임이나 볼트 너트로 고정시킨다. 골의 높이가 크므로 건물이 작으면 물매가 거의 없는 평지붕으로 할 수도 있다.

(5) 기타 지붕잇기

채광을 목적으로 하는 유리지붕이나 플라스틱 등의 골판이 있고, 텐트구조로 된 지붕을 이용하는 특수한 경우도 있다. 유리는 신축에 대응할 수 있어야 하고, 비새기와 유리 깨지기에 대비하여 거멀쪽, 모제(毛製) 매트 등을 대는 방법을 사용한다. 아크릴 골판이나 유리섬유강화 폴리에스테르 골판은 톱 절단, 송곳구멍 뚫기가 가능하므로 시공이 간편하다.

▾그림 3.108 유리지붕

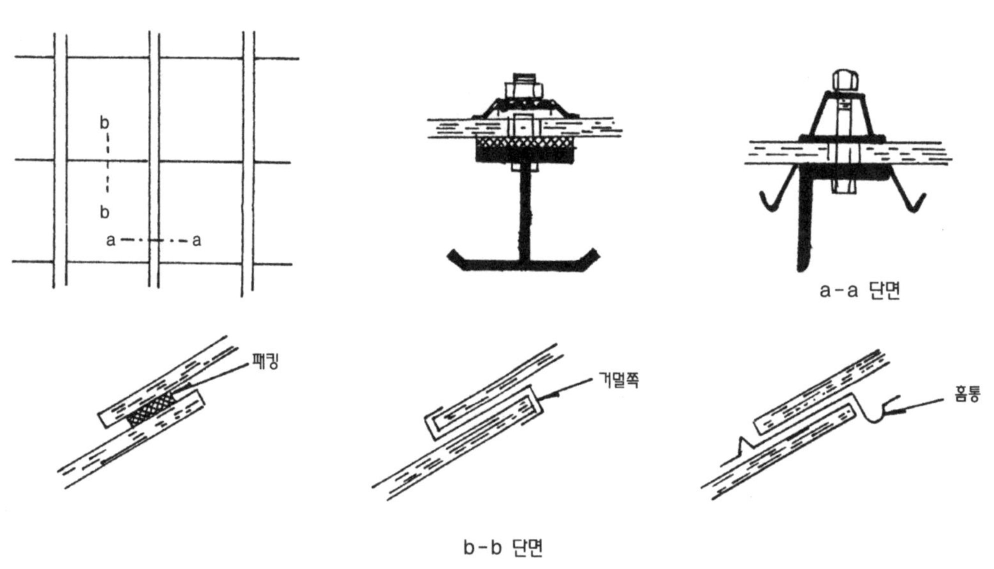

3.7.3 경사지붕의 각부 마감

(1) 지붕과 벽면의 접합부 및 지붕골

지붕이 수직벽면에 맞닿는 부분은 벽면으로 지붕의 물이 역류하지 않도록 주의가 필요하고, 플래싱(flashing)을 사용하여 누수를

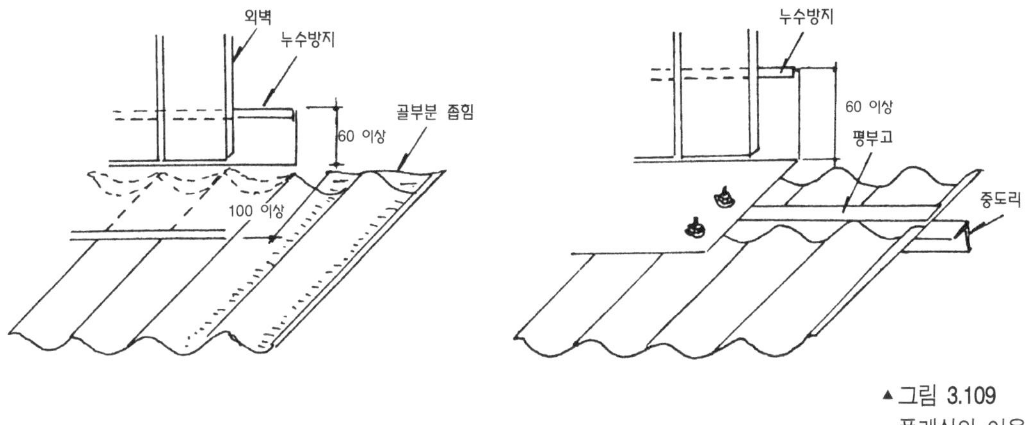

▲그림 3.109
플래싱의 이용

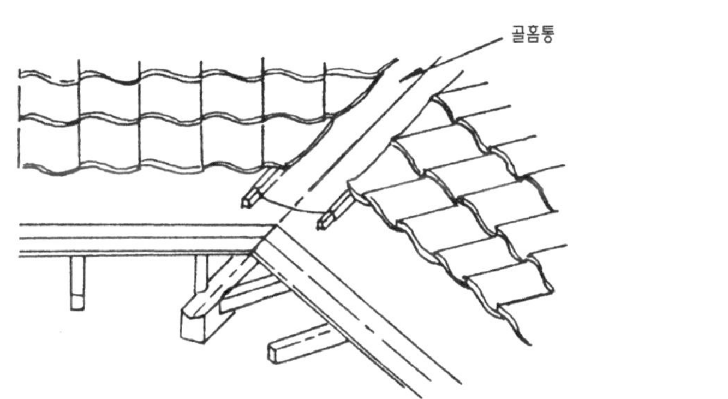

◀그림 3.110
회첨골의 아무림

방지한다. 지붕골은 골의 너비를 충분하도록 하여 물이 넘치지 않도록 하고, 양옆을 치켜올려 지붕재료 밑에 깊숙히 묻는다.

(2) 처 마

처마는 외벽보다 밖으로 돌출된 지붕의 부분으로 의장상 중요한데 처마끝 부분의 처리에 따라 건물이 중후하거나 경쾌해 보일 수 있다. 처마는 벽을 보호하는 기능이 있으므로 벽의 방수와 관련이 깊고, 돌출된 부분이므로 구조적으로 취약하며, 내구성에 주의가 필요하다.

지붕면의 빗물을 처마끝에서 받는 처마홈통은 건물 외부에 내보이는 밖 홈통으로 하면, 고장이 생겨도 건물에 피해가 없고,

수리도 간단하여 실용적이다. 모이는 물의 양에 맞는 형태를 만들고, 낙수구까지의 경사도는 물의 흐름과 외관을 고려한다. 상자홈통은 처마끝 돌림띠 모양으로 한 겉홈통(바깥홈통)을 수평으로 보내어 외관을 갖추고, 속홈통은 경사도를 갖게 만든다. 안홈통은 겉홈통과 속홈통의 이중홈통이 아니고, 난간벽 안쪽에 홈통을 설치한 것으로 난간벽에 가려져 있는 홈통이다.

▸그림 3.111
안팎 처마홈통,
상자홈통, 안홈통

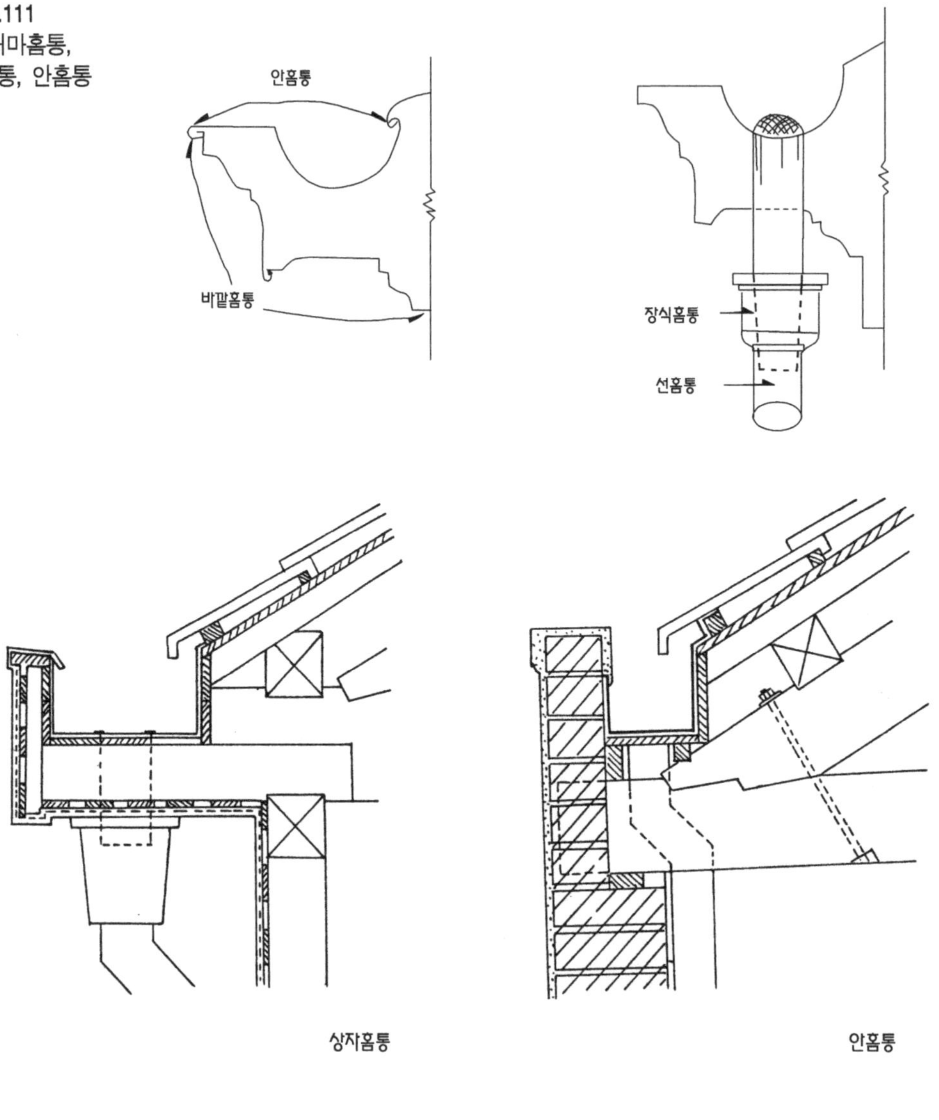

(3) 선홈통 및 깔대기 홈통, 장식통, 학각선 홈통은 강우량에 따라 지름 및 배치간격을 정하고, 원형이나 각형의 수직관을 쓴다. 깔대기 홈통은 처마홈통과 선홈통을 연결하는 깔대기 모양의 홈통이고, 장식통은 깔대기홈통과 선홈통의 연결부분에 쓴다. 학각은 처마홈통에서 직접 밖으로 빗물을 배출하는 것으로 끝은 뚜껑을 정첩식으로 하여 닫아 두도록 되어 있다.

◂표 3.3 선홈통이 받을 수 있는 지붕면적

선홈통 지름		받을 수 있는 최대 수평지붕면적		
mm	inch	m^2	sq. ft	평
50	2	46.5	500	13.88
75	3	139	1,500	41.66
100	4	288	3,100	86.11
125	5	502	5,400	150.00
150	6	780	8,400	233.33
200	8	1,616	17,400	488.88

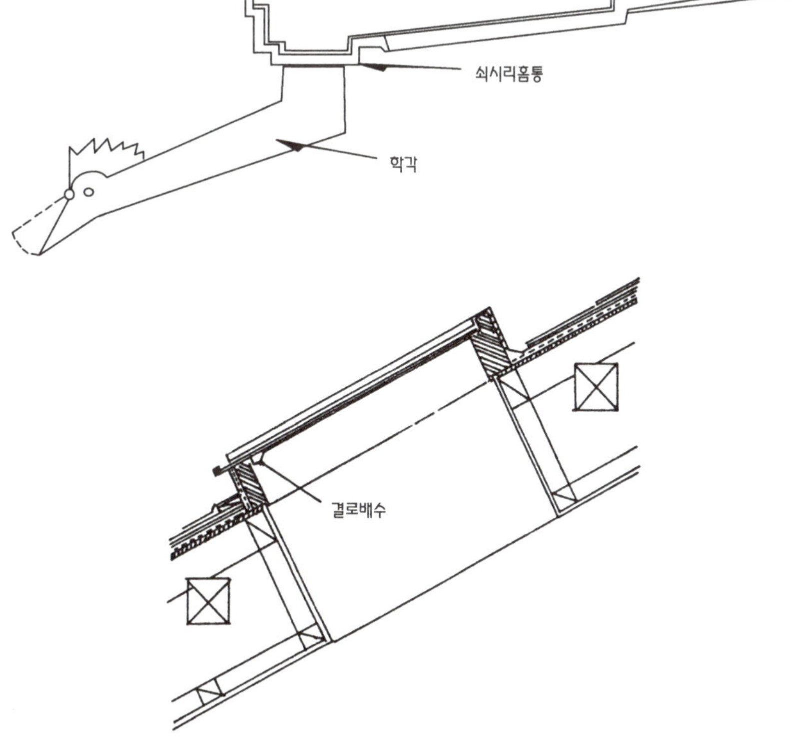

◂그림 3.112 학 각

◂그림 3.113 톱 라이트의 설치 상세

(4) 톱 라이트(top light)

지붕면에 톱 라이트를 설치하려면 방수에 대한 면밀한 검토가 필요하고, 구법을 잘 선택해야 한다. 빗물이 스며드는데 대한 상세한 대비책과 더불어 오물이 끼는데 대한 배려와 직사일광에 의한 온도상승 및 결로의 배수에 대한 고려도 필요하다. 경사면을 설계할 경우는 유리를 끼우는데 충분한 안전을 보장해야 한다.

3.7.4 지붕방수

(1) 지붕방수의 종류

평지붕에서 빗물의 처리는 물이 투과하지 않는 연속면인 방수층으로 건물의 안과 밖을 차단하는 방수라는 수단을 이용하여 이루어진다. 지붕방수는 콘크리트 지붕면 위에 행하는 것이 일반적이고, 주변은 방수층을 세워 올려서 처리하는 경우가 많다. 콘크리트 슬래브는 시공에 따라서 균열이 생기므로 두꺼운 슬래브는 약간의 경사를 주면 좋다. 집합주택에서 대형 PC판 구법을 채택할 경우 접합부의 방수처리에 주의가 필요하다. 장기적으로 높은 내후성이 요구되는 부분은 별도의 방수처리가 있어야 한다.

지붕방수의 방법에는 아스팔트방수, 모르타르방수, 시트방수, 도막방수 등이 있다. 아스팔트 방수는 시공을 잘하면 신뢰성이 높은 방법이고, 모르타르 방수는 방수제를 섞은 모르타르를 마감에 사용하는 방법이다. 합성수지의 방수재를 바르는 도막방수는 습식공법이지만, 성형된 시트로 방수층을 만드는 시트방수에는 합성 고무, 염화비닐, 폴리에틸렌 등의 합성고분자 재료가 이용되는데 접착제를 이용하여 면을 고르게 바른 모르타르 위에 시트를 붙이는 비교적 새로운 공법이다.

(2) 아스팔트방수

아스팔트방수는 콘크리트 슬래브 표면을 모르타르로 고르게 한 위에 아스팔트를 가열하여 뿌리고 방수층을 설치하는 공법이다.

바탕이 고르지 않으면 방수층이 상할 우려가 많고, 고름 모르타르의 표면에는 아스팔트 프라이머를 뿌려서 바탕과 밀착시키는데 공기가 있으면 팽창하여 방수층이 뜬다.

방수층에 사용하는 블로운 아스팔트(blown asphalt)는 방수성능은 좋으나 강도가 낮아서 일정한 두께로 내구성과 안전성을 높이기 위하여 아스팔트를 함침시킨 펠트와 아스팔트 루핑을 여러 겹 깔고 아스팔트를 각 켜의 사이에 발라서 붙인다. 펠트와 루핑 등의 겹침길이는 10cm 이상으로 하고, 물이 흐르는 방향으로 겹친다. 아스팔트 방수는 수명이 15~20년이므로 교체공사를 고려하여야 한다.

방수층 위에는 보호층을 설치하는데 이를 방수층 누름이라고 하며, 신더 콘크리트 등의 경량 콘크리트가 단열층의 역할을 하므로 많이 쓰인다. 지붕면은 직접 햇빛과 풍우를 맞으므로 방수층 누름이 필요하지만 보행하지 않는 지붕은 간편하게 방수층 위에 바로 콩자갈을 펴서 마무리한다. 보행하는 지붕면은 보호층 위에 모르타르, 타일 등으로 마감한다. 보호층의 마감 모르타르는 2.7~3m 정도마다 신축줄눈을 설치하는데 아스팔트 컴파운드로 채운다.

지붕에는 배수를 위하여 1/50~1/100의 경사가 필요한데 경사를 콘크리트 자체에 두거나 신더 콘크리트에 두기도 하지만 맨 위의 모르타르 마감면이 경사져서 빗물이 흐르기만 하면 된다. 아스팔트 방수층의 갓둘레 부분은 방수층을 치켜올리는데 45°경사지도록 꺾고 루핑 등으로 보강한다. 파라펫 부위는 방수의 취약점이 많은 곳이므로 콘크리트 시공 조인트와 덮개부분을 잘 처리하여 균열에 따른 누수가 없도록 주의한다. 펜트하우스에 옥상 출입구가 있는 경우에도 파라펫에 준하여 처리한다.

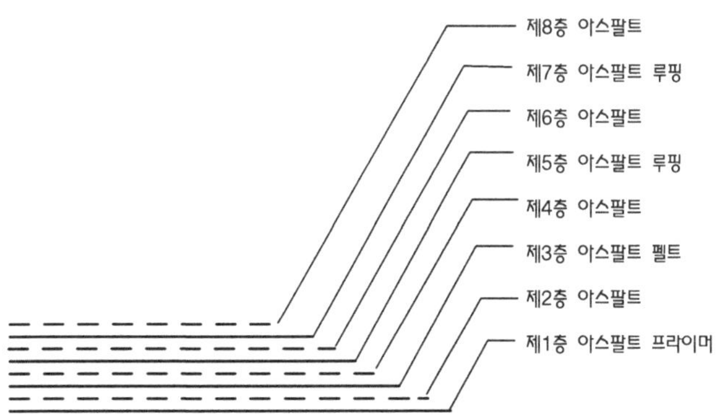

◀그림 3.114
아스팔트 8층 방수

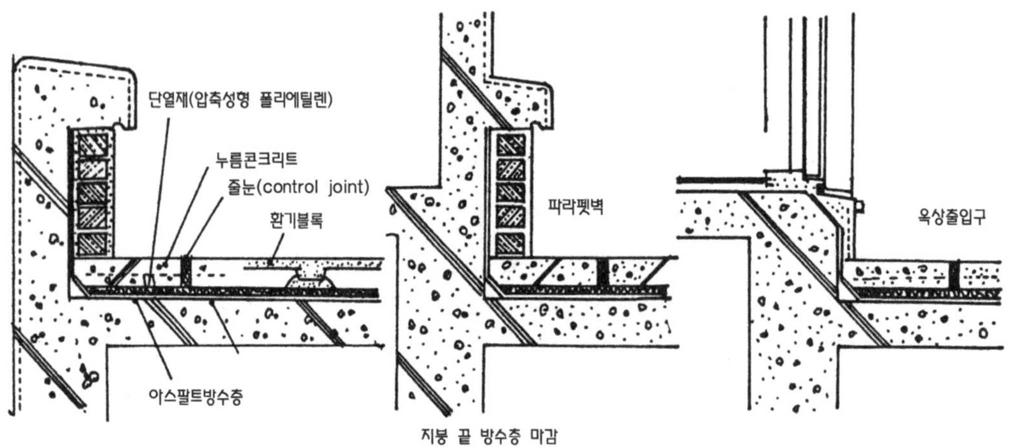

▲그림 3.115
파라펫 부위의 방수

(3) 지붕에 속한 기타 부분

지붕의 단열은 매우 중요한데 시공상으로 보면 내단열로 하는 것이 쉽지만 지붕구체의 온도변화를 줄이려면 외단열이 유리하다. 외단열을 위하여 방수층과 방수보호층 및 마감재 사이에 단열층을 설치하는 방법이 일반적으로 쓰이지만, 열차단용 블록 등으로 마감하여 지붕과의 사이에 공기층을 두는 방법도 있다.

옥상에는 손스침이나 각종의 설비기기 등이 설치되는 경우가 많다. 바닥에 앵커볼트를 묻으면 방수층을 손상할 우려가 크므로 독립된 콘크리트 기초를 설치하면 좋다.

대규모 건물의 옥상에는 익스팬션 조인트를 설치하고 방수를 위한 덮개를 씌우는 경우가 있다. 이 경우 시공 직후의 방수성 확보뿐만 아니라 내구성이 확보되는 구법을 선택하는 것이 대단히 중요하다.

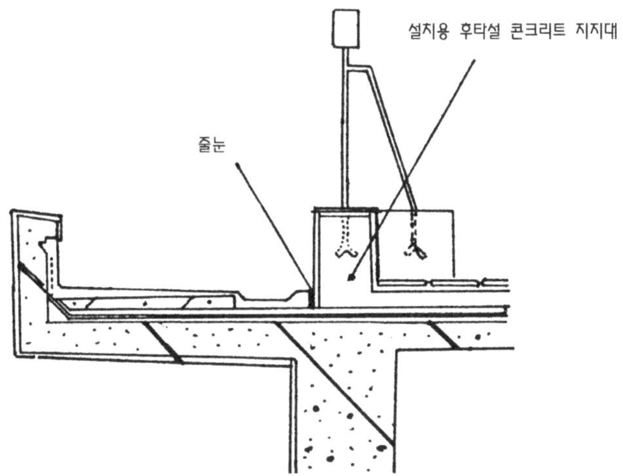

◀그림 3.116
옥상의 난간 설치

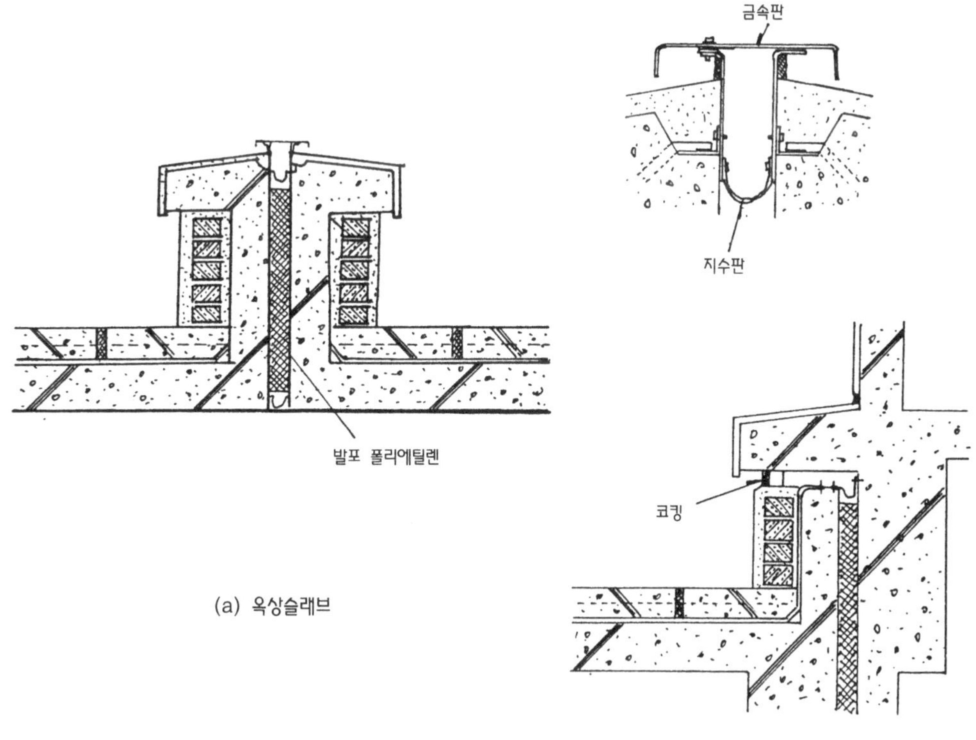

(a) 옥상슬래브

(b) 옥상슬래브와 외벽

▲그림 3.117
옥상의 콘트롤
조인트

저자소개

정 상 진

단국대학교 졸업, 일본동경공업대 대학원(공학박사)
건설교통부 중앙건설기술심의위원, 기술사시험위원,
금호건설・대한주택공사자문위원
현재, 단국대학교 건축공학과 교수
저서 : 건축시공학, 건축재료학, 건축재료실험
건축시공_마감편, 건축시공_구조체편, 건축시공,
(그림으로 보는 착공에서 준공까지) 건축시공

정 재 영

연세대학교 대학원(공학박사)
대전광역시 건설기술심의위원, 기술사시험위원
현재, 한남대학교 건축공학과 교수
저서 : 건축시공

소 양 섭

전북대학교 대학원(공학박사)
한국시설안전기술공단 기술자문위원
한국건축시공학회 이사
(주)대농건설구조안전연구원
현재, 전북대학교 건축공학과 교수
저서 : 건축재료학, 건축시공학

강 경 인

고려대학교 졸업, 일본동경공업대 대학원(공학박사)
대한적산협회자문위원
현재, 고려대학교 건축공학과 교수
저서 : 건축재료학, 건축시공학

김 영 수

서울대학교 대학원(공학박사)
신항만건설기술심의위원, 경남・부산광역시・울산광역
시기술심의위원
현재, 부산대학교 건축공학과 교수
저서 : 건축재료학, 건축시공학

최 창 길

단국대학교 대학원(공학박사)
대구건축대전 심사위원, 대구・경북지방중소기업청
기술심사위원
현재, 대구대학교 건축공학과 교수

임 남 기

영남대학교 졸업, 단국대 대학원(공학박사)
건축시공기술사, 당진・서산시 건설기술심의위원
현재, 동명정보대학교 건축공학과 교수
저서 : 건축학전서8 건축시공, 건축시공・재료

이 영 도

단국대학교 대학원(공학박사)
현재, 경동대학교 건축시공경영학과 교수
저서 : 건축시공・재료

김 우 재

단국대학교 공학박사
인천대학교, 단국대학교, 서울산업대학교,
대원과학대 강사
현재, 포스코건설 기술연구소
저서 : 건축시공・신기술 공법

건축일반구조학

2022년 1월 25일 발행
2025년 2월 20일 발행

저 자 정상진 정재영 소양섭 강경인 김영수
최창길 임남기 이영도 김우재
발 행 처 기문당
주 소 서울시 성동구 무학봉 28길 4-1
전 화 02) 2295-6171~2
팩 스 02) 6971-8188
홈 페 이 지 www.kimoondang.com
I S B N 978-89-7086-319-1 93540